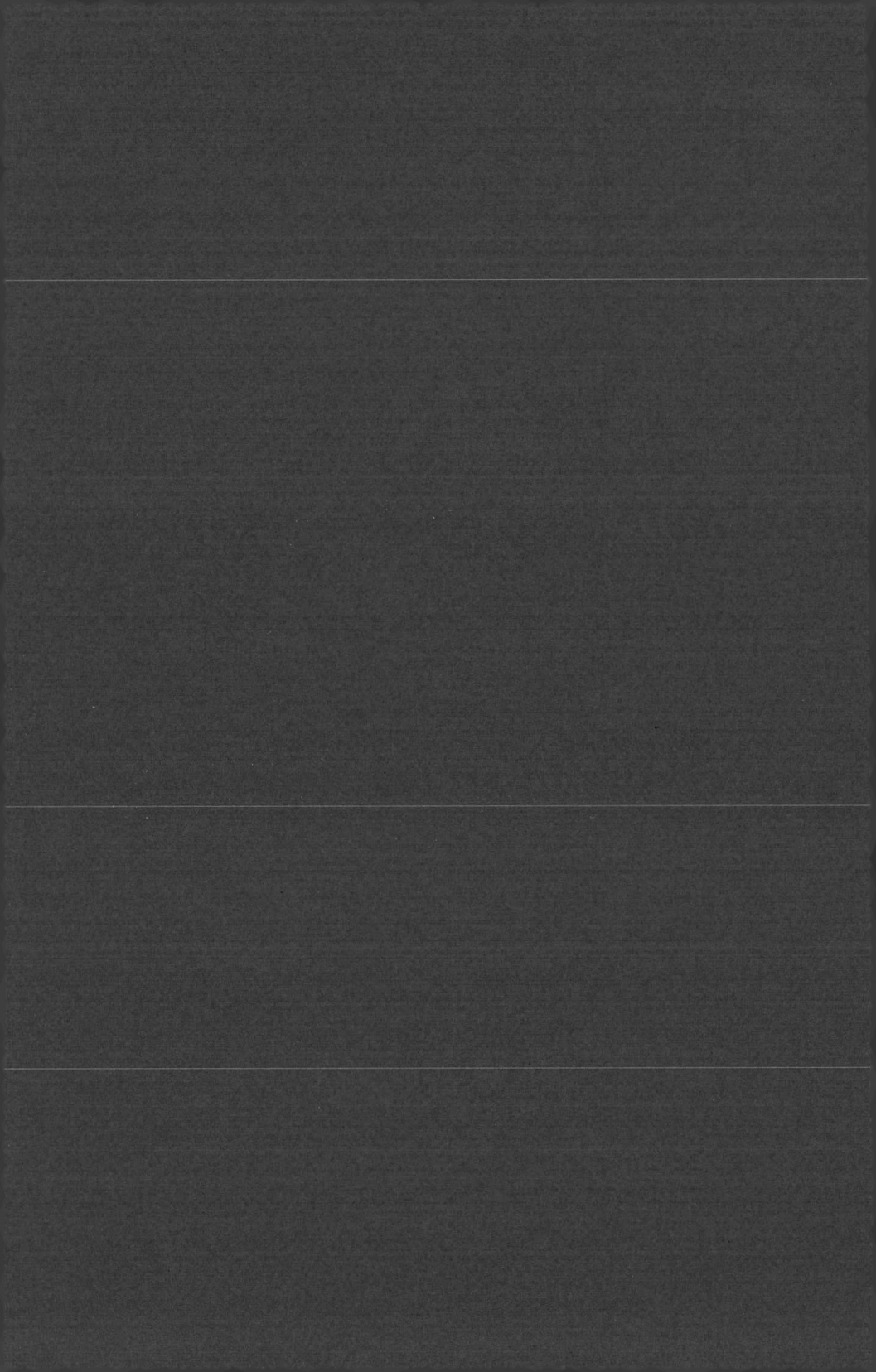

자연에서 배우는 청색기술

자연에서 배우는 청색기술

기획_ 이인식

1판 1쇄 발행_ 2013. 5. 27
1판 2쇄 발행_ 2013. 6. 11

발행처_ 김영사
발행인_ 박은주

등록번호_ 제406-2003-036호
등록일자_ 1979. 5. 17.

경기도 파주시 문발동 출판단지 515-1 우편번호 413-756
마케팅부 031) 955-3100, 편집부 031) 955-3250, 팩시밀리 031) 955-3111

값은 뒤표지에 있습니다.
ISBN 978-89-349-6333-2 03500

독자 의견 전화_ 031) 955-3200
홈페이지_ www.gimmyoung.com
이메일_ bestbook@gimmyoung.com

좋은 독자가 좋은 책을 만듭니다.
김영사는 독자 여러분의 의견에 항상 귀 기울이고 있습니다.

이 책은 해동과학문화재단의 지원을 받아
NAEK 한국공학한림원과 김영사가 발간합니다.

자연에서 배우는 청색기술

Nature's Blue Technology

기획 이인식 지식융합연구소장

김영사

자연은 위대한 스승이다

이인식 지식융합연구소장

자연의 놀라운 본보기로부터 도출된 100가지 혁신기술에만 초점을 맞추어도, 우리는 향후 10년 동안 최대 1억 개의 일자리 창출이 가능하다는 상상을 할 수 있다.

_군터 파울리

1

1917년 영국의 동물학자이자 수학자인 다르시 톰프슨D'Arcy Thompson, 1860~1948은 《성장과 형태On Growth and Form》를 펴냈다. 톰프슨은 20세기 최고의 명저 반열에 오른 이 책에서, 자연의 물리적 힘이 생물의 형태, 이를테면 꿀벌의 세포나 식물의 싹 같은 작은 것부터 잠자리의 날개나 숫양의 뿔처럼 큰 것까지 다양한 구조의 형성에 미치는 영향을 수학적 논리로 분석했다.

사람 뼈의 기계적 구조에 대한 설명이 빠질 리 없다. 가령 대퇴부에 얽힌 일화가 흥미롭게 소개되어 있다. 독일의 구조공학자인 카를 쿨만Karl Culmann, 1821~1881 은 우연히 해부학자의 방에서 사람 대퇴골을 절단한 구조를 보고 그 자리에서 "저것이 나의 크레인(기중기)이다"라고 외쳤다. 1866년 쿨만은 대퇴골을 본떠서 기중기를 설계했다.

이 책에는 이처럼 생물체로부터 영감을 얻어 다양한 구조물을 만든 사례가 적지 않게 소개되어 있기 때문에, 톰프슨은 생물영감bioinspiration 의 창시자로 여겨지기도 한다. 생물영감은 문자 그대로 생물체로부터 영감을 얻어 문제를 해결하려는 공학기술 분야이다.

자연으로부터 영감을 얻어 창조한 역사적 발명품은 한두 가지가 아니다. 르네상스 시대 이탈리아의 화가인 레오나르도 다 빈치 Leonardo da Vinci, 1452~1519 는 새의 날개와 꼬리 모습을 본떠 그린 비행기 설계도를 100여 개나 남겼다. 그의 헬리콥터 설계도는 훗날 실제로 구현되었다.

1843년 3월 영국 런던은 흥분의 도가니였다. 나룻배로 왕래하던 템스 강 아래를 지나는 터널을 뚫는 데 성공했기 때문이나. 세계 최초의 수중터널을 구경하기 위해 사람들이 벌떼처럼 몰려들었으며, 빅토리아 여왕도 행차를 할 정도였다. 템스터널을 건설한 사람은 프랑스 출신의 영국 기술자인 마크 브루넬Marc Brunel, 1769~1849이다.

그림 1
좀조개.

1815년 브루넬은 부두를 지나다가 우연히 배좀벌레조개(좀조개)가 구멍을 뚫어놓은 나뭇조각을 보고 굴을 효과적으로 뚫는 기술을 생각해냈다. 좀조개는 부두의 말뚝처럼 바닷물에 잠겨 있는 단단한 나무속을 갉아먹으며 매끈하게 구멍을 뚫는 조개이다. 브루넬은 좀조개가 자신의 껍데기를 이용하여 나무에 파고들어 톱밥을 뒤로 밀어내는 것을 관찰하고 영감을 얻어 터널을 파는 굴착기계를 발명했다. 이 기계 덕분에 템스터널을 성공적으로 뚫을 수 있었음은 물론이다.

1851년 5월 1일, 영국 런던의 수정궁Crystal Palace에서 만국박람회가 열렸다. 수정궁은 가로 122미터, 세로 547미터로 약 2만 평이나 되는 땅에 세워진 세계 최초의 조립식 건물이었다. 엄청난 양의 철과 유리가 사용되었지만 규격화된 재료를 채택한 덕분에 건설하는 데 든 시간은 고작 17주였다. 수정궁을 설계한 조지프 팩스턴Joseph Paxton, 1803~1865은 젊었을 때 정원사로 일했다. 그는 남아메리카의 열대 수련이 잎 위에 어린아이를 올려놓아도 그 무게를 받쳐줄 정도로 튼튼한 이유를 알아냈다. 팩스턴은 수련의 잎에서 영감을 얻어 수정궁의 지붕을 설계했다.

2003년 미국 항공우주국은 회전초回轉草처럼 바람이 불면 굴러다니는 행성 탐사 로봇을 만들어 그린란드에서 시운전에 성공했다. 미국 북서부 사막지대에서 번식하는 잡초인 회전초는 가을 바람에 의해 둥글게 뭉쳐서 날아다니기 때문에 행성 탐사 로봇을 개발하는 기술자들에게 영감을 불러일으킨다. 회전초를 본떠 로봇을 만들면 어떤 지형에서도 돌아다닐 수 있다고 여겨졌기 때문이다.

회전초 로봇은 그린란드에서 이틀 동안 128킬로미터를 이동하면서 30분마다 수집한 자료를 관제소로 보냈다. 미국 항공우주국은 바퀴 달린 로봇이 접근하기 어려운 구릉과 계곡이 많은 화성 탐사에 회전초 로봇을 활용할 생각이다.

2

1948년 스위스의 전기기술자인 조르주 드 메스트랄George de Mestral, 1907~1990은 도꼬마리 씨앗에 달린 갈고리 모양의 가시가 동

자연에서 배우는 청색기술

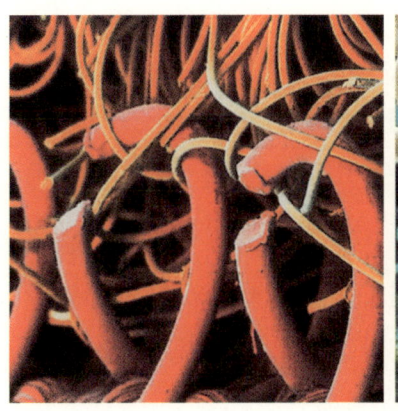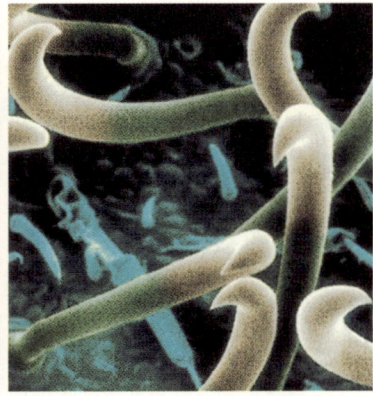

그림 2

벨크로(오른쪽)는 도꼬마리 씨앗의 갈고리-고리 특성(왼쪽)을 모방하여 만든 여미개이다.

물의 몸에 달라붙는 것을 모방해서 벨크로Velcro를 발명했다. 벨크로는 한 면에 도꼬마리 씨앗을 본뜬 갈고리들이 달려 있고, 다른 면에는 걸림고리들이 달려 있어 꺼끌한 쪽과 부드러운 쪽을 붙여 떨어지지 않게 하는 접착장치이다. 옷, 신발, 가방에서 두 짝을 한데붙였다 떼었다 할 수 있는 부분에 벨크로를 박음질해 달면 잘 떨어지지 않게 여밀 수 있어 단추나 지퍼 대신에 널리 사용된다. 벨크로는 상업적으로 대단한 성공을 거두었다. 생물을 본떠 발명한 제품중에서 가장 많이 팔려 생물모방biomimicry의 상징이 되었다.

1997년 미국의 생물학 저술가인 재닌 베니어스Janine Benyus, 1958~가 펴낸《생물모방Biomimicry》의 출간을 계기로 생물모방은 21세기의 새로운 연구 분야로 각광을 받기 시작했다. 베니어스는 이 책의 부제처럼, 생물모방을 '자연에서 영감을 얻는 혁신innovation inspired by nature'이라고 정의하고, 다음과 같이 생물모방의 중요성을 강조했다.

박테리아가 지구상에 처음 나타난 이후 38억 년에 걸친 연구와 개발의 결과 생물 중에서 실패작들은 화석이 되었고, 지금 우리가 주변에서 볼 수 있는 것은 모두 생존의 비밀을 가지고 있다. 우리의 세계가 자연세계를 더 닮고 자연세계처럼 기능을 발휘하면 할수록 이 행성은 우리를 더 잘 받아들일 것이다.

자연으로부터 배운 것을 토대로 성취할 수 있는 혁신에 대해서는 다음과 같이 나열했다.

나뭇잎을 모방한 태양전지, 거미줄처럼 꼰 강철섬유, 조개를 모방한 깨지지 않는 세라믹, 침팬지로부터 배운 암 치료법, 다년생 들풀에서 영감을 얻은 다년생 곡물, 세포처럼 신호를 보내는 컴퓨터, 미국 삼나무숲에서 교훈을 얻는 경제 등, 어떤 경우에도 자연은 모델이 된다.

생물영감과 생물모방은 자연 전체가 연구대상이 되므로 그 범위는 가늠하기 어려울 정도로 깊고 넓다. 이를테면 생물학, 생태학, 생명공학, 나노기술, 재료공학, 로봇공학, 인공지능, 인공생명, 신경공학, 집단지능, 건축학, 에너지 등 첨단 과학기술의 핵심 분야가 거의 망라되어 있다.

생물에서 영감을 얻고, 또 생물을 본뜨는 연구야말로 모든 과학기술을 융합하는 분야임에 틀림없다. 2008년 10월《지식의 대융합》을 펴낸 이후 저술과 강연을 통해 지식융합, 기술융합, 산업융합의 대중적 확산에 전념해온 나로서는 이 신생 분야를 국내 독자에게 서둘러 소개해야 한다는 의무감을 떨쳐버릴 수 없었다. 2012년 5월《자연은 위대한 스승이다》를 펴낸 것도 그 때문이다.

생물영감과 생물모방을 아우르는 용어가 해외에서도 아직 나타나지 않아 '자연중심 기술'이라는 낱말을 만들어 이 책에서 처음

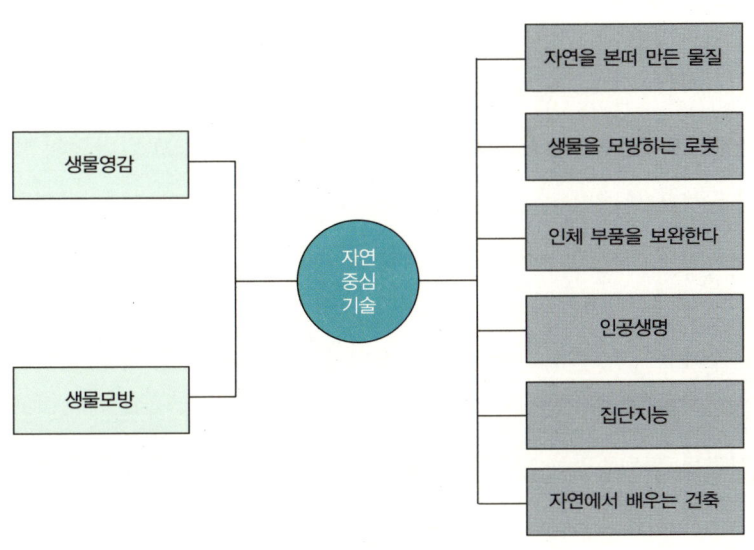

자연중심 기술

사용했다. 자연중심 기술이 과학기술의 여러 부문에서 가능성을 보여준 연구 성과가 집대성된 이 책에서는 자연을 본떠 만든 물질, 생물을 모방하는 로봇, 인체 부품을 보완하는 신경보철과 인공장기, 인공생명, 집단지능, 자연에서 배우는 건축을 통해 자연으로부터 배울 것이 너무 많다는 사실을 여실히 재확인해준다.

3

21세기 들어 생물영감 또는 생물모방이 각광을 받게 된 까닭은 크게 두 가지로 볼 수 있다.

하나는 나노기술의 발달이다. 생물의 구조와 기능을 나노미터 수준에서 파악할 수 있게 됨에 따라 생물을 본뜬 물질을 분자 수준에서 만들어낼 수 있게 되었기 때문이다. 이른바 분자생물 모방학 molecular biomimetics의 출현으로 가령 도마뱀붙이(게코) 발바닥의 빨판, 연잎 표면의 돌기, 모르포나비 날개의 비늘 같은 나노 크기의 물질들을 흉내낸 새로운 소재가 잇따라 선보였다.

야행성 동물인 게코는 몸길이가 꼬리를 포함해 30~50센티미터, 몸무게는 4~5킬로그램 정도인 작지 않은 동물이지만 파리 따위의 곤충처럼 벽을 따라 기어 올라가는가 하면 천장에 거꾸로 매달려 걷기도 한다. 만유인력의 법칙을 거스르는 게코의 능력은 발가락 바닥의 특수한 구조에서 비롯된 것으로 밝혀졌다. 게코 발가락 바닥에는 사람의 손금처럼 작은 주름이 새겨져 있는데, 이 작은 주름

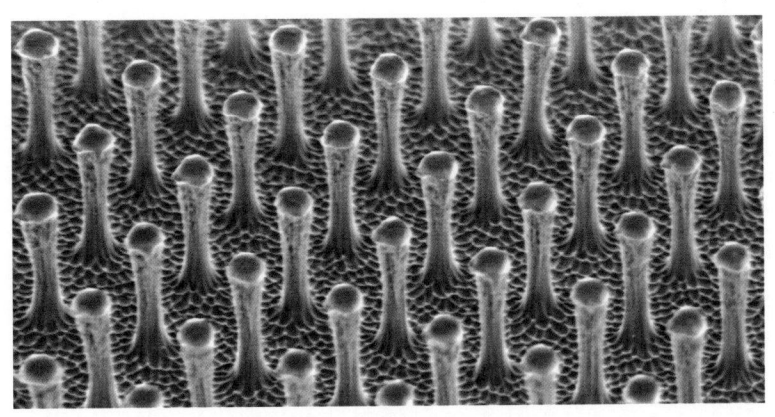

그림 3
도마뱀붙이 발바닥의 나노 빨판.

들은 뻣뻣한 털(강모)로 덮여 있다. 작은 빗자루처럼 생긴 강모의 끝에는 잔가지가 나와 있다. 잔가지의 끝부분은 오징어나 거머리의 빨판처럼 뭉툭하게 생겼으며 지름은 200나노미터 정도이다. 도마뱀붙이는 이런 나노 빨판을 10억 개 갖고 있다. 요컨대 발바닥의 나노 빨판 덕분에 게코는 벽이나 천장에서 밑으로 떨어지지 않고 기어다닐 수 있는 것이다. 2000년 미국의 켈라 오텀Kellar Autumn은 《네이처 Nature》 6월 8일자에 발표한 논문에서 도마뱀붙이는 강모와 표면 사이에 작용하는 '반데르발스 힘van der Waals force' 덕분에 천장에 매달려 있을 수 있다고 설명했다. 게코의 강모가 모두 동시에 접착을 한다면 몸무게가 120킬로그램인 사람을 지탱할 수 있다. 2004년 게코의 나노 빨판을 모방한 건식 접착제가 개발되었다.

연은 진흙 속에 뿌리를 박고 자라지만 흐린 물 위로 항상 아름다운 꽃을 피운다. 연은 흙탕물에서 살지만 잎사귀는 항상 깨끗하다. 비가 내리면 물방울이 잎을 적시지 않고 주르르 흘러내리면서 잎에 묻은 먼지나 오염물질을 쓸어내기 때문이다. 연의 잎사귀가 물에 젖지 않고 언제나 깨끗한 상태를 유지하는 자기정화 현상을 연잎 효과lotus effect라고 한다. 독일의 식물학자인 빌헬름 바르트로트 Wilhelm Barthlott, 1946~ 는 연잎 표면을 현미경으로 관찰하고, 잎의 표면이 작은 돌기로 덮여 있고 이 돌기의 표면은 티끌처럼 작은 솜털로 덮여 있기 때문에 초소수성super-hydrophobic이 되어 연잎 효과가 발생한다는 것을 밝혀냈다. 작은 솜털은 크기가 수백 나노미터 정도이므로 나노 돌기라 부를 수 있다. 수많은 나노 돌기가 연잎의 표면을 뒤덮고 있기 때문에, 물방울은 잎을 적시지 못하고 먼지는 빗물과 함께 방울져 떨어지는 것이다.

1998년 바르트로트는 연잎 효과의 특허를 획득했으며 1999년 연잎 효과를 활용한 첫 번째 제품이 상용화되었다. 건물 외벽에 바르는 자기정화 페인트이다. 저절로 방수가 되고 때가 끼는 것을 막아주는 연잎 효과는 생활용품이나 옷에 활용된다. 연잎 효과 옷을 입으면 음식 국물을 흘리더라도 손으로 툭툭 털어버리면 된다.

남아메리카에 사는 모르포나비의 날개는 구조색structural colour을 나타낸다. 자연에서 색소가 섞이지 않는 무색의 물질이 색깔을 나타내는 현상을 구조색이라 한다. 물감에 의한 색은 어느 방향에서 보더라도 항상 같은 색으로 보이지만, 구조색은 무지갯빛처럼 보는 방향에 따라 색깔이 조금씩 달라진다. 구조색은 콤팩트디스크나 크레디트카드에서 볼 수 있으며 공작새 깃털, 물총새, 무지개송어 같은 생물과 보석인 오팔에서 나타난다. 모르포나비의 경우 날개에는 아무런 색소도 들어 있지 않지만 환한 푸른색을 띠는 까닭은 날개 표면을 덮고 있는 비늘이 광결정photonic crystal과 비슷하게 푸른색의 빛만 반사시키고 다른 색의 빛은 모두 흡수하기 때문인 것으로 밝혀졌다. 광결정은 특정 파장의 빛만을 반사시키고 나머지는 흩어지게 하는 나노 구조의 결정이다. 모르포나비의 비늘은 나노미터 크기의 독특한 구조로 되어 있다.

모르포나비의 구조색 기능을 흉내낸 직물인 모르포텍스Morphotex는 나노기술을 이용하여 모르포나비 날개의 비늘을 본떠 만든 것이다. 염료나 안료를 일절 사용하지 않았지만 빛이 어떻게 비치는가에 따라 빨간색이나 보라색 또는 초록색으로 색깔이 바뀐다.

4

자연중심 기술이 21세기 들어 주목을 받게 된 다른 하나의 이유는 파란 행성 지구의 환경위기를 해결하는 참신한 접근방법으로 여겨지기 때문이다.

재닌 베니어스가 《생물모방》에서 명쾌하게 일갈한 대목에 그 이유가 함축되어 있다.

생물들은 화석연료를 고갈시키지 않고 지구를 오염시키지도 않으며 미래를 저당잡히지 않고도 지금 우리가 하고자 하는 일을 전부 해왔다. 이보다 더 좋은 모델이 어디에 있겠는가?

자연을 스승으로 삼고 인류 사회의 지속가능한 발전의 해법을 모색하는 자연중심 기술은 녹색기술의 한계를 보완할 가능성이 커 보인다. 녹색기술은 환경오염이 발생한 뒤의 사후 처리적 대응의 측면이 강한 반면에 자연중심 기술은 환경오염 물질의 발생을 사전에 원천적으로 억제하려는 기술이기 때문이다.

자연중심 기술이 산업 활동에 적극적으로 수용되어 사회 발전과 아울러 환경문제 해결에 보탬이 되려면, 무엇보다 자연중심적인 세계관이 전 사회적으로 널리 확산될 필요가 있다.

서양철학의 전통은 대부분 오로지 인간의 도덕적 지위만을 인정하고, 자연의 도덕적 지위에 대해서는 매우 냉담한 반응을 보였다. 기원전 4세기의 아리스토텔레스Aristoteles, BC 384~322는 "자연은 일정한 목적이나 의도를 위한 것이라는 우리의 믿음이 타당하다면, 그것은 다름 아닌 인간을 위한 것임에 틀림없다"고 말했다. 18세기의 위대한 철학자인 임마누엘 칸트Immanuel Kant, 1724~1804도 자연을 존중하는 우리의 의무는 다른 인간에 대한 의무에서 노출되는 간접적인 의무일 따름이라고 말하고, 인간만이 도덕적 지위를 갖는다는 전통적 견해를 강화했다. 이처럼 서양의 대부분의 철학자들은 인간만이 도덕적 지위를 갖는다고 생각했기 때문에, 자연은 도덕적 고려 대상에서 배제될 수밖에 없었다. 동물과 식물은 주체가 아니라 대상일 따름이었다.

1960년대 후반에 이러한 서양철학의 전통이 결국 환경위기를 초래한 원인이라는 논문이 발표되었다. 1967년 3월 미국의 기술사학자인 린 화이트Lynn White, 1907-1987는 《사이언스Science》에 〈생태위기의 역사적 기원The Historical Roots of our Ecological Crisis〉이라는 논문을 발표했다. 이 논문에서 화이트는 인간은 모든 창조에 있어서 특권적 위치를 차지하며 자연보다 우월하고 자연을 지배하도록 신에 의해 명령 받는다고 여기는 기독교의 인간중심적 세계관이 환경위기의 뿌리라고 주장했다. 다시 말해 자연에 대한 인간중심적 세계관이 지배하는 상황에서 현대 과학기술이 대부분 발전했기 때문에 환경위기가가 비롯되었다는 것이다.

1973년 노르웨이의 철학자인 아르네 네스Arne Naess, 1912~2009는 근본생태주의deep ecology 운동을 제창했다. 네스는 환경위기를 해결하기 위해서는 개인적 및 사회적 관행을 바꾸는 정도로는 부족하므로 세계관을 근본적으로 바꿔야 한다고 주장했다.

1985년 네스를 따르는 미국의 사회학자인 빌 드볼Bill Devall, 1938~2009과 철학자인 조지 세션스George Sessions는 《근본생태주의Deep Ecology》를 펴냈다. 이 책에서 두 사람은 지구상의 모든 생명체가 내재적 가치inherent worth를 가진 존재라고 주장했다. 내재적 가치는 인간의 가치 평가와 무관하게 그 자체로 갖는 가치를 의미한다. 그러니까 인간을 자연의 나머지 부분과 근본적으로 다른 존재로 보는 인간중심적 세계관은 거부되어야 한다는 것이다.

1986년 미국의 철학자인 폴 테일러Paul Taylor는 《자연에 대한 존중Respect for Nature》을 펴내고 생명중심윤리biocentrism를 체계화했다. 이 책에서 테일러는 '자연에 대한 생명중심적 관점the biocentric outlook on nature'은 자연과 인간의 관계에 대한 근본적인 세계관을 제공하는 신념체계라고 설명하고, 우리가 이러한 세계관을 채택하게 되면 우리는 모든 생명체를 내재적 가치를 가진 존재로 보는 것만이 유일하게 적절한 방식이라는 사실을 알게 된다고 주장했다. 테일러는 더 나아가서 생명중심적 관점이야말로 합리적인 사람이라면 반드시 채택해야 할 자연관이라고 주장했다.

오늘날 생태위기는 아직도 인간중심적 세계관과 생명중심적 세계관이 혼재되어 있기 때문에 비롯되었다고 볼 수 있을 것 같다. 인류 사회가 산업시대에서 생태시대Ecological Age로 전환되려면 무엇보다도 생명중심적 또는 자연중심적 세계관에 대해 폭넓게 공감대가 형성되어야 할 줄로 안다.

자연을 스승으로 삼고, 자연의 지혜를 배우면 지구를 환경위기로부터 구해낼 수 있다고 굳게 믿는 사람들은 생물영감 또는 생물모방을 단순히 과학기술의 하나로 여기지 않고 생태시대를 여는 혁신적인 접근방법으로 보고 있는 것이다.

　2008년 10월 스페인에서 열린 세계자연보전연맹IUCN 회의에서
'자연의 100대 혁신기술Nature's 100 Best'이라 불리는 보고서가 발표
되었다. 세계자연보전연맹과 유엔환경계획UNEP의 후원을 받아 마
련된 이 보고서는 생물로부터 영감을 얻거나 생물을 모방한 2,100개
기술 중에서 가장 주목할 만한 100가지 혁신기술을 선정하여 수록
한 것이다.

　이 보고서를 만든 사람은 재닌 베니어스와 군터 파울리Gunter

그림 4
재닌 베니어스(왼쪽)와 군터 파울리.

Pauli, 1956~ 이다. 파울리는 벨기에 출신의 저술가, 기업가, 환경운동 가이다. 그는 1994년 일본 정부의 후원을 받아 생물영감 연구조직 인 제리ZERI 재단을 설립했다.

2009년 5월 베니어스와 파울리는 이 보고서를 같은 제목의 책으 로 발간했다. 2010년 6월 파울리는 자연의 100대 혁신기술을 경제 적 측면에서 조명한 저서인 《청색경제The Blue Economy》를 펴냈다. 이 책의 부제는 '10년 안에 100가지의 혁신기술로 1억 개 일자리가 생긴다10years, 100innovations, 100million jobs'이다. 파울리는 청색경제에 대한 기대감을 다음과 같이 피력했다.

녹색경제green economy 는 환경을 보존함과 동시에 동일한 수준이 거나 심지어 더 적은 이익을 성취하기 위해 기업에게는 더 많은 투 자를, 소비자들에게는 더 많은 지출을 요구해왔다. 이는 경제 성장 의 전성기일 때도 이미 도전이었으며 경제 침체기에는 가능성이 거 의 없는 해결책이었다. 녹색경제는 많은 선의와 노력에도 불구하고 크게 요구되었던 실행 가능성을 성취하지 못했다.

만일 우리가 시야를 바꾼다면, 우리는 청색경제가 단순히 환경 을 보존하는 차원을 뛰어넘어 지속 가능성의 쟁점을 제기하고 있음 을 깨닫게 될 것이다. 청색경세는 무엇보나 재생을 약속한다.

청색경제는 생태계가 진화 경로를 유지하여 모든 것이 자연의 끊임없는 창조성, 적응력, 풍요로부터의 혜택을 누리도록 보장해주 는 것이라고 말할 수 있다.

파울리는 《청색경제》에서 10년 뒤인 2020년까지 자연의 100대 혁신기술로 1억 개의 청색 일자리가 창출되는 사례의 밑그림을 발표했다. 이 100가지 사례들을 통해, 자연의 창조성과 적응력을 활용하는 청색경제 운동이 전 세계적으로 전개되면 자연중심 기술로 인류가 당면한 환경위기를 극복하여 지속가능한 자연중심의 경제가 실현될 뿐만 아니라 고용 창출 측면에서도 매우 인상적인 규모의 잠재력을 갖고 있음을 확인할 수 있다.

이런 맥락에서 《자연은 위대한 스승이다》에서 자연중심 기술을 '청색기술blue technology'이라는 새로운 이름으로 불러도 좋을 것 같다는 제안을 한 바 있다.

청색기술은 청색 행성 지구의 환경문제 해결에 결정적인 기여를 할 뿐만 아니라 인류 사회의 지속 가능한 발전을 담보하는 혁신적인 접근 방법임에 틀림없다. 그래서 청색기술은 21세기의 희망이다.

청색사상

1

이상헌
동국대학교 교양교육원 강의전담 교수

서강대학교 대학원에서 칸트철학에 관한 연구로 박사학위
받았다. 가톨릭대학교 교양교육원 강의전담 교수, 서강대
학교 인문과학연구소와 철학연구소 등에서 상임연구원을
지냈다. 현재 동국대학교 교양교육원에서 강의전담 교수로
재직하고 있으며, 시식융합연구소 수석연구원으로 활동하
고 있다. 《융합시대의 기술윤리》를 저술하였으며, 《생명의
위기》, 《현대과학의 쟁점》, 《기술의 대융합》, 《인문학자, 과
학기술을 탐하다》, 《따뜻한 기술》 등의 공저에 참여했고,
《서양철학사》(공역), 《탄생에서 죽음까지》(공역) 등을 번역하
였다.

1

자연중심 기술과 새로운 환경철학의 모색

이상헌

달력을 보면 많은 기념일들이 적혀 있지만 공휴일로 지정되어 있는 날 이외의 날들은 잘 모른다. 그 가운데 하나가 4월 22일 것이다. 달력을 통해서만 알 수 있는 날이지만, 이 날은 푸른 행성 지구에 거주하는 나와 인류의 미래를 고민하는 날이다. 4월 22일은 환경문제에 대한 대중들의 관심을 불러일으키고자 1970년 같은 날에 '지구의 날Earth Day'로 선언되었다. 당시 미국 위스콘신 주의 상원의원 게이로드 넬슨Gaylord Nelson이 앞장섰으며 미국 역사상 최대 규모의 시위가 열렸다. 2,000만 명 이상의 사람들이 행사에 참여했다. 이를 계기로 1972년에는 국제연합의 주관으로 세계 113개국 대표가 스웨덴의 스톡홀름에 모여 '하나뿐인 지구'라는 주제로 환경회의를 개최하고 '인간환경선언'을 채택했다.

그로부터 40년이 넘는 세월이 흘렀지만 환경문제 해결의 기미는 보이지 않고, 환경위기는 오히려 가속되고 있는 느낌마저 든다. 지난 해에도 브라질의 리우데자네이루에서 '리우＋20' 환경회의가 개최되고 지구정상회의Earth Summit가 열렸지만 환경위기 극복을 위한 길로 한발 더 나아간 것처럼 보이지는 않는다.

환경문제는 철학적 문제

1967년 〈사이언스Science〉에 실린 린 화이트Lynn White의 논문 〈생태위기의 역사적 근원The Historical Roots of our Ecologic Crisis〉과 1968년 같은 잡지에 실린 가렛 하딘Garett Hardin의 〈공유지의 비극The Tragedy of the Commons〉은 환경문제가 단순히 오염의 문제가 아님을 분명히 했다. 이미 1949년에 출간된 《모래 군의 열두 달, 그리고 이곳 저곳의 스케치A Sand County Almanac and Sketches Here and There》에서 알도 레오폴드Aldo Leopold는 생태위기의 뿌리가 철학적인 것이라고 밝힌 바 있었다.

레이첼 카슨Rachel Carson은 《침묵의 봄Silent Spring》(1960)에서 DDT를 비롯한 화학살충제의 치명적인 위력과 영향에 대해 언급해 세계의 주목을 받았다. 사람들은 해충의 피해를 막기 위해 오랜 기간 동안 애써왔고, 그 결과 해충을 획기적으로 없앨 수 있는 화학살충제를 개발하여 사용하고 있다. 하지만 이는 다른 심각한 문제를 가져왔

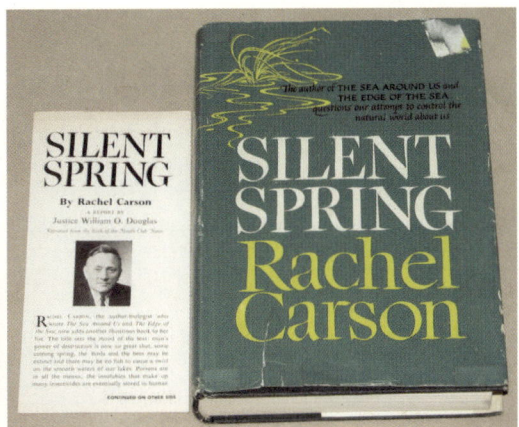

그림 1.2.1
레이첼 카슨과 그의 저서 《침묵의 봄》.

다. 살충제의 사용으로 해충으로부터의 피해는 막았을지 몰라도 살충제가 인체와 생태계 전체에 미치는 영향에 대해서는 대책이 없다. 지금과 같은 방식으로 살충제를 계속 사용하면 새와 벌레들을 더 이상 볼 수 없게 될지도 모른다. 그래도 살충제를 사용할 것인가? 이런 상황을 기술적 도전으로 이해하는 사람들도 있을 것이다. 살충제 사용을 옹호하는 화학산업계나 농업 종사자들이 이런 입장을 취할 수 있다. 하지만 이 상황은 기술적 도전 이상의 것이다. 해충을 어떻게 막을 것인가? 효과는 좋지만 더 좋은 살충제가 나올 터이니 그때까지만 참아볼 것인가? 이 상황은 이런 물음들과 연관되어 있다.

과학과 기술에 대해 낙관적인 태도를 취하든 비관적인 태도를 취하든, 효과 좋고 인체에 무해한 살충제가 개발되든 그렇지 않든, 환

자연중심 기술과 새로운 환경철학의 모색

경문제는 우리가 무엇을 소중히 여길 것인가, 어떤 것을 희생할 수 있는 것으로 여기고 어떤 것을 반드시 지켜야 할 것으로 볼 것인가, 더 나아가서 인간으로서 우리는 어떤 존재인가, 어떤 삶을 살 것인가, 어떤 세상을 꿈꾸고 또 만들어나갈 것인가 하는 문제와 관련되어 있다. 말하자면 환경문제는 철학적이며, 윤리적인 문제이다.

살충제의 사용만 하더라도 여러 가지 철학적, 윤리적 문제들과 연관되어 있다. 우리 주변의 생명체들을 보전할 책임이 우리에게 있는가? 책임이 있다면 우리는 어느 정도까지 책임져야 할 것인가? 어떤 생명체를 우리에게 유익한 것으로 규정하고 또 어떤 생명체를 해로운 것으로 규정하는 데 문제는 없는가? 그런 규정에 따라 우리가 어떤 생명체는 살리고 어떤 생명체는 죽이기로 결정하는 것은 윤리적으로 정당한 것일까? 살충제가 해로운 것이었다면 누가 그 책임을 져야 하는가? 살충제가 해롭다는 견해가 제기되었을 때 그 사실을 입증할 책임은 어느 쪽에 있는가? 해롭다고 주장하는 사람인가, 반대로 무해하다고 반박하는 사람인가?

이와 같이 인류가 직면한 환경문제에 대해 연구하여 원인을 진단하고 해석하는 과정에서 좀 더 근본적인 문제를 제기하는 사람들이 나타났다. 그들은 오늘날 환경문제의 뿌리를 단순히 산업화나 도시화, 과도한 오염물질 배출보나 너 근본적인 곳에서 찾았다. 사연을 인간의 행복을 위한 수단으로만 간주하는 근대 서양의 인간중심적인 세계관과 자연관이 환경문제의 진짜 원인이라고 본 것이다.

생명중심주의와 생태중심주의

　근대적 세계관은 인간과 자연을 구분하고 인간에게만 도덕적 지위를 부여한다. 모든 가치는 인간에게만 귀속되며, 만일 자연에 가치가 있다면 그것은 인간의 목적을 위한 유용성으로서의 가치라고 본다. 근대적 세계관의 아이콘처럼 여겨지는 프랜시스 베이컨Francis Bacon은 인간의 자연 지배와 인간의 행복을 위한 자연 활용을 적극적으로 옹호했다. 근대적 세계관을 대표하는 또 다른 인물인 르네 데카르트René Descartes는 인간과 자연을 두 개의 다른 실체로 규정하고, 자연은 오로지 물질적 존재이지만 인간은 물질적인 동시에 정신적인 존재로 보았다. 그는 또한 자연을 한낱 기계론적 체계로 이해하여 도덕적 고려의 영역에서 배제했다.

　환경위기에 대응한 많은 사상가와 운동가들은 이러한 근대적 세계관이 환경문제의 근본 원인이라고 생각했다. 자연을 인류의 쾌락과 복지를 위한 단순한 수단으로만 이해하고, 자연이 가진 본래적 가치를 인정하지 않는 한 환경문제를 근본적으로 해결할 수 없다고 보았다. 이들은 근대적 세계관의 인간중심주의에 반대하여 생명중심주의biocentrism를 주장했다. 생명중심주의는 자연이 단순히 인간에 의해 이용되거나 소모되기 위해 존재하는 것이 아니라고 주장한다. 인간 또한 자연에 존재하는 수많은 종들 가운데 하나에 불과하며, 자연에 존재하는 모든 생물종은 인간 못지않게 내재적 가치를 가진다. 따라서 인간이 도덕적 의미에서 다른 생명체보다 우월하다고 할 수 없다.

생명중심주의의 대표적인 옹호자인 폴 테일러는 그의 저서 《자연에 대한 존중》을 통해 생명중심의 윤리를 체계적으로 제시한다. 그는 생명체가 '삶의 목적론적 중심'이므로 생명체가 고유의 가치(좋음)를 갖는다는 말이 의미있다고 주장한다. 또한 생명체가 고유의 가치를 가지고 있다는 기술적 진술descriptive statement로부터 생명체가 내재적 가치를 지닌다는 규범적 진술normative statement로 이행한다. 이런 이행의 고리는 자연존중을 궁극적인 도덕적 태도로 채택하는 것이다.

테일러는 생명중심주의에 대해 다른 생명체와 인간의 관계를 개념화해주는 신념체계라고 설명하고, 생명중심주의의 핵심적인 신념을 네 가지로 정리했다. 첫째, 인간은 다른 모든 종과 더불어 똑같은 이유에서 생명 공동체의 구성원이다. 둘째, 생명 공동체는 물리적으로나 다른 종들과의 관계의 면에서 모든 구성원들 사이의 상호의존 체계로 이루어져 있다. 셋째, 모든 유기체는 '삶의 목적론적 중심'이다. 다시 말해, 모든 유기체는 각기 고유한 목적과 존재의 이유를 갖는다. 그것은 본래적으로 '좋은' 내지는 '가치 있는' 것이다. 넷째, 인간이 다른 어떤 종에 비해 본래적으로 우월하지 않다.

생명중심주의와 비슷한 관점으로 생태중심주의ecocentrism가 있나. 환경문제에 대한 생태중심적 관심은 생태학석 사실을 확상한 것이다. 생태계는 생명체뿐만 아니라 다양한 생물종들의 삶의 터전인 땅과 물, 대기, 심지어 냇가의 돌맹이까지 모든 것을 포함한다. 이런 요소들이 얽히고설킨 채로 서로 영향을 주고받고 있으며, 하나의 유기적 전체를 구성하고 있다. 생태중심주의 윤리는 하나의 전체로서의 생태계의 본래적 가치를 인정하고 도덕적 지위를 부여한다. 생명체 하나하나의 가치에 초점을 맞추는 생명중심주의와 달리 생태중심주의는 전체로서의 생태계의 가치를 핵심으로 삼는다. 또한 생명중심주의는 생명체만을 본래적 가치의 담지자로 보는데 비해 생태중심주의는 생명체만으로는 생명 현상을 이해할 수 없으며, 생명 현상이 이루어지도록 하는 모든 요소들, 생물과 무생물 모두를 포함한 생태계를 가치의 담지자로 이해한다. 아르네 네스와 조지 세션스 등에 의해 제창된 근본생태주의 운동은 생태중심주의를 표방하고 있다.

생명중심주의와 생태중심주의의 이론적 한계

생명중심주의와 생태중심주의가 환경문제에 대한 대중의 관심을 환기시키고 사회적 운동을 촉진하는 데 기여한 것은 분명하다. 하지만 이 두 관점은 여러 가지 이유로 비판을 받고 있다. 먼저 생명중심주의는 인간의 이익에 반하는 견해로 이해되기 쉽다. 좀 더 큰 선善을 위하여 주저없이 인간의 복지를 희생시키는 결정을 내릴 수도 있기 때문이다. 생명중심주의의 개체주의적 특성 역시 비판의 대상이다. 생명중심주의가 개별 생명체의 중요성을 지나치게 강조한 나머지 생명 시스템 전체의 중요성을 간과했다는 판단에서 등장한 것이 생태중심주의이다.

생명중심주의는 논리적인 모순도 포함한다. 리처드 왓슨Richard Watson 은 〈반-인간중심주의적인 생명중심주의 비판〉이라는 글에서 생명중심주의의 논리적 모순을 지적했다. 생명중심주의는 인간중심주의와 달리 인간과 다른 모든 생명체가 동등한 지위를 갖는다는 이른바 생명중심적 평등의 원리를 내세운다. 이 원리를 따른다면 인간의 행위는 다른 모든 종의 행동과 마찬가지로 자연적인 것으로 보아야 한다. 그렇다면 자연에 미치는 부정적 영향이나 피해를 막기 위해 인간의 행동과 태도를 바꾸어야 한다는 주장은 자연스럽지 않다. 그런 주장은 인간을 자연으로부터 분리하여 생각하고, 자연에 비해 인간에게 특별한 힘과 지위를 인정하는 것이다. 이런 입장은 생명중심주의의 기본적 주장과 어긋나 보인다.

생명중심주의와 생태중심주의는 기술적 진술로부터 규범적 진술로 정당하지 않게 이행하고 있다는 비판에서 자유로울 수 없다. 폴 테일러 역시 이런 이행이 정당화될 수 있는 길을 찾으려고 했고, 생명중심적 관점을 하나의 신념체계로서 제시했다. 생명중심적 내지는 생태중심적 관점은 이론으로 정당화되기보다는 하나의 신념체계로 수용되어야 한다고 주장되고 있는 듯하다. 그런데 우리가 꼭 이런 신념체계를 수용해야 할 이유는 분명하지 않다.

모든 생명체가 본래적 가치를 지닌다거나 선제로서의 생태계가 본래적 가치를 지닌다는 주장은 쉽게 정당화되지 않는다. 모든 생명체 혹은 생태계 전체의 본래적 가치를 인정함으로써 생명체 혹은 생태계 전체를 도덕적 영역으로 편입시키고, 그렇게 하여 생명체

내지는 자연을 보호하고 인간의 무차별적 훼손을 막으려는 취지는 이해할 수 있다. 하지만 모든 생명체 혹은 생태계가 인간과 동등한 도덕적 가치를 지닌다는 주장은 인간의 이익과 생명체 혹은 자연의 이익이 상충했을 때 실질적인 문제해결 능력을 발휘하지 못한다. 모든 생명체 내지는 자연에 내재하는 내재적 가치를 파악할 수 있는 인식적 수단이 존재하는지도 의문이다.

인간중심주의와 기술중심주의

생명중심주의와 생태중심주의는 서구의 전통적인 가치관인 인간중심주의에 반대하여 생겨났다. 환경문제에서도 인간에게 중심 가치를 두고 자연에 대해서는 부수적인 가치만을 인정하는 인간중심주의는 이 세상에서 인간만이 유일하게 본래적으로 가치 있는 존재이며, 자연은 기껏해야 이용가치만을 가질 뿐이라고 주장한다. 자연의 가치는 자연에 본래적인 것이 아니라 인간에 의해 부과되는 외재적인 것이다. 다시 말해, 인간의 목적과 행복을 위한 도구적 가치일 뿐이다. 인간중심주의는 인간과 자연을 철저하게 구분하고, 모든 가치는 인간에게서 비롯된다고 본다. 근본 생태주의와 대비되는 개념으로서 표층 생태주의는 인간중심적 관점으로 대표적이다.

기술중심주의는 환경문제에 있어 기술의 중요성을 강조한다. 이 관점은 인간을 자연에 순응해야 하는 존재로 이해하는 생태주의와 달리, 자연을 인간에 의해 통제 가능하고 인간의 통제를 기다리는 존재로 이해한다. 기술중심주의는 환경문제가 존재한다는 것을 인정하지만, 역시 기술을 통해 해결을 기다리는 수많은 문제들 가운데 하나로 이해한다. 기술에 대한 강한 신념을 표명하는 기술중심주의는 기술적 완성도를 높이고, 기술을 혁신함으로써 환경문제 또한 점차적으로 해결되리라는 낙관론과 함께 기술 이외에 환경문제를 해결할 수 있는 합리적 대응방안이 존재하지 않는다고 주장한다.

인간중심주의는 다양한 형태로 제시되고 있다. 전통적인 인간중심적 가치관, 자연을 인간의 쾌락과 복지를 위한 수단, 지배와 정복의 대상으로만 간주하는 관점은 그런 태도가 환경문제의 한 원인이라는 비판으로부터 해방되기 어려워 보인다. 인간중심주의를 강하게 주장할 경우, 환경문제의 해결책을 찾는 데 분명한 한계가 있다. 자연의 가치를 오로지 유용성의 측면에서만 판단하는 인간중심주의에서는 인간의 이해를 벗어난 자연의 이득을 기대하기 어려울 것이다. 자연의 가치를 평가하고 유용성을 판단하는 기준이 무엇인지도 문제이다. 가장 많이 거론되는 것이 경제적 가치인데, 그렇기 때문에 인간중심주의적 관점에서 내놓은 환경문제에 대한 해결책은 소극적이기 마련이다.

기술의 발전이 환경문제를 해결할 수 있을지 의문이다. 기술에 대한 장밋빛 전망만으로는 환경문제가 해결되지 않는다. 환경문제가 본격적으로 논의되기 이전의 기술이 환경오염에 대한 규제 이후에 등장한 기술보다 환경에 더 해로운 것은 사실이다. 하지만 환경오염의 원인이 전적으로 낙후된 기술에 있다고 말할 수 없다는 것도 사실이다. 마찬가지로 환경오염을 기술의 발전을 통해 해결한다는 생각도 과도하다. 환경오염의 원인이 낙후된 기술에만 있는 것은 아니기 때문이다.

청색기술 혹은 자연중심 기술

지식융합연구소 이인식 소장이 《자연은 위대한 스승이다》(2012)에서 소개한 청색기술 혹은 자연중심 기술과 제리재단Zero Emissions Research Institute, ZERI의 설립자인 군터 파울리가 《청색경제》에서 제시한 100가지 혁신기술은 이전과는 다른 관점에서 제시된 기술이다. 이것에 대한 검토를 통해 자연과 환경에 대한, 그리고 인간과 자연의 관계에 대한 새로운 이해가 시도될 수 있지 않을까 생각한다.

파울리는 《청색경제》에서 자연의 순환생산 구조를 모방한 100가지 혁신기술을 "끊임없이 영양과 에너지를 생산하고 아무것도 낭비하지 않으며, 모든 행위자들의 능력을 활용하고 모든 이들의 기본적 필요에 부응하는 생태계의 능력으로부터 영감을 받은" 기술이라고 소개하고 있다. 파울리는 지속가능성을 "우리가 가진 것으로 모든 사람의 기본적 필요에 응답하는 능력"이라고 정의하고, 100가지 혁신기술(청색기술)을 기반으로 하는 청색경제를 통해 지속가능성이라는 목표를 달성할 수 있을 것이라고 주장한다. 파울리의 주장처럼 지속가능성이 이해되고 청색경제를 통해 인류의 식량위기와 실업문제, 빈곤문제해결의 실마리를 찾을 수 있게 된다면, 환경문제에 대한 반-생명중심적, 반-생태중심적 관점이 자본의 이익을 대변하고 선진국의 이해에 부합한다는 비판은 힘을 잃을 것이다.

이인식 소장은 파울리가 제안한 100가지 혁신기술을 비롯하여 자연을 모방하고 자연으로부터 영감을 받은 기술들을 청색기술 혹은 자연중심 기술이라고 이름 붙이고, 이런 기술들이 "파란 행성 지구의 환경위기를 해결하는 참신한 접근방법"이라고 설명한다. 청색기술은 환경오염에 대한 사후처리적 대응이 아니라 사전예방적 조치를 가능하게 하기 때문이다.

청색기술 혹은 자연중심 기술은 새로운 물질의 발견이나 공정의 혁신, 새로운 제작방법의 발견 같은 기술적 진보로부터 탄생한 것이 아니라는 점에 주목할 필요가 있다. 기술을 바라보고, 인간과 자연을 이해하는 관점의 변화로부터 가능해진 것이다. 이인식 소장의 설명처럼, "지구상의 생물은 박테리아가 처음 나타난 이후 38억 년에 걸친 자연의 연구개발 과정에서 갖가지 시행착오를 슬기롭게 극복하여 살아남은 존재들이다." 재닌 베니어스Janine Benyus가 자연 속에서 발견한 교훈처럼 생물들은 화석연료 없이도, 지구를 오염시키지 않고도 자신에게 필요한 것을 훌륭하게 잇고 있다. 자연이 수십억 년 동안 갈고 닦은 전략들 때문이다. 자연을 지배하고 통제하려는 태도에서 벗어나 조금 낮은 자세로 자연을 세심하게 살펴본다면 그 속에서 당면한 환경문제를 해결할 수 있는 훌륭한 기술적 방향을 발견할 수 있을 것이다.

환경철학의 새로운 관점 모색

인간중심주의와 생명중심주의 혹은 생태중심주의는 환경철학의 여러 가지 이론들을 대변하는 두 가지 관점이다. 하지만 앞에서 살펴보았듯이 이 두 관점은 많은 비판을 받고 있으며, 쉽게 극복되지 않는 난점을 지니고 있다. 필자는 자연중심 기술에서 얻은 통찰을 토대로 종전과 조금 다른 환경철학적 관점들을 시도해보려고 한다.

생명중심주의나 생태중심주의에서 우리의 행동을 규제하는 원칙을 도출하기 위해 가정한 내재적 가치라는 개념은 하나의 이론적 난제이다. 존재론적 함의를 갖는 내재적 가치는 정당화하기 어렵다. 테일러가 솔직히 고백하듯이 신념체계로서 가정될 수 있을 뿐이다. 자연에 내재하는 내재적 가치를 인식할 수 있는 방법도 존재하지 않는다. 내재적 가치와 관련해서는 인간중심주의가 더 그럴듯해 보인다. 하지만 인간중심주의는 환경문제를 궁극적으로 해결할 능력이 결여되어 있을 뿐만 아니라 환경문제를 일으킨 공범이라는 혐의로부터도 자유롭지 않아 보인다. 만일 인간중심주의를 고수하려면 적어도 새로운 해석을 제시해야 할 듯하다.

우선 자연의 내재적 가치를 이해하는 새로운 방식을 생각해볼 수 있을 것이다. 생명중심주의나 생태중심주의와 달리 존재론적 차원이 아닌 방법론적 차원에서 자연의 내재적 가치를 인정할 수 있지 않을까? 자연이 내재적 가치를 지닌다고 생각하는 것이 방법론적으로 우월하다면 말이다. 방법론적 이해는 방법을 통해 실현하려는 목표와 연관되어 있다. 자연의 내재적 가치에 대한 방법론적 이해는 내재적 가치와 관련하여 형이상학적 부담을 갖지 않으면서 내재적 가치의 효과를 얻을 수 있는 접근법으로 보인다.

자연중심 기술은 인간과 자연의 본성, 인간의 위치, 인간과 자연의 관계, 지식의 한계 등에 관해 사람들 사이에 만연해 있는 생각을 되짚어보게 한다. 물리적 세계에서 인간은 자연과 다르지 않다. 다른 모든 자연물과 마찬가지로 인간 역시 물리적 법칙의 지배에서 벗어날 수 없다는 점에서 자연의 일부이다. 인간이 자신을 자연으로부터 분리한 것은 정신 혹은 가치와 관련해서이다. 인간이 자연에 대해 우월한 태도로 자연을 지배하려는 대담한 시도를 한 것은 자연에 대한 지식 덕분이다. 하지만 인간의 지식이 얼마나 불완전하고, 부분적인 것인지를 이해하는 데 더 이상의 깨달음이 필요하지 않다. 자연중심 기술은 이 점을 분명히 인식하게 만든다. 그동안 인간이 자연에 대해 행한 오만한 시도들은 계속 실패를 거듭해왔다.

내재적 가치를 가정하지 않고도 '자연에 대한 존경'을 요구할 수 있다. 내재적 가치를 토대로 자연을 도덕적 영역으로 끌어들이지 않고도 자연은 존경을 받아 마땅하다고 주장할 수 있다. 인간의 지식이 지극히 제한적이라는 것은 사실이다. 자연을 완전히 통제하고 지배한다는 생각은 아직까지 실현된 적이 없다. 인간이 지금까지 자연에서 찾은 유용성 역시 부분적인 것이다. 자연은 계속해서 우리에게 새로운 가치를 드러내 보인다. 또 자연은 인위적인 방식으로는 도달하지 못하는 안정성과 효율성, 체계성 등을 지니고 있다. 우리가 만들려는 제품, 체제, 세상이 이런 특성을 목표로 삼고 있는 한 자연은 존중받을 자격이 있다. 우리는 자연이 지닌 내재적 가치가 아니라 자연이 도달한 업적과 특성에 대해 자연에 존경을 표해야 마땅하다. 자연이 도달한 상태가 우리가 지향하는 목표와 일치하는 한에서 자연을 지배하려 하기보다는 자연으로부터 배우려는 태도를 견지하는 것이 옳다. 자연과 인간이 관계를 맺는 방식 역시 자연과 대립하고 갈등하기보다 자연과 화해하고 조화하는 길을 모색하는 것이 현명하다.

자연중심 기술은 인간의 위치와 자연에 대한 올바른 통찰을 기반으로 인간과 자연이 관계하는 바람직한 방식을 제시한다. 자연을 인간 마음대로 조작하고 닦달하기보다 자연으로부터 배우려는 태도, 일차적으로 자연을 모방하려는 자세를 견지하기 때문이다. 베니어스에 따르면 이 방식은 인간의 본성에도 부합한다. 아이들이 어른을 모방하며 성장하듯이 인간도 자연을 모방하며 번성해왔다. 인간이 지닌 최고의 특징은 흉내내는 능력이다. 흉내내기는 인간뿐만 아니라 자연이 지닌 위대한 능력이다. 하지만 인간보다 흉내를 더 잘 낼 수 있는 존재는 없다. 그 점에서 우리는 축복받은 존재일지 모른다. 베니어스의 지적처럼 우리는 "자연계를 참고하고, 배우고 모방"함으로써 지혜를 얻을 수 있다.

송경모

(주)미라위즈 대표이사

서울대학교 경제학부를 졸업하고 동 대학원에서 경제학 박
사학위를 받았다. 한국신용정보(NICE)에서 채권 신용평가
와 기업 가치평가, SK증권과 이밸류에서 투자금융 업무를
담당했다. 한국외국어대학교 대학원 경제학과의 금융전공
과정 겸임교수를 지냈으며, 글로벌기업가정신연구(GEM)
한국 연구팀의 일원으로서 국제공동연구에 수 년째 참여해
왔다. 현재 (주)미라위즈 대표이사, 뿌브아르경제연구소 소
장을 맡고 있다.

2

경제학과 자연중심의 사상

송경모

　자연과 경제, 이 두 주제는 서로에 대한 오랜 무관심과 결별의 시기를 거쳐 최근에 다시 만나고 있다. 이런 만남은 두 가지 영역에서 이루어지고 있다. 첫째는 경제활동 대상으로서 자연nature이다. 초기 경제학에서 자연은 부차적인 문제였다. 기껏 토지의 생산성 정도가 다루어졌을 뿐이다. 그러나 최근에는 지속가능한 성장의 문제가 논의되기 시작하면서 자연이 중요한 연구대상으로 다시 등장하고 있다. 다만 이 과정에서 자칫 자연을 선택하고 성장을 포기하자는 극단적인 주장으로 흐르는 것은 경계할 필요가 있다. 청색기술과 청색경제의 개념은 이 문제에 대한 새로운 대안이 될 수 있다. 둘째는 경제현상을 연구하는 방법으로서 생명체 유사성biological analogy 또는 생물모방biomimetics이다. 경제학자들은 오랫동안 연구

의 수단으로 대수학과 고전물리학의 방법을 차용해왔다. 그러나 최근에는 생명체의 진화와 작동원리를 응용한 분석방법이 시도되고 있다. 자연이 문제를 해결하는 방식을 경제학이 비로소 모방하고 있는 것이다.

경제활동의 대상인 자연: 성장의 토양이자 제약요인

경제학의 연구대상인 자연은 토지, 천연자원, 삼림, 대기, 하천 등으로 집약된다. 이들은 다시 생산수단으로서 자연과 환경으로서 자연으로 구분할 수 있다. 그러나 이 두 가지 개념은 분리된 것이 아니라 서로 영향을 주고받는다. 생산수단으로서 자연을 무차별적으로 소모하다 보면 생산성은 향상될지 몰라도 자연환경은 점차적으로 훼손당하고 지속가능한 성장은 난관에 봉착할 수밖에 없다. 반면에 자연환경을 보전하는 데 치중하면 단기적인 생산성은 떨어질지 몰라도 장기적인 성장의 토대는 견고해진다. 생산성과 자연환경, 이 두 가지는 한 몸에 깃들어 있으면서도 양립하기 어려운, 동전의 양면 같은 존재이다.

애넘 스미스Adam Smith가 그의 유명한 《국부론An Inquiry into the Nature and Causes of the Wealth of Nations》(1776)에서 토지에서 지대rent의 문제를 분석한 이래, 데이비드 리카도David Ricardo와 카를 마르크스Karl Marx에 이르기까지 고전경제학자들은 지대를 여러 관점에서 분석했다. 이들은 자연의 생산력을 오직 지대라는 가격 현상을 통해서만 이해했다. 이후 앨프레드 마셜Alfred Marshall에 이르러 지대는 단지 토지만이 아니라 기계장치와 같은 모든 고정적 생산요소에서 발생하는 소득이라는 개념으로 확대되었고, 다시 신고전파에 이르러서는 한계생산성 개념에 의거하여 토지를 포함한 모든 생산요소에서도 발생할 수 있는 소득으로 탈바꿈했다. 그 결과 오늘날 '지대'라는 단어는 토지에 국한하지 않고, 생산요소의 희소성으로 발생하는 모든 추가적인 소득을 의미하는 용어로 정착했다.

이처럼 고전경제학에서 분석대상이 되었던 자연은 사실상 토지 하나에 불과했다고 해도 과언이 아니다. 대기, 하천, 천연자원, 더욱이 인간 이외의 생명체들은 경제학의 분석대상으로서는 부차적이거나 무의미했다. 그나마 토지도 지대의 분석을 통해 간신히 관심의 끈을 이어갔을 뿐이다. 신고전파 경제학에 이르러 토지는 단지 수많은 생산요소 중의 하나로 그 의미가 축소되었다. 물론 19세기 후반 신고전파 경제학을 완성한 영국의 마셜이나 윌리엄 제번스 William Jevons와 동시대 인물이었던 미국의 헨리 조지 Henry George가 토지가치세 개념을 주창하며 토지문제를 다시 들고 나온 적이 있었다. 그러나 그것도 어디까지나 당면한 빈곤층의 문제를 해결하려는 차원이었을 뿐 경제성장의 모태인 자연의 문제를 거론한 것은 아니었다. 여하튼 오늘날 경제학에서 토지는 수많은 생산요소와 마찬가지로 생산성이 있느냐 없느냐만으로 가치가 결정되는 대상이 되었다. 또한 오늘날 대부분의 시민에게 토지는 땅값을 매개로 한 부동산 투기의 대상 내지 불로소득을 얻을 수 있는 원천 이상의 의미는 없다.

고전파 경제학자 중에서 토지에 대하여 유독 특이한 관점을 지녔던 인물은 토머스 맬서스Thomas Malthus였다. 맬서스와 가치론 논쟁을 벌였던 리카도의 차액지대론도 사실은, 맬서스가 지대를 가격이 생산비를 초과하는 잉여에 불과하다고 보았던 관점에서 일부 착안한 것이다. 맬서스의 독특한 토지관은 단연 그의 《인구론An Essay on the Principle of Population》(1798)에서 찾아볼 수 있다. 그에 따르면 인구의 증가 속도는 한정된 토지에서 생산되는 식량의 증대 속도를 항상 앞지르며, 이 때문에 세계는 항상 만성적인 곤궁과 기아에 시달릴 수밖에 없었다. 그는 토지를 경제성장을 제약하는 중요한 요소로 인식한 최초의 인물이었다. 토지는 생산성이나 소득의 분배 차원에서만 다룰 문제가 아니었다. 그것은 인류의 생존, 심지어 절멸과도 관련이 있는 문제였다. 그는 자연의 제약에 따른 식량부족의 비극을 처절하게 묘사함으로써 19세기 초 유럽 전역을 비관주의로 물들였다.

그러나 자연의 냉혹함과 인간의 무력함을 드러냈던 맬서스의 사상은 이내 잊혀졌다. 진실임에도 불구하고 고통스러운 지적은 외면하고 싶어 하는 사람들의 성향노 하나의 이유였지만, 무엇보다도 가치론 논쟁에서 리카도가 대승을 거두고 이후 리카도의 후예들이 경제학계의 주류가 되어버린 것이 가장 큰 이유였다. 수요가 가치를 결정한다는 맬서스의 이론은 생산비가 가치를 결정한다는 리카

그림 1.2.1
자연의 제약을 통찰했던 맬서스(왼쪽)와 자연을 추상화했던 리카도.

도의 이론에 패배했다.

이렇게 사망선고를 받았던 맬서스의 사상은 한동안 역사 속에서 망각되었지만, 이후 전혀 다른 세 영역에서 부활했다. 하나는 경제사상에서, 다른 둘은 자연사상에서 이루어졌다.

첫 번째의 가장 극적인 부활은 그의 사후 약 100년 뒤인 1936년에 출판된 존 케인스John Maynard Keynes의 《고용·이자 및 화폐의 일반이론The General Theory of Employment, Interest and Money》(이후 《일반이

론》)을 통해서였다. 《일반이론》에서 케인스는 해묵은 맬서스의 유효수요이론을 다시 들고 나와 경제학의 패러다임을 완전히 바꾸어 놓았다. 그러나 케인스는 맬서스의 자연관에는 관심이 없었다. 그래서인지 오늘날의 거시경제학도 사회의 집계지표에만 관심이 있을 뿐 성장의 토양인 자연에는 무관심하다.

두 번째의 부활은 케인스만큼의 폭발력은 없었지만, 역시 세상을 떠들썩하게 했던 1972년의 〈로마클럽보고서〉를 통해서였다. 보고서의 내용은 단지 토지만의 문제가 아니었다. 이는 무한성장을 지향하는 세계경제가 이내 화석연료와 천연자원의 고갈에 직면하고 결국 성장을 한계점에 도달하게 된다는 끔찍한 경고였다. 이 보고서의 주장을 추종하는 사상가들에게는 아예 명시적으로 신맬서스주의자Neo-Malthusianist라는 호칭이 따라다녔다. 로마클럽보고서의 화석연료 고갈에 대한 예언은 현실화되지는 않았지만, 이후 무분별한 경제성장의 부작용을 비판하는 많은 동조자들이 등장했다. 슈마허Ernst Schumacher, 헨더슨Hazel Henderson 등 성장무한주의를 배격했던 사상가들은 물론이고, 최근의 환경운동의 선두에 선 월드워치연구소the World Watch Institute의 레스터 브라운Lester Brown 등이 대표적인 인물이다. 최근 자연모방기술을 통해 성장과 환경문제를 동시에 해결할 수 있는 대안으로서 청색경제를 주장한 군터 파울리도 넓은 의미에서 이 범주에 속한다.

마지막의 부활은 아무도 모르는 사이에 경제학과는 전혀 상관 없는 생물학 분야에서 이루어졌다. 찰스 다윈Charles Darwin은 사람들

자연에서 배우는 청색기술

이 한정된 식량을 차지하기 위해서 벌이는 투쟁을 묘사한 맬서스의 글을 읽다가 자연선택이론을 완성할 수 있는 중요한 사상적 고리를 발견했다. 그의 《종의 기원On the Origin of Species》(1859)은 이렇듯 맬서스의 영향을 받아 탄생했다. 다윈의 진화론은 이후 경제학에 역유입되어 진화경제학evolutionary economics의 등장을 촉발했다.

이렇게 되살아난 신맬서스주의는 경제적 자유주의와 그에 바탕을 둔 성장주의를 배격하고 있다. 그 과정에서 종종 환경운동가들의 이념으로 차용되거나 반자본주의적 사상가의 선전수단으로 악용되기도 한다. 그러나 성장의 토양이자 제약요인이기도 한 자연을 중시한다는 맹목적인 신념 때문에 성장과 개발을 거부한다면 오히려 생존기반이 붕괴되는 자기모순에 빠지게 된다.[1] 맬서스의 자연 사상이 부활했다고 해서 맹목적인 러다이트주의Luddism가 합리화되는 것은 결코 아니다. 경제학 스스로는 물론이고 세계의 식량, 의료, 통신 등 많은 분야의 기술이 맬서스 생전의 유럽 상황과는 비교할 수 없을 정도로 발전했기 때문이다.

19세기 말 석유를 사용하는 엔진의 개발과 사업화에 수많은 기술자와 기업가들이 앞다투어 뛰어든 것은 당시 비교적 저렴했던 석유를 이용하는 것이 경제성이 있다고 판단했기 때문이다. 동시에 수많은 사람들이 석유 자동차를 이용한 것은 그들이 환경을 무시했기 때

---

1) 개발에 대한 반감이 얼마나 생존에 대한 위협으로 되돌아오는가에 대해서는 에드워드 글레이저Edward Glazer의 《도시의 승리Triumph of the City》에 설득력 있게 묘사되어 있다.

문이 결코 아니다. 모든 것이 기업가와 소비자의 유인誘因, incentive[2]에 부합했기 때문이다. 다시 세월이 흘러 화석연료의 가격이 감당할 수 없을 정도로 상승하고 환경오염이 가져온 고통이 사회적 문제로 부각되기 시작했다. 누가 시키지 않았음에도 불구하고 대체에너지와 환경오염 감축수단을 사업화하는 기업가들이 자연스럽게 등장하기 시작했다. 더 나은 삶을 추구하는 인류의 욕구(니즈)는 끊임없이 새로운 기술의 등장을 촉구하게 마련이다. 기업가들은 이런 기술들을 상품으로 정착시키기 위해 항상 분투한다. 누구는 실패하고 누구는 성공하지만, 이런 과정을 통해 지식은 진화하고 문명은 진보해왔다.

청색기술과 청색경제의 개념도 이런 새로운 기회에 부응하여 등장한 하나의 대안이다. 자연의 원리를 모방하고 자연중심으로 설계된 기술을 통해 성능이 훨씬 뛰어나고, 지금까지 충족되지 못했던 욕구(니즈)들을 충족시켜줄 수 있을 뿐만 아니라, 에너지 효율이 탁월한 제품을 만들 수 있다면, 그리고 그 가격과 교체비용switching cost이 소비자들이 수용할 만한 수준으로 형성될 수만 있다면, 그 누

---

2) 시장경제는 유인 메커니즘incentive mechanism을 통해 사람들의 행동을 변화시킨다. 코스 Coase의 주장처럼 사유재산권이 보장되면 외부성externalities이 거래의 대상이 되면서 공해를 최소화할 수 있는 길이 있다. 탄소배출권 거래시장이 그 대표적인 예이다. 단순히 환경오염이나 공해를 줄이자는 구호나 정부의 강제적 금지조치로는 결코 환경문제가 해결될 수 없다.

가 이런 기술의 도입을 마다하겠는가? 이런 일들을 실현시킨 기업가들이 과거에도 그런 역할을 도맡아 해오지 않았던가?

다만 시장경제가 효과적으로 작동하기 위한 한 가지 필수조건은 우리 모두가 분명히 인식해야 한다. 재생에 장기간이 소요되는 유한한 자원을 마치 무한한 것처럼 사용하는 현재의 생산 시스템은 미래 세대가 부담할 부채를 누적시킨다는 사실이다. 기장記帳이 제대로 되지 않는 상태에서 무슨 기준으로 성장의 효율성을 파악할 수 있을까? 금융이든 사회든 부채에 의존하는 성장은 취약한 지속가능성 때문에 결국 큰 위기를 가져오기 쉽다.레스터 브라운, 2011; 송경모, 2012

경제학자들은 지속가능한 개발sustainable development의 문제를 해결하기 위해 많은 노력을 기울여왔다. 환경경제학을 비롯하여 속칭 녹색경제학 등에 그런 노력들이 담겨 있고, 이들 학문은 실제로 상당한 성과를 이루어냈다. 그러나 주어진 조건으로 간주되는 외생변수exogenous variable인 '기술'의 도약이 이루어지지 않는 한, 기존의 모든 이론들이 제시하는 효과는 제한적일 수밖에 없다. 미래 세대의 자원 부채를 경감시키는 것과 동시에 지속적인 성장을 유지하기 위한 과제는 근본적으로 생산기술의 혁신에 달려 있다. 그 대안의 하나로 최근 부각되고 있는 것이 청색기술이다.

경제현상의 한 연구방법: 생명체 진화원리의 모방

애덤 스미스가 뉴턴이 제시한 천체의 운동법칙과 그의 자연관으로부터 깊은 영향을 받았음은 잘 알려져 있다. 애덤 스미스는 《국부론》에서 개인이 사회 전체의 이익이 아니라 자신의 이익을 추구하다 보면, 보이지 않는 손invisible hand의 작용을 거쳐서 공공의 이익이 저절로 달성된다는 주장을 펼쳤다. 마치 개별 행성의 운동처럼 여러 개인의 행동이 충돌하지 않고 서로 조화를 일으키게 하는 원리가 바로 거기에 있다고 생각했다. 중력을 중심으로 자연을 이해하는 뉴턴의 원리는 스미스의 사고에도 깊은 영향을 미쳤다.

그럼에도 불구하고 스미스는 《국부론》에서 그 원리를 수학적으로 표현하지는 않았다. 뉴턴의 기계론적 우주관에 경도되어 있었지만 동시에 그는 스코틀랜드 생리학의 생기론vitalism의 영향을 받아 경제가 인체와 비슷한 면이 있다는 점에 착안했다. 그는 《국부론》의 도처에서 사회를 동물의 신체에 비유하고 생명체가 건강을 유지하는 원리로 사회의 질서와 조화를 설명했다.김지원, 2010

그런 의미에서 스미스가 사회를 바라보는 관점에는 뉴턴의 역학과 생물학적 자연관이 공존했다. 스미스 사상의 핵심은 세계가 '기계'라는 것이 아니라 '소화'라는 데 있었다. 소화의 원리를 설명할 때 역학과 생리학은 둘 다 유용한 역할을 했고, 스미스 자신도 둘 중 어느 하나만을 택하지 않았다.

스미스 이후 경제학은 과학으로 발전해가는 과정에서 생물학의 접근이 아닌 수학과 물리학의 방법론을 택하게 된다. 마셜과 제번스 등 신고전파 경제학의 주창자들은 경제학을 한계의 원리marginal principle에 의거한 수리적 계산의 학문으로 발전시켰다. 이 과정에서 대수학과 뉴턴의 역학체계는 지대한 공헌을 했다. 한편 마셜은 그의 《경제학 원리Principles of Economics》(1890)에서 경제현상을 설명하는 가장 효과적인 원리는 생물학에 있다고 밝혔다. 그럼에도 불구하고 정작 생물학의 사고보다는 '다른 조건이 일정하다면ceteris paribus'이라는 전제하에 정밀한 부분균형partial equilibrium의 논리를 전개했다. 평형equilibrium[3]이라는 물리학의 개념이 경제학에 본격적으로 도입된 것이다. 이후 레옹 발라Léon Walras의 일반균형general equilibrium 이론에서도 기본적인 논리는 대수학이었고 균형은 항상 기계적으로 달성할 수 있는 이상적인 상태였다. 이런 사고가 불과 10~20여 년 전까지만 해도 경제학의 주축이었다. 하지만 이런 학문적 흐름에서는 경제를 진화하는 생명체로 보는 견해를 찾아보기 힘들었다.

슘페터Joseph Schumpeter는 기계론의 완성판이었던 발라의 일반균형 이론이 지닌 우아함에 한때 심취한 적이 있었다. 그의 눈에는 행성의 안정적인 운행을 방정식으로 표현한 뉴턴의 체계만큼이나 발라의 이론이 완벽해 보였다. 그런 슘페터조차 스스로 발라의 이론을 극복하는 사상을 제기했다. 균형은 언제든지 깨진다는 것이었

---

3) 경제학과 달리 물리학에서는 equilibrium을 주로 '평형'이라고 번역한다.

그림 1.2.2
진화경제학에 영감을 준 슘페터.

다. 균형이 자연스러운 것이 아니라 균형을 깨뜨리는 상태가 자연
스러운 것이었다. 균형이 깨지고 새로운 균형에 도달하고, 그 균형
은 다시 깨지고 또 다른 균형에 이르는 과정이 반복되는 것이 바로
경제발전이라고 했다. 슘페터는 이렇게 균형을 파괴하는 것을 창조
적 파괴creative destruction라고 했고, 그 역할을 감행하는 사람을 기업
가entrepreneur라고 불렀다.

　슘페터의 사상은 이후 진화경제학의 등장을 촉발하는 계기가 되
었다. 진화경제학은 경제가 이상적인 균형을 유지하는 것이 아니라
변이mutation와 교배crossover를 반복하는 생명체의 진화 과정을 닮

은 것으로 파악했다. 스미스와 마셜이 늘 마음속에 품었지만 명확히 풀어내지 못했던 생명체 유사성, 그리고 프리드리히 하이에크 Friedrich von Hayek가 철학적으로 서술했던 자생적 질서spontaneous order의 원리를 진화경제학은 보다 정교한 방식으로 규명하려고 노력했다. 진화경제학은, 아르멘 알치안Armen Alchian이 생명체 유사성에 대한 관심을 촉발시킨 뒤 리처드 넬슨Richard Nelson과 시드니 윈터Sidney Winter를 거쳐 생물학과 컴퓨터 공학에서 개발된 다양한 생명체 모방의 기법들을 흡수하기 시작했다. 그 결과 수리생물학의 복제동학replicator dynamics과 포식자-먹이 모형predator-prey model은 물론이고, 세포자동자cellular automata,⁴ 신경망neural network, 프랙탈 기하학fractal geometry, 복잡계이론complexity theory, 클러스터링과 분류이론clustering and classification theory, 그리고 인공지능의 기계학습 machine learning, 유전자 알고리즘genetic algorithm, 유전자 프로그래밍 genetic programming 등을 이용하여 경제현상을 분석하는 논문들이 발표되기 시작했다. 경제학뿐만 아니라 경영학에서도 자연모방 기법을 도입하기 시작했다.J.-M. Aurifeille and C. Deissenberg, 2010 또한 관련 학술지들이 여럿 등장했는데, 그중에서 〈진화경제학 저널Journal of Evolutionary Economics〉이 대표적이다.

---

4) 세포자동자와 홀랜드 Holland의 유전자 알고리즘, 코자John Koza의 유전자 프로그래밍 등은 모두 생명체가 수 세대에 걸친 변화를 통해 최적화된 형태 또는 법칙을 찾아가는 원리를 컴퓨터로 구현한 것들이다.

논자마다 차이는 있겠지만, 생명체의 원리를 모방한 경제 분석방법이 지니는 특징 중의 하나는 인위적인 모형 또는 법칙을 전제하지 않는다는 것이다. 이전의 기계적 사고하에서는 분석적으로 해를 구할 수 있는 '제약하의 최대화 문제constrained maximization problem'만이 경제학자들의 가장 올바른 연구방식이었다. 또는 어떤 법칙에 대해 가설을 정한 뒤 통계적으로 검증하는 방식이야말로 인정받을 수 있는 과학적 연구였다. 하지만 생명체의 문제해결 방식을 도입한 연구자들의 생각은 달랐다. 그들은 자연이 법칙을 정해놓고 움직이는 것이 아니라, 개체들이 자신에게 가장 유리한 방식으로 움직이는 과정에서 자연스럽게 법칙이 만들어진다고 보았다. 자연이 법칙을 만드는 방식은 바로 진화의 원리를 따른다. 적합도fitness가 놓은 법칙은 생존확률이 높고 그렇지 않은 법칙은 도태된다. 자연 중심의 연구방법론은 바로 자연이 생존의 방식 또는 법칙을 진화시키는 원리를 모방한 것이다.

맺음말

공학자들은 문제해결의 방법으로서 자연중심의 연구방법론을 경제학자들보다 앞서서 채택해왔다. 어떤 제품의 최적 설계는 인위적으로 수행하는 것이 아니라 기계학습 또는 진화적 계산evolutionary computing을 통해 도출하는 과정이 보편화되어 있다. 대수적으로 해를 구할 수 있는 미분방정식은 소수에 불과하기 때문에 많은 공학자들은 종종 그 해를 구하기 위해 수치적 최적화numerical optimization 기법을 동원해야만 한다. 수치적 최적화란 다름 아닌 생명체가 시행착오를 거치면서 바른 길을 찾아가는 방식을 의미한다. 무생명체인 기계와 소재를 설계하고 개발할 때 인간의 짧은 생각 대신에 생명체가 오랜 세월에 걸쳐 진화시킨 생존의 방식을 연구하여 도입하자는 것이 바로 청색기술의 교훈이다.

경제학은 공학이 이미 앞서 갔던 길을 교훈 삼아, 자연이 문제를 해결하는 방식을 적극적으로 연구함으로써 수많은 경제문제를 보다 잘 이해하고 해결할 수 있으리라 생각한다. 자연중심사상은 단지 연구방법론의 진화에만 기여하는 데 그치지 않을 것이다. 궁극적으로 자연환경을 최적의 상태로 보전하면서 기업활동과 경제성장을 동시에 도모할 수 있는 신철학新哲學을 구축하는 데에도 공헌할 것이다.

임성진
전주대학교 행정학과 교수

베를린 자유대학교에서 환경·에너지정책(정치경제학)으로 박사학위를 받았으며 동 대학 환경정책연구소(FFU)에서 연구원으로 있었다. 귀국 후 전주대학교 사회과학대학장과 환경·에너지정책 연구소장을 역임했으며, 현재 행정학과 교수로 재직 중이다. 한국지방정치학회 회장, 호남정치학회 회장, 한국환경정책학회 홍보이사, 한국정책학회 운영이사, 제8기 국가과학기술자문위원, 국가연구개발사업 예산조정·배분 전문위원(에너지자원분과), 에너지대안센터 이사, 환경친화기업 심사위원, 환경관리공단 비상임이사 등을 역임했다.

3

에너지 전환과 자연중심의 청색기술

임성진

> 자연은 햇빛으로 움직인다.
>
> 자연은 필요한 에너지만 소비한다.
>
> 자연은 기능에 형태를 맞춘다.
>
> 자연은 모든 것을 재활용한다.
>
> 자연은 협동에 대해 보상을 한다.
>
> 자연은 다양성에 의존한다.
>
> 자연은 지역에 대한 전문성을 요구한다.
>
> 자연은 자기스스로 과잉을 억제한다.
>
> 자연은 한계에서 힘을 얻는다.
>
> ― 재닌 베니어스

지구촌 위기와 에너지

지금 지구촌은 그 어느 때보다 극심한 불안과 위기에 휩싸여 있다. 심각한 기상이변과 함께 환경위기가 갈수록 악화되고 있고 침체된 세계경제는 불과 몇 시간 후도 예측하기 힘들 만큼 불안정한 상태이다. 게다가 세계 곳곳에서는 이로 인한 사회적, 정치적 혼란까지 가중되고 있다.

이러한 지구촌 위기의 해결방안을 놓고 에너지 문제가 새삼 중요한 이슈로 등장했다. 현재 인류가 겪고 있는 위기의 배경에는 모두 에너지가 직·간접적으로 연관되어 있기 때문이다. 이 책에서 청색기술을 희망으로 이야기하는 것도 자연중심 기술로 에너지 문제를 해결함으로써 인류가 직면한 위기에서 벗어나 새로운 시대를 열 수 있으리란 기대 때문이다.

심각한 한계상황에 부딪힌 지구의 환경문제를 생각해보자. 온난화의 원인으로 지목되는 온실가스의 대부분이 화석에너지의 사용으로 발생한다. 그리고 현대 산업사회는 아직도 화석에너지에 크게 의존하고 있어 온실가스 배출량은 계속 늘어나고 있다. 물이 말라가는 아마존 강, 얼음이 녹고 있는 남극, 흐름을 멈추는 멕시코 만류, 메탄을 방출하며 녹고 있는 동토, 모두 화석에너지의 남용이 불러온 위기의 징후들이다.

화석에너지의 과도한 사용은 생태계의 위기뿐 아니라 경제위기의 근본 원인이 되기도 한다. 우리는 제품생산이나 난방, 전기생산

그림 1.3.1
현재 경제시스템의 한계를 지적한 제레미 리프킨.

등 경제활동의 거의 모든 영역에서 석유나 기타 화석연료에 크게
의존하고 있다. 그리고 식량의 대부분도 석유화학물질을 원료로
한 비료와 농약을 사용해 재배하고 있으며 플라스틱, 시멘트 같은
자재는 물론이고 아스피린과 같은 약품까지도 화석연료로부터 얻
고 있다. 그뿐 아니라 우리가 입는 옷도 많은 부분 석유화학물질을
이용해 생산된다. 그런데 이렇게 현대 산업사회와 불가분의 관계
에 있는 화석연료의 가채매장량이 점점 고갈되어간다. 여기에다
중국과 인도 같은 개발도상국에서의 연료 수요가 급등하고 오염
처리에 드는 환경비용까지 증가하다보니 화석에너지의 가격이 치
솟기 시작했다. 국제 원유가격은 2000년대 들어 급격한 오름세를
보이더니 2008년 7월에는 배럴당 147달러에까지 이르렀다. 그리고

이와 같은 유가 급등은 전 세계적으로 곡물을 포함한 상품과 서비스 가격의 동반 상승을 불러왔다. 중산층이 지갑을 닫기 시작했고 빚을 갚지 못하는 사람들이 많아지자 파산하는 은행이 속출했으며 실업자가 양산되었다. 이것이 2008년 세계를 한순간에 흔들어 놓은 경제 위기의 실체이다. 제레미 리프킨Jeremy Rifkin의 주장처럼 화석연료와 석유에 절대적으로 의존하는 현재의 자원 집약적 경제 시스템이 더 이상 글로벌 경제성장을 떠받칠 수 없는 한계에 도달한 것이다.

에너지 전환, 새로운 기회를 향해

위기는 한편으로 새로운 기회와 혁신을 위한 도전의 기회이기도 하다. 역사적으로 인류는 산업혁명 이후 두 차례의 세계대전을 비롯해 심각한 위기를 겪을 때마다 변화를 향한 더욱 강력한 욕구를 보이며 놀라운 문제해결 능력을 증명해왔다. 그리고 지금 인류는 지구환경과 세계경제가 맞닥뜨린 심각한 위기에서 벗어나기 위한 또 다른 변화를 준비하고 있다. 한계점에 도달한 20세기의 에너지 체제를 지속가능한 시스템으로 바꾸는 에너지 전환energy transition 이 바로 그것이다.

에너지 전환은 우선 자연에서 얻을 수 있으면서도 생태계에 부담을 주지 않는 에너지원으로의 교체를 요구한다. 여기서는 화석에너지로부터의 탈피와 재생에너지 이용이 중심 화두이다. 그런데 그에 못지않게 중요한 것이 현재의 에너지 대량소비 구조에서 벗어나는 일이다. 그리고 이를 위해선 에너지의 효율을 극대화하고 사용량은 최소화하는 방법을 찾는 것이 중요하다. 우리가 몸담고 있는 자연계는 꼭 필요한 양의 에너지만을 효율적으로 사용하고, 쓴 만큼 다시 자연에 보충해주는 원칙에 충실한 에너지 구조를 가지고 있다. 결국 우리가 이루려는 에너지 전환은 지구상의 모든 생명체를 떠받치고 있는 자연의 거대한 순환체계를 닮은 새로운 에너지 시스템을 구축하는 작업이다.

에너지 전환에 대한 이해를 돕기 위해 물리학자 한스 페터 뒤르

그림 1.3.2
신트로피와 엔트로피의 조화이론으로 에너지의 흐름을 설명한 알트파터.

Hans-Peter Dürr와 정치경제학자 엘마 알트파터Elmar Altvater 등이 설명한 신트로피syntropy 와 엔트로피entropy 의 자연균형 이론eco-balance theory에 관해 잠깐 살펴보자. 자연계에는 항상 양과 음의 힘이 동시에 존재하며, 두 힘이 균형을 이루는 가운데 자연의 질서가 유지된다. 에너지 측면에서 볼 때 이것은 인간의 경제활동으로 엔트로피라는 무질서한 에너지가 배출될 때 질서와 창조의 에너지 신트로피가 유입되어 자연계 내의 에너지 흐름이 전체적으로 균형을 이루게 됨을 뜻한다.

뒤르에 따르면 지구상에서는 항상 더 높은 형태로 생명의 진화가 이루어져왔으며, 이 과정에서 자연계에서는 기존에 존재하던 가치가 파괴됨과 동시에 새로운 가치가 지속적으로 창조되고 있다. 그는 이러한 창조적 진화는 태양의 전자기적 범위 안에 있는 지구로 고도의 질서 창조적 에너지인 태양에너지가 유입되면서 나타나는 결과라고 말한다. 이 질서의 에너지를 신트로피라고 부르며, 이는 자연에 부하를 주는 무질서의 에너지 엔트로피의 역逆에너지이다.

신트로피는 몇 단계를 거치며 그 형태가 변화한다. 우선 지구 생명의 진화를 위한 일차적인 신트로피원은 지구로 직접 들어오는 태양광선이며, 태양광을 통한 신트로피의 유입은 가치 파괴를 부분적으로 가치 증식으로 변화시키는 '질서 유지의 손'과 같은 역할을 한다. 지구에 유입된 태양광은 고도의 가치에너지인 신트로피를 남긴 후 일부는 낮아진 가치의 광선으로 우주에 반사되어 돌아간다. 지구의 에너지 공급과 배출은 이와 같은 시스템으로 완벽하게 이루어지고 있으며, 지구 전체는 놀랄 만한 태양에너지 이용설비이자 태양광 공장으로 작동하고 있다.

1차 신트로피원인 태양에너지는 식물의 광합성작용에 의해 다시 화학적으로 안정된 물질로 변환되어 저장되며, 이 식물에너지를 사람이나 동물이 섭취함으로써 2차 신트로피원이 생성된다. 태양에너지로부터 얻어진 1, 2차 신트로피원은 모두 자연계의 질서를 유지하는 창조적 에너지원으로 작용한다. 이들은 다시 수백만 년에 걸친 미네랄 작용으로 석탄과 석유 등의 화석연료로 전환되는데, 이 사용 가능한 에너지자원을 신트로피 저장물이라고 부른다. 산업문명의 발전은 바로 신트로피 저장물의 이용이 가능해짐에 따라 이루어진 것이다. 그런데 급속한 산업화로 긴 세월 동안 축적되었던 신트로피 저장물이 과도하게 채굴되면서 자연계 전체의 에너지 균형이 무너지고 생태계가 파괴되기 시작했다.

그렇다면 본래의 자연적 균형을 회복하기 위해 우리는 무엇을 어떻게 해야 할까? 우선 무너진 자연계의 조화를 되찾을 수 있도록 엔트로피의 발생을 최대한 억제해야 한다. 에너지 측면에서 볼 때 이것은 화석에너지 이용의 효율성은 최대한으로 높이되 소비량은 최소화해야 함을 의미한다. 그다음으로 필요한 것이 1차적인 신트로피원, 즉 재생 가능한 자연에너지의 이용을 최대로 늘리고 생태계의 순환구조에 맞게 자연의 자정능력을 극대화하는 일이다.

에너지 전환은 이처럼 자연이 가지고 있는 놀라운 조화의 힘을 다시 회복하기 위해 자연에너지를 이용하고 자연의 순환원리에 충실한 에너지의 이용방식과 기술을 발전시켜가는 것이다. 다시 말해 자연중심의 기술과 사회체제로 세상을 바꾸는 과정이다.

큰 것에서 작은 것으로: 자연의 원리를 좇아

우리는 앞서 에너지 전환이 단순히 새로운 에너지원으로의 교체만이 아니라 기술과 경제활동 전반을 자연중심적 시스템으로 바꾸는 일임을 확인했다. 여기서 에너지란 우리가 일상적으로 구입하여 사용하는 상품의 의미를 넘어 경제활동의 바탕이 되는 기반자원을 말한다. 역사적으로 볼 때 18세기 말 영국이 농경사회에서 산업사회로 일순간에 전환할 수 있었던 것은 바로 석탄을 동력으로 이용하는 기술이 개발되었기 때문이다. 이것이 바로 1차 산업혁명이다. 이후 1920년대 들어서 석유와 전기를 대량으로 이용할 수 있는 기술이 개발되며 산업계는 2차 산업혁명을 겪게 된다. 이처럼 새로운 에너지원 및 이와 관련된 신기술이 등장할 때마다 새로운 에너지와 기술이 상호연계된 산업복합체가 형성되고, 이 체제를 뒷받침하기 위한 새로운 사회경제적 시스템과 국가 및 사회의 개념이 탄생한다.

20세기에 등장한 고화력 연료인 석유는 석탄보다 사용이 편리하고 저렴했다. 그뿐 아니라 대량운송이 가능했고 다양한 형태로 변형해 사용할 수 있다는 장점이 있었다. 석유의 개발 덕분에 인류는 엄청난 규모의 산업을 놀라운 속도로 발전시킬 수 있었다. 하지만 여

그림 1.3.3
에너지 전환의 선구자 에이머리 로빈스.

기에는 부작용도 따랐다. 산업의 규모가 점점 대형화되고 그에 따라 에너지 수요가 급증하면서 에너지 시스템도 갈수록 중앙집중형 대규모 공급 체계로 바뀌어갔다. 그리고 급기야는 원자력 발전과 같은 거대한 에너지 생산 시스템까지 등장했다. 이와 함께 대량생산을 통해 값싼 에너지를 무한정 공급하는 것이 자연스럽게 에너지 공급 철학의 주류를 형성하게 되었다. 규모의 경제를 앞세운 이러한 공급체계에서는 에너지 흐름이 중앙으로부터 수직적으로 통제되고 소수의 대형 공급회사가 에너지 시장을 장악하게 되었다.

일찍이 미국 환경연구소인 로키마운틴 연구소의 공동 설립자이자 소장인 에이머리 로빈스Amory Lovins는 이처럼 자원집약적이고 중앙집중적이며 대형화된 20세기의 에너지 시스템을 '경성에너지

경로hard-energy path'라 부르며 그 구조적 지속 불가능성을 지적했다. 이 경성에너지 시스템은 대규모 생산기술을 기반으로 하기 때문에 기존의 대형 에너지 공급 체계를 계속 확대해나갈 수밖에 없는 메커니즘을 가지고 있다. 즉 에너지 소비가 지속적으로 증가하다 보면 이를 뒷받침하기 위해 다시 공급을 확대해야 하는 비효율성의 연결고리가 만들어진다. 결과적으로 이러한 구조가 화석에너지의 낭비와 손실을 키워 생태계에 위기를 불러왔다. 하지만 20세기 말 환경비용이 급증하고 에너지 효율이 높은 소규모 발전시스템이 시장에 진입하면서 이런 대규모 시스템은 빠르게 경제성을 잃어가기 시작했다.

로빈스나 리프킨 등 많은 에너지 학자들에 따르면 지속가능한 새로운 에너지체제는 공급을 늘리기보다 수요의 측면에서 에너지 효율을 높이는 데 중점을 두고 있다. 더불어 수요자가 재생 가능한 자연에너지를 이용해 스스로 에너지를 생산하고 소비하는, 아래로부터의 소규모 분산형 시스템이란 특징을 갖는다. 이러한 시스템은 변화에 유연하게 대처할 수 있고 자본집약적이지 않다는 장점이 있다. 또 시민이 에너지에 대한 소유권을 스스로 확보한 후 네트워크를 통해 상호보완 및 협업하는 새로운 민주주의의 장을 제공하기도 한다.

그렇다면 기술 측면에서 바라보는 신구 두 시스템의 차이는 무엇일까? 규모를 강조하는 전통적인 에너지체제는 끊임없이 자본집약적인 첨단기술을 개발하려 하고 환경기술의 혁신도 자연을 극복하거나 정복하기 위한 접근방식에 머무른다. 환경문제 해결도 충분한 자본과 기술적 능력이 있어야 가능하다고 말하는 환경 쿠즈네츠 곡선Environmental Kuznets curve이나 역량이론capacity theory도 결국 이러한 맥락에서 문제를 해결하려는 접근법이다. 반면 규모가 작고 분산적인 새로운 에너지시스템에서는 유연한 지역에너지를 활용하는 자연중심적인 기술 개발이 중시된다. 흔히 말하는 태양경제도 실상은 이렇게 지극히 작은 단위에서 자연의 원리에 가장 충실하며 누구나 접근이 가능한 에너지체제로 전환되어가는 과정의 하나이다.

환경적으로 지속가능하고 동시에 경제적, 기술적, 사회적으로도 자연친화적인 에너지체제로 전환하려는 노력은 이미 많은 사람들에 의해 시도되어왔다. 그리고 유럽의 여러 선진국에서는 이에 대한 해답이 구체화되고 있다. 그 대표적인 예가 독일이다. 독일은 에너지 전환정책을 적극적으로 추진한 결과 이미 전체 전력 생산량의 21퍼센트를 재생에너지로 충당하고 있고, 이 비중이 2030년까지 50퍼센트, 2050년까지는 80퍼센트까지 높아질 것으로 예측하고 있다. 단지 에너지원만 바뀌는 게 아니라 사람들이 소비하는 에너지의 총량도 2050년이 되면 절반 이하로 줄어든다고 하니 아직도 에너지 소비 중독에 빠져 있는 한국사회에는 충격적이고 부러운 변화가 아닐 수 없다. 하지만 실망할 것 없다.

이 책의 2부에서 소개될 자연중심 기술의 사례들은 우리가 자연을 잘 관찰하기만 한다면 지금이라도 얼마든지 지속가능한 사회로 손쉽게 전환할 수 있다는 것을 확실히 보여줄 것이다.

지속가능 이론과 청색기술

지속가능한 에너지체제로 전환하기 위한 기술 개발은 현재 어떤 방향으로 진행되고 있을까? 그간에 발표된 지속가능 이론들을 전체적으로 살펴보면 단순히 환경오염 문제를 해결하려던 초기의 방식에서 이젠 자연을 중심으로 하는 기술 개발과 시스템 전환으로 방향 전환이 이루어지고 있음을 알 수 있다.

그럼 여기서 먼저 자연중심 기술인 청색기술의 패러다임을 포함한 모든 생태이론의 기반이 되는 '지속가능 발전Sustainable and Sound Development'이라는 개념에 대해 알아보자. 지속가능 발전은 1987년 〈브룬트란트보고서Brundtland Report〉에서 최초로 거론된 개념으로, "미래 세대들이 그들 자신의 욕구를 충족시킬 수 있는 능력을 저해하지 않으면서 현재의 필요를 충족시키는 개발"을 의미한다. 즉 지속가능 발전의 핵심은 환경과 경제 그리고 사회가 균형을 이루는 것이며, 그중에서도 특히 환경과 경제 간의 조화에 중점을 두고 있다. 이 개념은 그 자체로 구체적인 실현 방안을 제시하고 있지는 않지만 환경기술 혁신과 산업체제의 전환이 어떠한 방향으로 진행되어야 할지를 알려주는 나침반의 역할을 하고 있다.

이번에는 독일의 마틴 에니케Martin Jänicke를 중심으로 유럽에서 주로 논의된 생태적 현대화ecological modernization 이론을 살펴보자. 여기서는 지속가능 발전에서 추상적으로 제시되었던 환경기술 혁신을 정치·경제체제와 연계하여 구체적인 해법을 찾고자 노력한다. 이

그림 1.3.4
생태적 현대화론을 정립한 마틴 예니케.

이론은 기술혁신과 경제적 혁신이 상호 영향을 주면서 발전하는 시스템의 구축과 함께 정치체계도 동시에 지속가능하도록 변화해야 함을 강조하며, 장기적 관점에서 사전예방적 기술혁신 체제를 중시한다. 궁극적으로 생태적 현대화의 목표는 지속가능한 기술과 경제혁신을 통해 환경과 경제적 복지가 상호 발전하는 녹색 산업사회의 건설이다. 에너지의 경우는 원자력과 같이 규모가 크고 에너지 낭비를 조장하는 기술체제에서 벗어나 효율적이고 환경친화적인 기술로의 전환을 주장한다. 이처럼 생태적 현대화의 개념은 환경문제를 기술혁신의 측면에서 뿐만 아니라 정치·경제적 시스템 변화의 관점에서 종합적으로 다루었다는 점에서 그 의미가 크다.

이밖에도 지속가능 발전을 산업사회의 전환과 연계해 보다 근원적으로 해석하려는 또 다른 시도들이 근래에 많이 이루어졌는데, 우리에게 익숙한 녹색산업혁명green industrial revolution, 효율의 혁명 efficiency revolution, 자연자본주의natural capitalism, 그리고 3차 산업혁명third industrial revolution 등이 모두 여기에 해당한다. 이 이론들은 공통적으로 기존의 기술발전이 에너지의 대량생산과 기술의 대형화에 기반하고 있음을 비판하고 자원의 생산성을 대폭 향상시키기 위해 새로운 차원의 기술혁신이 이루어져야 한다고 주장한다.

3차 산업혁명을 주장하는 리프킨은 화석에너지를 토대로 하는 많은 기술들이 이미 시대에 뒤떨어진 구식이 되었고 지금 새로운 에너지와 이를 이용하는 기술, 그리고 이것을 기반으로 하는 산업체제와 정치·사회구조가 탄생하고 있다고 설명한다. 또 그의 이론에 따르면 3차 산업혁명은 새로운 커뮤니케이션 기술인 인터넷과 에너지 효율 및 재생에너지 기술의 융합을 통해 촉진된다. 그리고 이 새로운 에너지 체제에서는 가정이나 사무실 또는 공장에서 자신만의 녹색에너지를 생산하고 인터넷에서 정보를 창출하고 교환하듯 에너지 인터넷을 통해 에너지를 서로 주고받게 된다. 이 새로운 에너지체제에서는 수백만의 소규모 독립생산자가 중심이 되어 분산적이고 협업적인 기술체제를 바탕으로 '분산적 균형'을 이루는 '분산자본주의distributed capitalism' 시대가 열릴 수 있다.

3차 산업혁명의 이러한 내용은 자연계에 존재하는 부분적인 개체들이 각기 소자연계를 이루고, 이 작은 부분들이 다시 서로 거미줄처럼 연결되어 전체와 유기적 조화를 이루는 자연계의 홀론적holonic

구조와 유사하다. 우리는 여기서 지속가능 발전과 생태적 현대화에서 추구했던 기술혁신의 방향이 3차 산업혁명 이론을 통해 보다 자연의 원리에 충실한 에너지기술과 시스템으로 발전하고 있음을 확인할 수 있다.

한편 자연자본주의를 주창한 폴 호켄Paul Hawken은 차세대 산업혁명을 위한 네 가지 원칙과 전략을 제시했는데, 바로 혁신적인 자원 생산성radical resource productivity, 생물모방 생산biomimetic production, 서비스와 흐름의 경제service and flow economy 그리고 자연에의 재투자reinvestment in nature가 그것이다. 여기서 자연에서 영감을 얻어 문제를 해결하려는 자연중심 기술과 자연의 순환체제와 일치하는 서비스 경제가 강조되고 있는 것은 주목할 만한 일이다.

이처럼 지속가능 이론이 제시하는 사회 전환 모델들은 단지 환경 오염 문제를 해결하려던 초기의 대응방식에서 벗어나 자연을 중심에 둔 보다 근본적인 방향으로 발전해왔는데, 최근 관심을 모으고 있는 군터 파울리의 청색경제는 자연중심의 변화가 구체적으로 어떤 것인지를 종합적으로 정리하고 있다. 이 이론은 기술과 사회를 바꾸는 데 있어서 철저히 자연을 모방하고 자연의 순환 시스템에 따라야 한다는 입장을 견지한다. 군터 파울리에 따르면 자연은 항상 더 높은 단계의 효율성을 향해 진화하고 끊임없이 영양과 에너지를 생산한다. 또한 자연은 어떤 것도 낭비하지 않고 모든 행위자들의 능력을 활용해 이들 구성원들의 기본적인 요구에 부응할 수 있는 능력을 지니고 있다. 이러한 통찰을 바탕으로 청색경제에서는 자연에서 영감을 얻은 혁신적인 기술을 통해 자원의 낭비를 최소화하고 자연생태계의 순환시스템을 모방한 경제시스템을 구축하는 것만이 지속가능한 사회로의 변화를 위한 진정한 해법임을 강조한다.

자연중심 기술은 단순한 환경보호의 차원을 넘어 자연 생태계를 모방해 에너지와 양분을 끊임없이 순환시키며 생산하는 기술을 말하며, 이를 다른 표현으로 청색기술이라고 부른다. 청색기술의 도입은 새로운 형태의 부가가치를 창출하고, 그것이 다시 수익과 고용으로 이어지며 다각적인 이익을 발생시킨다. 에너지 부문에서의 청색기술은 재생 가능한 자연에너지를 공급하고, 에너지 효율의 극대화로 낭비가 전혀 없이 에너지 순이익, 즉 에너지 자립을 획득하는 지극히 효율적인 시스템으로의 전환을 의미하기도 한다.

어머니 격인 자연으로부터 배워 새로운 에너지 혁명의 시대를 열고자 하는 자연중심의 청색기술은 위기에 봉착한 지구촌에서 불안에 떨고 있는 우리에게 반가운 희망이 아닐 수 없다. 그리고 몇몇 국가에선 이미 청색기술을 통한 에너지 전환이 목전에 다가와 있다. 에너지 전환을 성공적으로 이끌고 있는 독일의 경우 2022년이면 원자력으로부터 완전히 벗어날 수 있게 된다. 또 현재 에너지 소비량이 세계 최고인 미국도 금세기 내에 100퍼센트 자연에너지를 이용해 전기를 생산할 계획이다. 만일 인류가 지금보다 좀 더 적극적으로 에너지 전환을 서두른다면 재생에너지 발전이 전 세계적으로 매년 30퍼센트씩 성장을 기대할 수 있는 것은 물론이고 2030년쯤에는 화석에너지를 완전히 대체할 수 있다는 보고도 있다. 지구촌 위기에 대한 해결책은 멀리 있지 않다. 그것은 바로 주변의 생태계에서 작용하는 원리를 새로운 시각으로 바라보는 우리 자신의 변화에서부터 시작된다.

청색기술

2

황경현

한국기계연구원 연구위원

서울대학교 기계공학과를 졸업하고, KAIST에서 석사학위를, 미국 오하이오주립대에서 박사학위를 받았다. 한국기계연구원 정밀가공연구실 연구실장, 선임연구부장, 한국기계연구원장을 역임했다. 2003년 국민훈장 목련장을, 2006년 특허기술상을 수상했으며, 현재 한국기계연구원 연구위원, 과학기술위원회 기계 분야 전문위원으로 활동하고 있다.

자연을 본뜬 물질

황경현

청색기술이란 생물체로부터 영감을 얻어 현대 산업사회가 직면한 문제를 해결하려는 생물영감과 생물을 본뜨는 기술인 생물모방을 아우르는 '자연중심 기술'을 의미한다. 지식융합연구소 이인식 소장의 저서 《자연은 위대한 스승이다》(2012)에서 처음 사용된 이용어는 생명체뿐만 아니라 생태계 속에서 오랜 기간 동안 진화를 통해 최적화된 자연의 기본구조, 원리, 메커니즘 및 시스템을 모방, 응용하는 기술을 의미하는 것으로, 지속가능 발전에 기여할 수 있다.

자연중심 기술은 재료공학, 나노기술, 바이오메카트로닉스bio-mechatronics 및 로보틱스, 신경공학, 인공지능, 집단지능, 센싱, 통신, 섬유, 농업, 건축 및 디자인, 유체역학, 유틸리티, 의료 등에 활용될 수 있다. 이중에서도 자연을 본떠 만든 신물질이나 재료를 개발하는 경우, 진화를 통해 자연에서 최적의 창조성과 적응력을 보이는 효율성과 환경 친화적 물질 창조가 가능한 기술이 활용된다. 이러한 신물질/재료는 자연에서 생명체나 생태계에 존재하는 형상, 구조, 단백질 같은 특수물질, 광 특성, 물성의 특이성 등 물리적 화학적 성질을 활용하여 섬유, 접착제, 고기능성 물질, 의약품, 전기전자 부품, 물 문제 해결 등에 사용될 수 있다.

20세기 초부터 자연의 구조와 기능에 대한 지속적인 연구를 통해 경제적으로 효율성이 뛰어난 물질이 창조하려는 시도가 계속되었다. 그 대표적인 예가 듀폰사에서 비단을 모방하여 개발한 나일론 nylone(1935)과 도꼬마리 씨앗에서 아이디어를 얻어 만든, 속칭 '찍찍이'라고 불리는 벨크로velcro(1948)이다.

자연을 본떠 개발된 물질을 분야에 따라 분류해보면, 섬유 분야에서는 연잎 효과를 이용한 섬유, 상어와 돛새치의 미세돌기의 원리를 응용하여 와류를 이용하도록 개발된 전신수영복, 모르포나비의 구조색을 이용한 모르포텍스 등이 있으며, 접착제 분야에서는 도마뱀붙이 발바닥의 나노 섬모의 원리를 이용한 건식 접착제, 홍합의 접착성 단백질을 이용한 습식 접착제, 담쟁이덩굴의 점액을 이용한 의료용 접착제 등이 있다. 기능성 향상 분야에서는 전복 껍데기의 구조를 이용한 방탄 소재 등이 있고, 광 특성을 활용한 분야에서는 구조색을 이용한 인공 오팔 등이 있다. 이외에도 나미브사막풍뎅이가 사막에서 집수하는 원리를 이용한 물 제조 등이 있다. 향후에는 생체무기질화biomineralization 등 나노생물 모방 기술 분야의 연구와 활용 분야 확대가 예상된다.

이인식 소장의 저서 《자연은 위대한 스승이다》에는 자연을 본뜬 여러 가지 물질에 따른 자세한 예시와 설명이 소개되었다. 이용되는 물리적, 화학적 특성에 따라 대표적인 자연을 본뜬 물질 몇 가지를 소개한다.

연잎 효과와 초소수성 재료

본 대학교의 빌헬름 바르트로트 교수는 연잎의 표면은 특별한 요철 구조를 가지고 있을 뿐만 아니라 그 선단에서 분비되는 왁스 형태 물질(저표면 에너지물질)의 상승효과에 의해 초소수성을 띠며 이

그림 2.1.1
연잎의 표면.

로 인해 자기정화self-cleaning 효과가 나타난다는 사실을 발견했다. 소수성이란 물 분자와 쉽게 결합하지 않아 물에 젖지 않는 성질을 말하며, 이와 반대로 표면이 물 분자와 쉽게 결합하는 성질은 친수성이라고 한다.

그림 2.1.1에서 보는 바와 같이 연잎의 표면에는 5~15마이크로미터(μm) 크기의 돌기들이 20~30마이크로미터 간격으로 배치되어 있고, 돌기 표면은 분비된 왁스의 미세 결정으로 덮여 있는 것을 알 수 있다. 또한 그림 2.1.2에서 볼 수 있듯이 연잎과 토란잎은 나노돌기의 모양이 다소 다르지만 비슷한 계층 구조를 가지고 있어 초소수성을 띤다. 한편 수련잎의 경우 거친 주름이 있음에도 불구하고 초친수성을 띠는데 이는 수련잎의 화학적 조성이 물을 좋아하는 왁스층으로 이루어져 있기 때문이다.

본 대학교에서는 연잎 효과를 이용하여 로터산Lotusan이라는 페인트를 개발했는데, 결합재 내에 소수성 실리카와 같은 마이크로/나노 입자를 분산시킨 것이다. 이외에도 연잎 효과를 응용하여 개발된 제품으로는 직물 스프레이(바스프BASF), 방수 화장품(가네보Kanebo), 코팅 재료(니카화학日華化學) 등이 있다. 빅스카이테크놀로지Bigsky Technologies 사에서는 물을 흘려서 섬유 표면에 붙은 먼지나 티끌을 세정할 수 있는 연잎 효과를 섬유 마감에 적용하여 '그린 쉴드Green shield'라는 제품을 개발했다. 또한 건물 외벽에 도포하여 깨끗한 표면을 유지할 수 있는 페인트나 오염 방지 도료를 개발했다.

고체 표면의 젖음 성질(소수성, 친수성)은 표면현상과 그 물질이

자연에서 배우는 청색기술

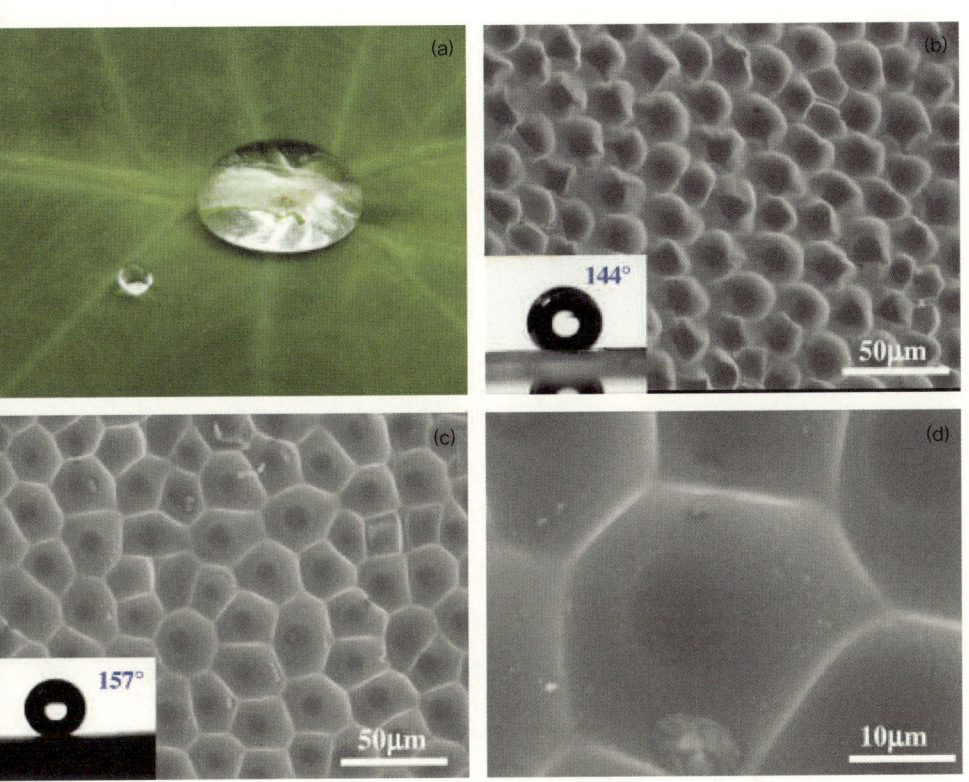

그림 2.1.2
토란잎(위)과 수련잎의 미세 구조.

가진 고유의 표면에너지에 의해 결정되며 물방울과 고체 표면이 접촉하는 각도로 표시된다. 일반적으로 실리콘 왁스와 같은 불소계 화합물 등은 표면에너지가 낮고 물과의 상호작용이 적기 때문에 소수성을 띤다. 거칠고 불규칙적인 표면을 가진 소수성 표면은 실제 표면적이 증가하는 작은 빈틈이 형성되어 물이 침입하는 것을 막아 초소수성이 된다. 초소수성은 학술적인 정의는 없으나 통상 접촉각이 150도 이상인 상태를 가리킨다.

또한 표면이 완전히 평평하지 않거나 표면의 화학적 성질이 불균일하여 접촉각이 일정한 값이 아니라 어떤 범위의 값을 갖는 것을 접촉각 이력이라 하는데, 장미나 해바라기의 꽃잎은 초소수성을 띠지만 접촉각의 이력이 커서 거꾸로 들어도 물방울이 떨어지지 않는다. 이들 꽃잎 표면은 계층적 구조로 이루어져 있으며 10~20마이크로미터 정도의 혹이 돌출되어 있고 수백 나노미터의 주기로 주름이 있어 강력한 흡수력을 갖는다. 이와 같은 흡수력은 미세 표면 구조에서 발생하는 반데르발스 힘에 기인한다. 이처럼 초친수성이면서 접촉각 이력이 강한 표면은 장미잎 효과rose petal effect를 갖는다고 하는데, 이를 이용하여 속이 빈 구조의 폴리스틸렌 나노섬유가 개발되었다. 이러한 현상을 응용하여 초친수성 표면을 만들거나 접촉각 이력이 적은 초소수성 표면을 만들면 안개 방지 표면도 생산할 수 있다. 예를 들어 이산화타이타늄TiO_2 같은 광촉매나 나노입자를 이용하여 초친수성 표면을 만들거나 그림 2.1.3과 같이 모기 눈을 닮은 초소수성 표면을 제작하면 안개 방지 표면으로 사용할 수 있다.

초소수성을 측정하기 위한 접촉각 실험이나 실생활에서 사용하는 물방울의 부피는 수 마이크로리터(μl) 이상으로 큰 편이어서 연꽃잎을 모사하여 제작한 초소수성 표면이라 할지라도 안개처럼 작은 물

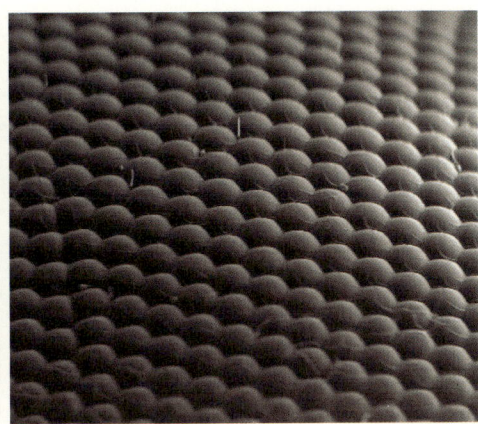

그림 2.1.3
모기 눈 및 표면.

방울에 대해서는 제 역할을 하지 못한다. 연꽃이 빗물에는 젖지 않지만 안개에 의하여 젖는 것은 바로 이런 이유 때문이다. 안개를 구성하는 물 분자의 직경은 보통 수 나노미터(㎚)에서 10마이크로미터인데, 모기 눈은 직경 101.1±7.6나노미터의 돌기들이 47.6±8.5나노미터의 간격으로 잘 정렬되어 있다. 따라서 이런 안개 방지 기능이 있는 눈을 가진 모기는 안개가 많은 지역에서도 살 수 있다.

자연 안에서 소수성과 친수성이 함께 이용되는 사례로는 나미브사막풍뎅이를 들 수 있다. 나미브사막풍뎅이는 수 마이크로미터 크기의 소수성 혹과 혹의 10분의 1 크기의 울퉁불퉁한 친수성 판이라는 서로 다른 성질을 가진 표면으로 덮여 있다. 친수성 표면에서 안개처럼 작은 물방울이 모여 이슬방울 정도의 크기가 되면 소수성 표면을 따라 흘러내려가서 자연스럽게 입 안으로 들어간다. 이런 방식으로 나미브사막풍뎅이는 사막 한가운데에서도 수분을 섭취한다. 이 원리를 응용하여 MIT의 루브너Rubner 교수팀은 친수/소수 복합 패턴을 제작하여 부피가 작은 안개를 모아 물방울을 모으는 장치를 고안했다.

초소수성을 활용한 또 다른 분야는 생물 부착을 줄이는 것으로, 상어의 표피에서 지혜를 얻을 수 있다. 상어의 표피는 물속에서 저항을 감소시키는 역할과 더불어 생물 부착 방지 기능을 가지고 있다. 상어 표피의 미세돌기 구조가 생물 부착을 방지한다는 사실이 알려지면서 선박이나 의료 분야에 이를 응용하기 위하여 연구가 진행되고 있다. 샤크레트테크놀로지 사Sharklet Technologies Inc.에서 (갈라파고스) 상어 피부의 돌기 구조를 모방한 필름을 개발했는데, 이를 병원 벽면에 붙여 병원 내에서 항생제나 독한 세정제를 과다하게 사용함으로써 발생하는 문제를 해결했다. 이 필름을 사용하면 벽면에 세균이 묻는 것을 85~100퍼센트까지 방지할 수 있을 뿐만 아니라 벽 오염방지를 위한 약품 비용도 절감할 수 있다.

일반적으로 25~100N/m 사이의 표면장력을 가진 고체 표면은 생물 부착을 저지할 수 있다고 알려져 있다. 독일의 호호슐레브레멘Hochschule Bremen 사에시는 76마이크로미터 간격으로 미세돌기가 있으며 표면장력이 25mN/m인 실리콘을 개발했는데, 이 실리콘을 사용하면 평평한 면에 비해 생물 부착을 70퍼센트 정도 감소시킬 수 있다고 한다.

이처럼 생체는 다기능성을 보유하고 있다. 즉 상어의 피부는 초소수성을 띠며 저항을 최소화하는 구조를 가지고 있다. 모르포나비의 날개 표면도 특정한 구조색을 띠는 계층적 구조를 가진 비늘로 덮혀 있는 동시에 소수성을 갖고 있다.

나방의 눈 구조를 모방한 무반사 재료

밤에 활동하는 습성을 가진 나방은 다른 천적으로부터 쉽게 발견되지 않고 적으로부터 자신을 보호하기 위해 큰 눈에서 빛이 반사되는 것을 억제하는, 다시 말해 반사 방지 기능이 있는 눈을 가지고 있다.

1960년대 베른하르트Bernhard 등은 나방 눈의 표면에 100나노미터 정도 크기의 나노돌기가 200나노미터 정도의 간격으로 정렬되어 있어 가시광(0.3~0.7마이크로미터의 파장)의 대부분을 흡수하는 광학 기능을 가진다는 사실을 발견했다. 1980년대 윌슨Wilson 등은 나방의 눈은 울퉁불퉁한 주기적인 배열을 하고 있어 표면에 수직한 방향에 따라 굴절률이 조금씩 변화하기 때문에 무반사의 특성을 가진다고 했다. 즉 굴절률이 크게 변화하기 때문에 반사면이 줄어들어 빛의 반사를 억제한다는 것이다.

독일의 홀로툴스Holotools GmbH 사는 이와 같은 나방 눈의 구조를 모방하여 무반사필름을 개발했는데, 간섭 리소그래피 기술을 이용

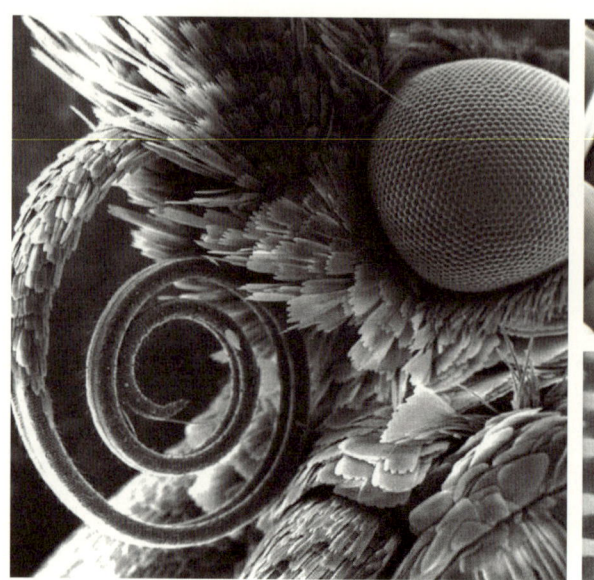
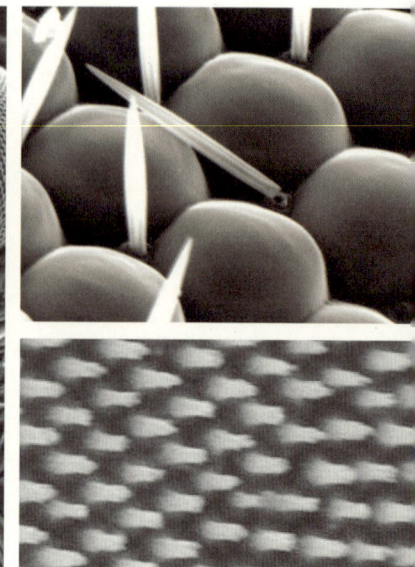

그림 2.1.4
나방 눈 및 구조.

하여 고체 표면 위에 100나노미터에서 100마이크로미터 사이의 일
정한 패턴을 제작하여 전광판 등에 활용했다. 토판 프린팅Toppan
Printing 사는 LCD TV의 눈부심 문제나 태양광 패널 표면의 반사로
인해 효율이 떨어지는 문제를 빛 반사가 거의 없는 나방 눈과 같이
많은 원추싱돌기가 규칙적으로 배치되어 있는 구조를 응용하여 다
양한 반사 방지 필름을 개발했다. 또한 편광필름 지지체 기반 반사
방지 필름을 세계 최초로 개발하여 PDP, LCD, 스마트폰 등에 사용
할 수 있는 광시야각 개선 필름 시장을 선도했는데, 미쓰비시, 제일

모직 등에서도 반사 방지 필름을 개발했다. 최근에는 일본 카나가와기술아카데미 및 미쓰비시레이온 연구그룹 등이 대형 알루미늄 롤을 양극산화시켜 큰 나방 눈 주형을 제작하고 수지필름 위에 연속적으로 나방 눈 구조를 임프린트하는 기술을 개발했다.

네덜란드의 리바스Livas 사 등은 인화갈륨GaP 표면 위에 나방의 눈 구조를 닮은 작은 막대를 제조하여 가시광선에서 적외선 영역 대부분까지 포괄하는 넓은 파장대의 빛이 반사되는 것을 감소시켰다.

나방 눈의 구조를 모사한 표면은 다양한 방법으로 구현되었는데, 이러한 나노구조물들은 표면에너지가 낮은 화합물 코팅과 함께 초소수성도 나타내므로 대부분의 반사 방지 표면은 초친수나 초소수 기능도 가지고 있다.

모르포나비와 구조색 재료

모르포나비와 비단벌레의 색깔은 특정한 금속성 광택을 띠는데, 그 이유는 바로 구조색 때문이다. 구조색이란 표면 구조에 의해 빛의 회절, 간섭, 산란 현상이 일어나며 나타나는 색을 말한다. 자연에는 다양한 구조색이 존재하는데 오팔, 공작의 깃털, 튤립의 꽃잎, 무지개 등이 대표적 예이다. 이처럼 자연적으로 여러 종류의 구조색이 나타나는 이유는 얇은층계면, 다층계면, 마이크로 정도의 홈과 돌기에 의한 계면 및 미세 입자 배열 등의 다양한 표면의 구조에 의해 나타나는 빛의 산란과 굴절 현상 때문이라고 알려져 있다.

구조색은 화학물질을 사용하지 않기 때문에 환경친화적이며, 색깔이 선명하고 보는 각도에 따라 다양한 색을 띠기 때문에 이를 응용하는 기술이 주목을 받고 있다. 특히 도료, 화장품, 보석, 옷감 그리고 광결정을 포함하는 다양한 산업 분야에 구조색을 응용하고 있다. 닛산 모터스에서도 구조색 섬유인 모르포텍스를 개발했고, 마이크로레이저, 필터, 고효율 LED, 광 스위치 등에도 응용 가능성이 높다.

모르포나비의 비늘 가루는 파란 색소가 아닌 거의 투명한 단백질로 이루어져 있지만 다층막의 모양과 폭, 그리고 그 구조 등이 각각 역할을 하며 특이한 발색을 하는 것으로 밝혀졌다. 이 원리를 자동차 차체의 내외장재, 컴퓨터의 화면 보호 커버, 위조 방지 카드나 특정 파장만을 투과 또는 반사하는 광학필름 등에 활용할 수 있다. 최근 퀄컴QualComm 사에서는 이러한 구조색의 원리를 이용하여 저전력으로 자체적인 색을 발현할 뿐만 아니라 밝은 빛 아래에서도 선명한 색감을 유지하면서 에너지 소비는 기존 제품에 비해 3분의 1 정도에 불과한 디스플레이를 개발했다. 이 제품은 1980년대에 이리다임Iridigm이란 회사에서 최초로 박막광학薄膜光學과 전자기계 시스템인 MEMSMicroelectromechanical Systems 기술을 이용하여 개발한 것을 퀄컴 사에서 2004년에 인수하여 미라솔Mirasol 디스플레이로 소개한 것이다. 미라솔 디스플레이는 안료, 잉크 등을 전혀 사용하지 않고 생산되며 오랜 시간을 사용해도 색감이나 밝기가 변하지 않고 충전

그림 2.1.5
모르포나비 날개의 구조색 원리를 응용한 모르포텍스.

기를 세 배 정도 오래 쓸 수 있는 장점이 있다.

모르포나비 이외에도 카멜레온, 메뚜기 등 많은 생물이 자신의
몸 색깔을 변화시키는 체색 변화가 가능하다. 체색의 변화를 담당
하고 있는 것은 주로 색세포라는 세포의 움직임이다. 색세포는 적,
황, 흑 등의 색을 띠는 입자를 세포 내부에 함유하고 있으며, 그 입

자의 배치를 제어하는 것으로 체색을 변화시킨다. 이를 이용하여 능동적으로 색을 제어할 수 있는 재료가 개발된다면 디스플레이에 사용될 수도 있다. 뿐만 아니라 레이저 반사경이나 대역통과필터 band-pass filter라는 광학부품에도 활용될 수 있을 것이다.

상어, 샌드피쉬 도마뱀과 저마찰 재료

상어나 샌드피쉬 도마뱀은 피부의 특별한 구조 덕분에 주변과의 마찰을 최소화하며 빠른 속도로 움직일 수 있다. 이처럼 마찰이 적은 이유는 상어의 피부에 수십 마이크로의 반복적인 홈이 1밀리미터 간격으로 형성되어 있는 미세돌기riblet 구조를 가지고 있어 유속의 저항을 감소시킬 수 있기 때문이다. 특히 샌드피쉬 도마뱀의 경우 오랜 기간 동안 모래 속에서 움직여도 피부에 마모가 없다.

샌드피쉬 도마뱀은 북미나 서남아시아의 사막에 서식하는 길이 15센티미터 정도의 도마뱀으로, 모래 속으로 다이빙하듯 들어가고 모래 속에서 초당 10~30센티미터의 속도로 움직인다. 모래 속에서 네 발을 이용하지 않고 뱀처럼 움직이는데, 모래와 마찰 후에도 피부의 표면에는 선혀 마모가 일어나지 않는다는 사실이 베를린 공대의 레헨베르크Rechenberg 교수에 의해 밝혀졌다. 샌드피쉬 도마뱀의 피부는 황이 많은 당화된 케라틴으로 구성되어 있으며 껍질에 특정한 미세 구조를 가지고 있어 특수한 마찰 특성을 나타낸다. 샌드피

그림 2.1.6
샌드피쉬 도마뱀.

쉬 도마뱀의 피부는 수 마이크론 간격의 산마루 모양의 구조를 가지고 있다. 이런 산마루 모양의 피부 구조와 모래 알갱이 사이의 마찰 대전에 의해서 발생한 정전기가 마찰을 감소시키는 원인이라고 한다. 국제요트대회인 아메리칸 컵America's cup에서는 3M 사에서 개발한 미세돌기 필름을 요트 바깥 표면에 발라 마찰을 감소시켰고, 이는 에어버스Airbus 사의 여객기의 표면에도 사용되었다.

독일의 바움가르트너Baumgartner 교수는 이러한 특징을 모방하여 샌드피쉬 도마뱀의 피부 구조와 비슷한 마찰 특성을 가지면서 마모

저항이 높은 저가의 코팅기술을 개발했다. 또한 스크래치가 발생하지 않은 자동차 앞면 유리나 윤활유가 필요 없는 볼베어링 등이 이러한 특성을 모방한 예이다.

곤충과 식물의 생존경쟁과 접합재료

파리나 잎벌레 등의 곤충이 수직으로나 거꾸로 기어서 이동할 수 있는 것은 다리 안쪽에 접착성이 뛰어난 털이 있기 때문이다. 곤충들의 접착방법은 습식과 건식으로 나뉘는데, 습식은 모관현상, 분비액의 점성 및 마이크로 흡착 등에 기인하고, 건식은 마찰이나 분자 간격에 의해 접착성이 결정된다. 이런 곤충의 다리에는 접촉부를 미분화함으로써 오염으로 생긴 비접촉 부분에 대한 박리를 최소한으로 하는 가늘고 긴 얇은 솜털 구조가 있는데, 이 솜털은 견고한 소재이면서도 표면을 요철로 유연하게 변형시키는 것을 가능하게 하여 곤충들의 밀착성을 높인다. 잎벌레의 털 크기는 잎의 요철보다 작아 잎 표면과 잘 밀착되어 있는 것을 확인할 수 있다. 또한 가늘고 긴 털 구조가 접촉 부분의 형상에 따라 밀착을 가능하게 하는 모습노 보인다. 털 끝의 크기는 실이와 폭이 각각 10마이크로미터, 5나이크로미터 정도이다.

한편 초식성 곤충에게 먹히지 않게 잎 표면에 결정성 왁스를 형성하고 있는 식물도 있다. 왁스는 곤충 다리 안쪽의 털과 비교하면

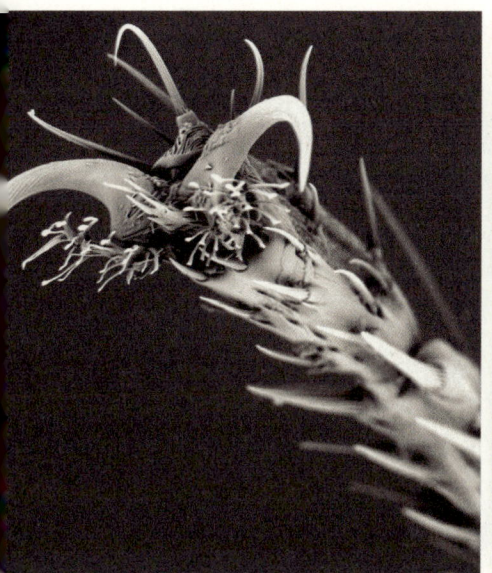

그림 2.1.7
털이 있는 잎벌레 다리(왼쪽)와 다리 선단 강모 사진.

훨씬 더 작아 접촉 면적이 적어 접촉성을 낮춘다. 또한, 왁스는 취성이 많아 곤충이 다리를 당겨 뗄 때 왁스가 약해져 다리 안쪽으로 달라붙는 접착성을 낮추는 데 도움을 주며 결과적으로 곤충이 달라붙는 것을 막는다. 왁스의 화학적 성분도 접착에 영향을 미친다.

식충식물인 벌레잡이통풀은 매달린 주머니 같은 모양의 포충(벌레사냥) 기관을 가지고 있다. 이 주머니 안쪽의 미끄럼면Slip Zone은 이중 구조로 되어 있는데, 가장 윗면(첫 번째 층)은 소수성의 두꺼운 왁스로 덮혀 있다. 이 왁스는 얇은 결정판이 밀집한 것 같은 구조로

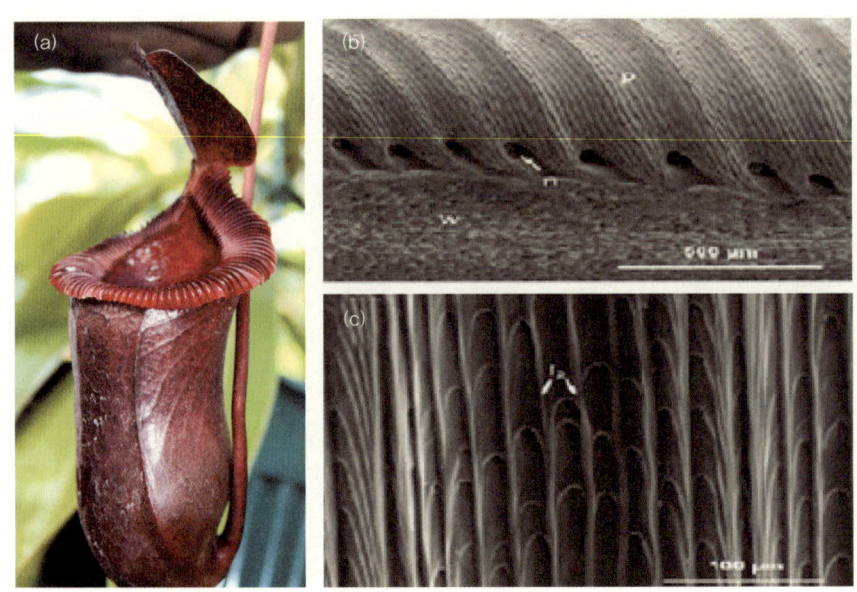

그림 2.1.8. 벌레잡이통풀과 주머니 안의 구조

(a) 벌레잡이통풀 (b) 벌레잡이통풀 주머니안 미끄럼면의 이중 구조 (c) 벌레잡이통풀의 표면

되어 있으며 무르고 벗겨지기 쉬운 특징이 있다. 두 번째 층은 첫 번째 층보다도 단단한 재질로 뾰족한 형상을 한 결정으로 덮혀 있고 표면은 잘 벗겨지지 않는다.

 첫 번째 층은 곤충 다리의 접착성 강모에 결정판성의 왁스가 달라붙어 표면에서 벗겨시면서 곤충의 접착싱 딜의 집착력을 감소시킨다. 두 번째 층은 뾰족한 결정으로 덮혀 있는 표면으로, 첫 번째 층이 벗겨진 후 곤충이 접근해도 충분한 접촉 면적을 얻지 못하게 되어 결국 곤충은 미끄러져 식충식물의 먹이가 되게 한다. 그러나

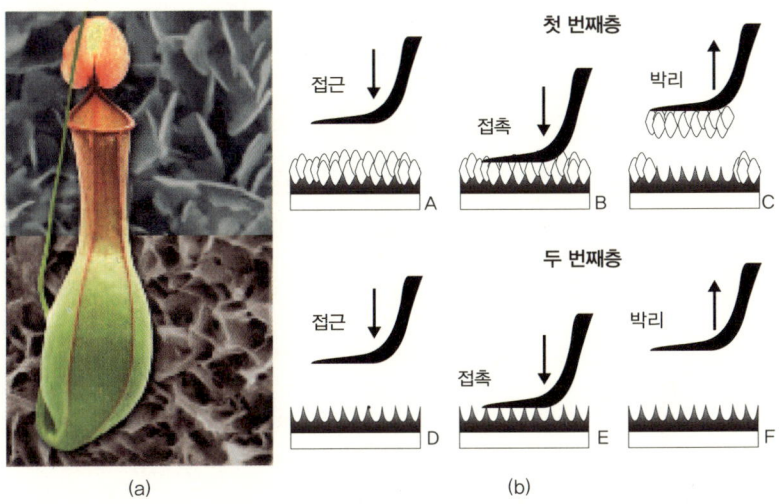

첫 번째층

접근 | 접촉 | 박리

A | B | C

두 번째층

접근 | 접촉 | 박리

D | E | F

(a) | (b)

그림 2.1.9 벌레잡이통풀의 원리

(a) 미끄럼구간 이중구조와 곤충의 강모 접착 이미지 (b) 식충식물의 접촉 박리 이미지

노린재의 다리에서 이러한 식충식물 점액에도 붙잡히지 않는 구조가 발견되었다. 다리 표피에 두꺼운 층의 분비액이 있어서 이것이 식물 점액과 다리 표면이 직접적으로 접촉하는 것을 가로막고, 점액과 접촉한 다리 표피 위의 지질층은 점성이 약해 식물 돌기상의 점액에서 다리가 떨어질 때 간단하게 분리되어 점액 위에 벌레의 지질층이 남는 구조이다.

노린재는 이같이 접착되지 않는 구조를 만들어 식충식물 표면 위로 쉽게 이동한다. 이와 같이 곤충과 식물은 생존을 위해 구조에 의

한 접합기술과 접합물질을 진화시켜왔다. 이러한 자연 생태계를 모사하여 접합제도 제작되었으며, 이 제품의 털의 재료로는 탄소나노튜브, 폴리메틸실로키산 등이 사용되었다.

털 구조의 설계는 상호 부착되지 않도록 소재의 탄성계와 털의 종횡비 관계, 부착성을 높이는 최첨단 형성에 대해 검토를 해야 한다. 이와 같이 자연계에 존재하는 생물의 접착, 비접착 현상을 모사하여 앞으로 새로운 접착제를 개발할 수 있을 것이다.

도마뱀붙이와 접착물질

도마뱀붙이는 발가락 끝에서 아무런 접착물질을 분비하지 않음에도 벽이나 천장에 붙어 걸어다닌다. 도마뱀붙이의 발가락 끝에는 수십만 개의 강모seta가 있다. 길이 100마이크로미터, 직경 5마이크로미터 정도로, 강모 끝은 다시 수백 개의 가시로 분화되어 있고 이 가시 끝은 주걱 모양spatula을 하고 있다. 각각의 주걱 모양 판은 직경이 200나노미터 정도이다.

도마뱀붙이 발가락 끝의 접착력은 계층적 구조로써 미세구조 강모의 표면과 벽 표면 사이의 반데르발스 힘에 기인한다. 미국의 공학자인 론 피어링Ron Fearing 박사와 안드레 가임Andre Geim 박사가 원자힘현미경AFM의 끝에 뾰족하게 만든 바늘tip을 이용한 미세제조법으로 양극산화 처리된 알루미나에 나노 크기의 다공성 표면을 갖게

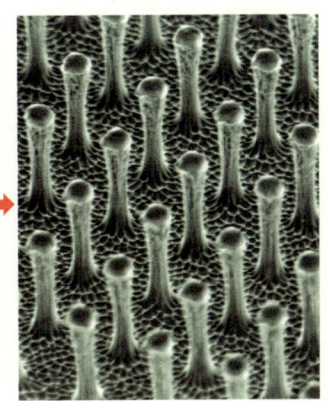

그림 2.1.10
도마뱀붙이 발바닥의 구조.

한 후 많은 강모를 표면에 재구성하여 게코 테이프와 같은 접착제가 없는 접착테이프를 개발, 생산했다. 탄소나노튜브로 만들어진 강모의 다발dense growth을 가진 표면도 강력한 접착력을 발휘한다. 이를 모방하여 재활용 건축자재를 이용한 흡착재도 개발되었다.

장수풍뎅이와 구조재료

최근에는 에너지 효율을 높이기 위해 재료의 경량화와 고성능화가 요구된다. 복합재료는 가벼우면서 강한 특성을 가지고 있어 다양하게 사용되고 있으나 제 성능을 발휘하기 위해서는 생태계에서

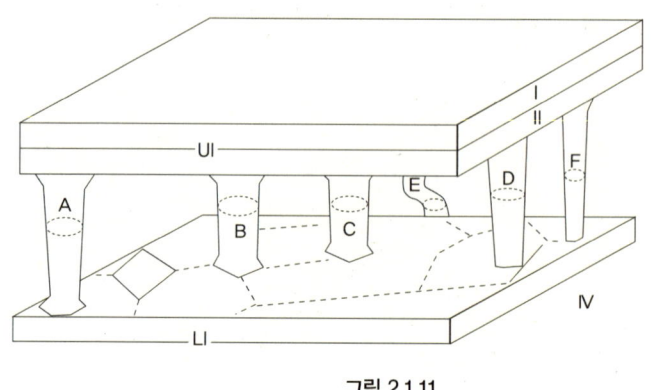

- A-F: 작은 기둥
- I-IV: 키틴 섬유층
- 점선: 하니컴

그림 2.1.11
장수풍뎅이 겉날개의 구조.

오랜 시간 동안 진화된 장수풍뎅이 앞날개의 최적화된 복합재료를 통하여 이러한 취약점을 해결할 수 있는 구조와 방법을 얻을 수가 있다.

장수풍뎅이 윗날개는 키틴chitin 섬유와 단백질로 구성되어 있고 키틴 섬유는 단백질에 파묻혀 있으며 또한 인접한 키틴 섬유층은 배향각이 조금씩 다른 나선상의 적층구조로 되어 있다. 키틴은 게나 새우와 같은 갑각류, 곤충의 외피 및 미생물의 세포벽에 분포하면서 단백질과 복합체를 이루고 있는 다당류이다. 장수풍뎅이 윗날개의 난변은 상·하층으로 나뉘어져 그 사이에는 공간층과 작은 기둥이 있다.

장수풍뎅이 날개의 치명적인 약점은 층간 강도가 약하다는 것이다. 여기에 새로운 샌드위치 구조의 층간 강도 향상 방법으로서 상하층과의 연결을 강화하며 키틴 섬유로 구성된 작은 기둥을 이용한다. 특히 일부 키틴 섬유는 상하 키틴 섬유층을 구성하면서 연속적으로 3차원적으로 상하층에 걸쳐 작은 기둥을 구성하여 경량화와 역학적 성능 향상을 꾀했다.

생체무기질화

생체무기질화란 자연계에서 생물이 무기광물을 만들어내는 것을 말하며 치아, 뼈, 갑각류의 외골격 등 수많은 무기구조가 이 작용에 의해 만들어진다. 자연계에서 자연도태를 거쳐 최적화된 구조물은 상온상압에서 조성 결정구조나 형태가 완벽하게 제어된 상태에서 만들어졌다.

생체 내에서 생체물질은 생체분자와 무기물질의 복합체로 형성되어 외형도 및 내부조직이 제대로 갖추어져 있는 마이크로의 레벨에서 기계적·광학적 성질을 가져 각각의 역할을 완벽하게 수행한다.

바다 깊숙이 살며 컵 모양을 한, 몸높이 10~15센티미터, 전체 길이 50~80센티미터의 규사다발로 이루어진 유리해면의 골격은 머리카락 정도 굵기의 섬유상태 유리로 되어 있어 나노미터에서 센티미터에 이르는 계층적 배열로 되어 있다. 무정형 비결정질인 수백 나노크기의 구상 유리알이 단백질과 함께 파 모양의 동심원상의 파

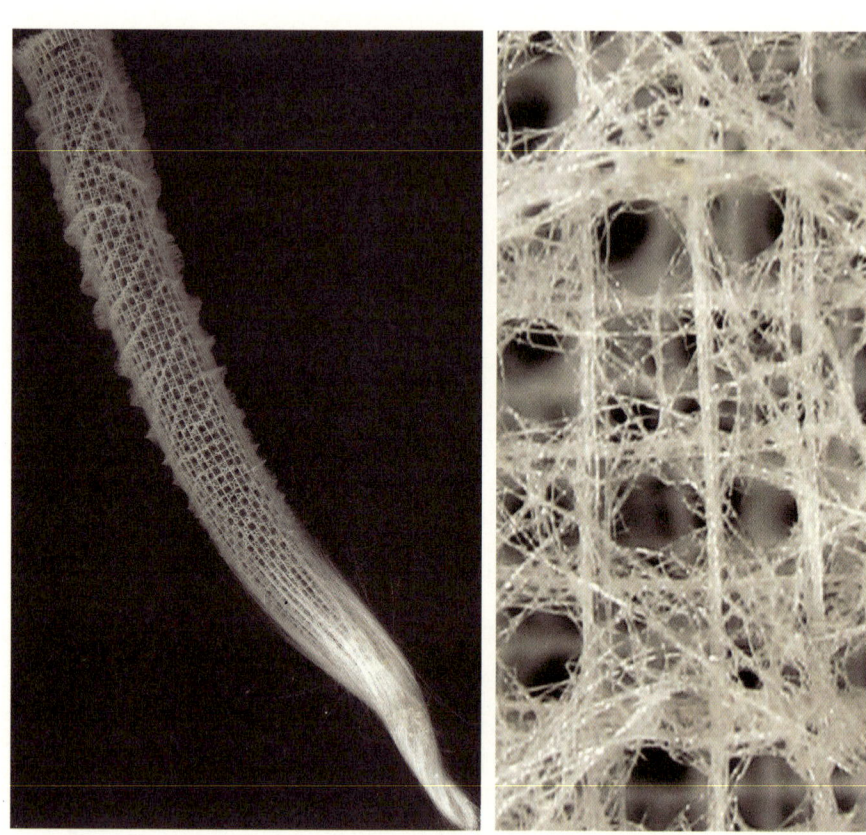

그림 2.1.12 유리해면과 그 구조

유리해면(왼쪽)과 유리해면의 망 상태로 이루어진 골격.

이버를 만들고, 그것이 몇 개 모여 다발을 형성하며, 이 다발이 망網

상태로 된 골격을 구성하고 있다.

　이러한 배열은 단단함과 유연함이 동시에 있어 유리알 같이 깨지기 쉬운 물질조차도 상당히 강한 골격으로 만든다. 또한 침상골이라고 불리는 물체가 있어 광 파이버 같은 상당히 높은 광전도 효율을 갖기도 한다.

응용사례 중에 가장 많이 사용되고 있는 것이 생체 촉매와 약 전달체 drug delivery 이다

실리카 표면에서 효소의 고정화나 항암 단백질의 방출을 조절하는 등의 사례가 발표되고 있다. 카본 나노튜브나 금속전극과 실리카/효소의 하이브리드로 된 바이오센서 등에 이용되고 있다.

자연계에 존재하는 나노에서 센티미터 레벨에 걸친 완벽하게 제어된 계층 구조를 갖는 하이브리드 구조를 본받아 많은 생물모방 시스템의 인공적 제조가 시도되고 있다.

실제 생물에서 영감을 얻은 bio-inspired 구조체의 연구는 나노기술, 약학, 물리, 광학 등 넓은 분야에 걸쳐 응용이 가능한 새로운 하이브리드 신소재의 개발로 연결될 뿐만 아니라, 생물계에서 어떻게 생체무기질화에 의한 성장이 일어날 수 있는지를 이해하는 데 중요한 역할을 한다.

최 영

중앙대학교 기계공학부 교수

서울대학교 기계설계학과를 졸업했다. KAIST에서 석사학
위를, 카네기멜런 대학교에서 CAD 전공으로 박사학위를
받고 중앙대학교 기계공학부 교수로 재직 중이다. KIST 선
임연구원, 미국 국립표준기술연구원(NIST) 객원연구원을
역임했으며, 현재 한국건설IT융합학회 이사, 한국정밀공학
회 감사, 한국CAD/CAM학회 회장을 맡고 있다.

2

생물모방 비행기술

최 영

    비행에 대한 인간의 관심과 욕구는 레오나르도 다빈치의 비행장
치 스케치에서 확인할 수 있듯이 오랜 역사를 가지고 있다. 하지만
인간이 설계하고 제작한 인공 비행체는 불과 100여 년 전이 되어서
야 최초로 비행을 할 수 있었다. 비행기술 역사의 초기에는 주로 사
람을 실어 나르는 비행체, 즉 항공기의 설계 및 개발에 많은 노력을
기울여왔다. 하지만 최근 들어 동력장치의 소형화, 각종 센서기술
의 발전 및 가벼우면서도 강한 재료의 개발에 힘입어 특수 목적의
소형 비행장치 개발에 대한 관심이 급격하게 증가하고 있다. 따라
서 전형적인 항공기에 적용되는 항공역학에 기반한 비행기술 이외
에 자연에서 관찰되는 다양한 형태의 비행 현상을 잘 이해하고자
하는 연구가 활발하게 진행되고 있다. 즉 지금 우리가 볼 수 있는

비행기의 형태에서 벗어나 새처럼 날갯짓을 하며 비행하는 생물모방형 비행기술에 대한 연구가 활발하게 진행되고 있다.

조류는 날개 근육과 뼈 관절을 이용해 복잡한 형태의 날갯짓 운동을 할 수 있다. 양쪽 날개에서는 비행에 필요한 양력과 추력을 발생시키고 꼬리를 통해서 비행 안정성을 유지한다. 반면 곤충은 날개에 근육이 없는 대신, 몸통에 부착된 그물막 형태의 얇고 유연한 날개를 진동시켜 비행한다. 또한 곤충은 새와는 달리 꼬리가 없기 때문에 날개를 8자 형태로 움직여서 비행 안정성을 유지한다. 이러한 비행 현상에 대한 이해를 바탕으로 하는 응용기술 및 비행체 개발을 위한 연구도 매우 활발하게 진행되고 있다.

자연에서 관찰되는 비행기술의 다양성

활공이나 낙하를 포함하는 다양한 형태의 비행 메커니즘은 곤충, 공룡, 새, 파충류, 포유류에서 식물의 씨앗에 이르기까지 다양한 유기체에서 서로 독립적으로 진화해왔다. 각각의 유기체들은 서식지 확보를 위한 효율적인 이동 메커니즘으로 서로 다른 비행방법을 발전시켜왔다.

단풍나무 씨앗은 낙하하면서 날개의 형태 때문에 빙글빙글 회전한다. 이 회전은 낙하속도를 떨어뜨리고 바람이 부는 경우 이 바람을 타고 상당히 먼 거리를 이동할 수 있다. 네덜란드 와게닝덴 대학

그림 2.2.1
렌팅크 교수의 논문이 실린 〈사이언스〉 표지.

의 데이비드 렌팅크David Lentink 교수팀은 2009년 〈사이언스〉에 발표한 논문에서 "단풍나무 씨앗 날개의 비밀은 날개 위에서 발생하는 앞전와류leading edge vortex"라고 밝힌 바 있다.[1] 즉 날개가 회전할 때 소용돌이에 의해서 위쪽의 공기 압력이 낮아져 씨앗 전체가 위쪽으로 힘을 받게 되고 체공 시간이 길어져서 바람에 의해서 멀리 이동할 수 있게 된다는 것이다.

---

1) D. Lentink, W. B. Dickson, J. L. van Leeuwen, M. H. Dickinson, "Leading-Edge Vortices Elevate Lift of Autorotating Plant Seeds", *Science*, Vol. 324, no. 5933, pp. 1438~1440, June 2009.

브라이언 토발스크Brian Tobalske는 2010년에 작은 새들의 비행방식에 대한 연구결과를 발표했다.[2] 작은앵무새는 날갯짓과 날개를 완전히 움츠리는 동작을 반복하는 바운딩 비행bounding flight을 통하여 고효율의 순항비행을 하고, 벌새와 같은 종류는 효과적인 정지비행을 한다. 토발스크는 이러한 비행방식의 관찰 및 분석을 통하여 비행방식이 몸체의 구조, 비행제어, 공기역학과 어떤 관련이 있는지를 연구했다. 그 결과 소형비행체micro-air vehicle, MAV는 벌새와 같은 정지비행과 작은앵무새와 같은 크루즈비행을 하도록 설계하는 것이 효율적이라는 결론을 내렸다. 다양한 형태의 비행에 최적화된 해결책은 로봇 비행체의 날개 자세를 변경할 수 있어야 하고, 날갯짓을 비행속도의 함수로 간헐적으로 멈출 수 있도록 설계할 것을 제안했다. 소형비행체란 길이, 날개 폭, 높이가 모두 15센티미터 이하인 비행체를 말한다. 미국은 이라크 전쟁에 투입한 무인정찰기 Unmanned Aerial Vehicle, UAV가 적의 눈에 잘 띄지 않았다는 것을 알고 크기를 10분의 1로 줄이면 아예 보이지 않으리라고 판단하여 비행체의 크기 기준을 설정했다.

비행이라고 하면 먼저 날개를 생각하게 되는데, 날개 없이 공중을 이동하는 동물들도 있다. 날다람쥐의 경우에는 보통 때는 익막을 집고 있지만, 네 다리를 펼치면 익막이 형성되어 공중에서 10미

---

2) Bret W. Tobalske, "Hovering and intermittent flight in birds", *Bioinspiration & Biomimetics*, Vol. 5, No. 4, Dec. 2010.

그림 2.2.2
날개 없이 익막으로 공중을 이동하는 날다람쥐.

터 정도를 활공할 수 있다. 활공을 위한 막 형태의 비행수단도 없이 공중을 이동하는 동물로 나는 뱀Flying snake, Chrysopelea과 게코도마뱀을 들 수 있다. 나는 뱀은 공중에서 활공 시 몸의 형태를 능동적으로 움직여서 활공자세를 유지하고, 게코도마뱀은 꼬리를 이용해서 활공자세를 조정해 네 발로 착지한다.

효율적인 비행을 위한 자연에 대한 적응은 생물체의 구조 변화에만 제한되지 않는다. 아코스Àkos 연구팀은 2010년에 조류와 무인항공기가 활공효율을 높이기 위해서 공기 중의 열, 즉 대기 중에서 상승하는 더운 공기 기둥을 어떻게 이용하는지를 비교하여 연구했다.[3] 새나 비행체는 따뜻한 상승기류로부터 위치에너지를 획득한다. 문제는 어떻게 상승기류를 찾아내고, 비행효율을 최대화하기 위해서 그 안에 오래 머무느냐 하는 것이다. 아코스 연구팀은 새의 깃털에 내재하는 감각기관은 없지만, 깃털의 모공 주위에 분포하는 각기 다른 종류의 기계적 감각수용기mechanoreceptor를 통하여 날개 전체에 걸쳐 공기 흐름을 감지할 수 있다는 점에 주목했다. 또한 기계적 감각수용기에 의해서 감지된 전체 날개 면적의 압력분포 변화에 의해서 국소적인 상승기류를 감지할 수도 있다. 이 국소적 상승기류 감지 기술을 활용하면 상승기류의 경계지역이나 중심지역을 쉽게 파악할 수 있고 이를 무인 항공기에 적용하면 에너지 효율이 높은 비행을 구현할 수도 있다.

비행원리에 대한 이해

다양한 생물체들이 어떻게 비행하는지를 분석하기 위해서는 각 대상의 비행방식을 실험하고 관찰하는 연구가 필수적이다. 하지만 비행원리를 더 깊이 이해하기 위해서는 비행에 수반되는 물리적인 원리가 심층적으로 연구되어야 한다. 지난 100여 년 동안 비행기의 공기역학에 대한 많은 연구가 진행되어왔고, 그 결과는 비행기의

---

3) Zsuzsa Ákos, Máté Nagy, Severin Leven and Tamás Vicsek, "Thermal soaring flight of birds and unmanned aerial vehicles", *Bioinspiration & Biomimetics*, Vol. 5, No. 4, Dec. 2010.

설계 및 제작에 활용되었다. 하지만 소위 저低레이놀즈 수 효과로 인해 공기역학에 매우 민감한 매우 작은 생물체의 비행에 대한 연구는 아직도 충분히 이루어지지 않았다. 또 한 가지 중요한 점은 비행하는 동물들이 가지고 있는 날개의 구조적 유연성과 형태를 변화시킬 수 있다는 특징이다. 인공 비행체에 자연의 비행기술을 적용하기 위해서는 동력장치의 소형화, 센서 기술의 개발, 재료의 경량화는 물론이고 비행 날개의 유연성 및 형태 변화 능력과 공기역학에 대한 더 심층적인 연구가 수행되어야 한다.

생물모방형 비행체를 개발하기 위해서는 일단 새나 박쥐, 곤충의 비행 메커니즘을 이해해야 한다. 이를 위해 우선 이들의 근육과 골격구조를 파악한 뒤 풍동wind tunnel(인공적으로 공기의 유동을 발생시켜 기류가 물체에 미치는 작용이나 영향을 실험하는 터널형 장치. 비행기, 자동차와 같이 공기의 흐름이 미치는 영향이 중요한 장치의 실험에 사용한다)에서 날려보면서 실제 날개의 움직임을 분석한다. 그 결과 최근 미국 연구팀들은 새들은 날개를 아래로 내리쳐 하늘을 나는 데 필요한 뜨는 힘, 즉 양력을 얻는 데 비해 곤충은 내리치는 것과 위로 치는 것이 절반씩 기여한다는 사실을 밝혀냈다. 벌새는 그 중간 형태로, 양력의 75퍼센트를 날개를 내려치는 데서 얻고, 나머지는 곤충처럼 위로 쳐 얻는 것으로 나타났다. 또 박쥐는 신축성 있는 피부를 활용해 다른 새나 곤충보다 더 큰 각도로 아래로 내리치며 위로 올릴 때는 아예 날개가 접히는 것으로 밝혀졌다. 특히 박쥐는 아래로 내려칠 때 날개와 수평으로 오는 공기의 흐름이 이루는 각도가 새나 곤충보다 커 양력을 쉽게 얻는 것으로 나타났다.

미국 및 스웨덴 과학자들은 10년간의 연구 끝에 박쥐 비행방법의 비밀을 풀어 2007년 5월 11일 〈사이언스〉 발간호에 〈복잡한 항공역학을 수반하는 박쥐 비행에 관한 연구Bat Flight Generates Complex Aerodynamic Tracks〉라는 제목으로 발표했다. 박쥐들은 전진할 때와 위로 올라갈 때 일반 새들과 날갯짓 방법이 다른데, 그 비밀을 풀어낸 것이다. 일반적인 새들의 날갯짓 방법을 보면, 날개를 아래로 내릴 때에는 그만큼의 공기 동력을 얻어 위로 올라 전진하지만, 날개를 위로 올리면 그만큼 전진하는 동력이 떨어져 새들이 아래로 떨어지게 된다. 그래서 새들은 날개를 위로 올릴 때에는 떨어지지 않기 위해 날개의 깃털들을 분리하고 반대 방향으로 바꾸어 공기 사이를 신속하고 자유롭게 비행한다. 그러나 박쥐의 경우 날개를 위로 올릴 때에는 날개를 완전히 뒤집고 뒤로 이동시켜 몸이 수직으로 상승할 수 있도록 하는 새로운 방식으로 비행한다는 사실이 밝혀졌다. 분석 결과 박쥐들의 비행 패턴은 매우 복잡한 것으로 나타났으며 그 방법도 빠르게 날 때와 천천히 날 때 모두 다른 것으로 나타났다. 그러나 가장 독특한 방법은 날개의 전환wing inversion이었다. 날개를 위로 올릴 때 떨어지지 않기 위해 날개를 완전히 180도 뒤집는 것이다. 이러한 비행방식은 매우 좁은 동로를 사유자재로 비행하는 새로운 형태의 비행체의 개발에 활용될 수 있을 것으로 기대를 모으고 있다.

다양한 종류의 생물모방 비행체 개발 연구 사례

2012년에는 미국 공군의 지원으로 스페인의 마드리드 종합기술대학교와 미국의 브라운 대학교의 연구자들이 스마트 재료를 이용하여 박쥐 형태의 소형비행체를 개발했다. 무게가 80그램 정도인 이 비행장치는 형상기억합금SMA, shape-memory alloy으로 만든 인공근육을 가지고 있다. 이 박쥐 형태의 MAV는 실제 박쥐의 날개 운동을 거의 비슷하게 모사하도록 제작되었다. 날개를 아래로 움직일 때는 면적을 최대로 넓혀서 양력을 최대로 하고, 날개가 위로 움직일 때는 날개를 접어서 몸통 방향으로 접어 비행을 하는 것이다. 연구팀은 또한 박쥐 날개의 탄성막 피부를 모사하기 위해서 두께가 0.1밀리미터에 불과하며 길이는 네 배까지 늘어나는 탄성막 재료를 개발했다. 아직까지 자율적인 비행을 하는 단계는 아니지만 이러한 기술들은 머지않은 장래에 박쥐와 유사하게 비행하는 비행체의 출현을 앞당겨줄 것이다.

미국 에어로바이런먼트AeroVironment 사는 무게 10그램 미만의 '벌새로봇Hummingbot 2.0'을 개발하고 있다. 정지비행이 가능하고 공중에서 전후좌우로 자유롭게 이동하는 벌새의 날갯짓을 비행로봇에 적용하기 위해서이다. 몸길이 8.4센티미터로 가장 작은 새인 벌새는 독특한 어깨 근육과 날개 구조를 가지고 초당 60~80회의 빠르기로 날개를 움직이며 효율적인 비행을 한다. 또한 독특한 날갯짓으로 양력과 추진력을 적절히 제어해 비행하기 때문에 다른 새

그림 2.2.3
벌새의 비행방법을 응용한 벌새로봇.

와는 달리 공중에서 정지할 수 있으며 전후좌우로 자유롭게 날 수 있다. 만약 벌새로봇에 카메라를 장착한다면 눈에 띄지 않게 적진을 탐색할 수 있으며 사람이 들어갈 수 없는 좁은 공간이나 위험한 건축 구조물 내부의 정찰도 가능해진다.

미국 하버드 대학교 로버트 우드Robert Wood 교수팀은 MAV 분야에서 주목을 받고 있는 연구팀이다. 연구진은 무게 0.056그램, 날개 길이 2센티미터 남짓한 초소형 '파리로봇'을 개발하고 있다. 아직은 파리로봇에 탑재할 만한 초소형 배터리가 개발되지 않아 길게 연결된 얇은 전선으로 외부의 전원과 연결시켜 동력을 공급받아 비행하는 단계이다. 로봇을 제어하는 장치도 아직 탑재하지 못하고 있다. 파리로봇의 날개를 움직이기 위해서는 일반적인 전기모터 대신에 '압전소자壓電素子'가 사용되는데, 파리 몸통에 전압을 걸면 압전소자에 힘이 발생하고, 그 끝에 달려 있는 양 날개가 움직이게 된다. 로봇은 압전소자를 이용해 초당 120~150회 가까이 날갯짓을 한다. 이때 로봇 무게의 3.5배에 해당하는 힘(양력)이 생기면서 파리가 날아오르게 된다. 아직 실용적인 단계에 이르지는 못했지만 파리의 비행원리를 이용한 MAV 개발은 미래가 기대되는 분야이다.

한편 존스홉킨스 대학교의 연구진은 미국 공군과 함께 다양한 스파이 임무를 담당할 MAV를 개발한다고 알려져 있다. 이 곤충로봇은 인구 밀집 지역인 도시에 쉽게 잠입해서 임무를 수행할 수 있는데, 카메라와 마이크가 장착된 이 로봇은 원거리에서 조종할 수 있도록 되어 있다고 한다. 아직은 실현 단계에 있지 않을지라도 이런 장치는 사람의 피부에 내려앉아 초소형 바늘을 이용하여 DNA 샘플을 채취하는 데 활용될 수도 있을 것이다. 한발 더 나아간다면 초소형 RFID를 이식하거나 적에게 독극물을 주사할 수도 있을 것이다. 한편 이스라엘의 IAI 사는 빌딩 내에서 정보 수집을 할 수 있는 20그램 무게의 나비형 무인비행체를 개발했다. 0.15그램의 카메라를 장착한 이 비행체는 특수 헬멧을 쓴 조종사에 의해서 원격 조정되는데, 조종사는 마치 나비의 조종석에 앉아 있는 것 같은 화면을 보면서 무인비행체를 조종한다.

외국에 비해서는 부족하기는 하지만 국내에서도 몇 개의 연구기관에서 생물모방 비행체 개발을 위한 연구가 활발하게 진행되고 있다. 그중 몇 개의 연구팀에서 진행되고 있는 연구결과를 매우 간략하게 소개한다.

KAIST 항공우주공학과 '스마트 시스템 및 구조 연구실' 한재흥 교수팀은 꼬리날개를 이용하여 안정된 자세로 비행할 수 있는 날갯짓 비행체에 대한 연구를 수행했다. 한 교수팀은 자체 개발한 '날갯짓 비행체 통합비행 시뮬레이션 소프트웨어'를 이용해 날개의 유연성, 날개 운동에 따라 생성되는 공기역학적 힘, 꼬리날개의 움직임 등을 고려해 날갯짓 비행체의 비행궤적을 계산했다. 앵무새와 같은 자연계의 비행체는 날갯짓 운동에 따라 주기적으로 꼬리날개를 움직여 비행할 때 고도의 변화가 적고, 안정된 시야를 확보하기 위해 비행자세각이 일정하게 유지된다. 연구팀은 앵무새와 같이 꼬리를 주기적으로 움직여주는 원리를 적용해 비행체의 비행자세각 변화를 줄이고 안정된 시야를 확보했다. 이를 바탕으로 날갯짓 비행체 SF-2에 위와 같은 새의 비행을 모방한 주기적인 꼬리날개 운동을 적용하여 비행 안정성이 증대됨을 보여주었다.

건국대학교 스마트로봇센터에서는 초소형 비행로봇에 대한 연구를 수행하고 있다. 이 연구소에서는 이미 수년 전에 자동비행과 이착륙이 가능한 정찰용 비행로봇을 자체적으로 개발하여 세계 MAV(초소형 비행체) 대회에서 우승을 하는 등 세계 최고의 기술력을 보유하고 있으며, 새나 곤충의 날갯짓을 모방한 비행체를 연구 개발하고 있다. 건국대는 10여 년 전부터 초소형 비행로봇을 연구 해왔는데, 윤광준 교수팀은 2003년 국내 최초로 13센티미터 길이 의 초소형 비행로봇의 개발에 성공했고, 2005년에는 영상 촬영이 가능한 세계 최소형 비행로봇을 제작하기도 했다. 건국대학교 스마트로봇센터와 주식회사 마이크로에어로봇이 개발한 FM07은 반경 5킬로미터 이내에서 자동이착륙은 물론 GPS 경로 지점 정보를 통해 미리 입력한 경로를 따라 자동비행이 가능하다.

건국대학교 박훈철 교수팀은 2012년 장수풍뎅이를 모방해 무게 10그램 안팎의 초소형 비행체를 개발했다. 연구팀은 풍뎅이가 날아오르는 순간을 초고속카메라로 촬영해 날갯짓을 분석했다. 분석 결과 풍뎅이와 새의 날개 움직임은 크게 달랐다. 새는 날개를 아래로 내려칠 때만 앞으로 가는 힘이 발생한다. 대신 위로 올릴 때는 날개를 자연스럽게 움츠려 빠르게 올린다. 손실되는 추력을 최소화하기 위해서이다. 그러나 풍뎅이는 근육이 없어서 날개를 내렸다 올리는 동작에서 날개를 한 번 비튼다. 공기와 날개가 맞닿는 각도가 비행에 필요한 양력과 추력을 유지할 수 있는 적정 각도가 되도록 바꿔주는 것이다. 연구팀은 풍뎅이의 공기력 중심점을 알아내 날개를 비틀면서도 안정적인 자세로 날아오르는 초소형 비행체를 완성하는 데 성공했다.

서울대학교 기계항공공학부 최해천 교수 연구팀에서는 날치의 날개 형태와 공기역학적인 효율성에 대한 연구와 정지비행 중인 잠자리의 날개 형태 및 비행 메커니즘에 대한 연구를 수행하고 있다. 또한 새가 하늘을 날 때 날개의 깃털을 들어 유동저항을 줄이는 데 주목하여 차 뒷부분에 새 깃털을 모방한 장치를 달아 유동저항을 줄이는 연구를 수행했다. 공기 흐름과 날개의 넓은 면이 이루는 각 (받음각)이 클수록 날개 뒤에 유동저항이 크게 발생해 비행속도가 줄어든다. 이때 새는 본능적으로 깃털을 위로 든다. 위로 들린 깃털은 유동저항을 줄이며 뜨는 힘(양력)을 높여 속도를 유지한다. 최신 차량에는 이미 '디플렉터PMD'라는 유동저항 제어장치가 붙어 있는데, 이 장치는 고속주행 시 저항을 줄여주지만 저속 주행에서는 오히려 저항을 높인다. 연구팀은 수동으로 움직이는 PMD를 고안하여 저속 주행에서는 자동차 뒷면에 붙어 있다가 유동저항이 늘어날 때만 작동하도록 했다.

맺음말

인간이 비행에 대한 관심을 가진 이후로 많은 기술의 발전이 이루어졌다. 100여 년 전에 최초 비행이 성공한 이후 사람을 태우는 항공기를 위주로 많은 기술 발전이 이루어져왔는데 최근까지 기본적인 비행원리는 크게 변하지 않았다. 이미 정찰, 무인공격 등의 군사적인 목적으로 사용되는 소형 비행체가 개발되기는 했지만 이 또한 전자기술의 발전에 의한 것이지 기본 비행원리는 변하지 않았다.

최근 들어서 식물과 동물의 비행 형태를 모방하는 비행체를 개발하고자 하는 시도는 동력원의 경량화, 센서 기술의 발전, 재료의 경량화 및 유연화, 곤충을 포함하는 동물들의 비행 메커니즘의 이해에 힘입어 급격하게 발전하고 있다. 하지만 생물모방형 MAV가 실현되려면 아직도 넘어야 할 산이 많다. 우선 에너지 효율이 회전날개형이나 고정날개형에 비해서 현저히 낮다. 새의 날개에는 수십 개의 관절이 있고 날개 자체에 유연성이 있어서 효율적으로 날갯짓을 할 수 있지만, 로봇 날개로는 그 정도의 효율성을 구현하지 못하기 때문이다. 아직도 실용화를 위해서는 더 많은 노력이 필요하지만 가시적인 성과를 보여주는 연구결과들이 많이 나오고 있는 실정이다. 다만 그 응용 분야가 군사적인 목적에 많이 집중되어 있는 것이 아쉬운 점이다.

　　국내에서도 더 많은 연구자들이 생물모방 비행기술 분야뿐 아니라 다른 생물모방기술 연구 분야에 뛰어들어 이 분야의 기술을 선도하고, 미래 경제 패러다임인 '청색경제'의 구현에 큰 역할을 담당하기를 기대한다.

얀 니퍼스

베를린 공과대학에서 토목공학을 전공한 후에 독일 슈투트 가르트 대학 건축 구조물 및 구조 설계 연구소와 뉴욕의 니퍼스 헬빅 어드밴스드 엔지니어링 사무소에서 일하고 있는 구조공학자로, 생물모방기술 컴피턴스네트워크에도 관여하고 있다.

토머스 스펙

생물의 기능형태학과 생물모방기술을 담당하는 프라이부르크 대학 생물학 교수이자 식물원의 책임자이면서, 생물 모방기술 컴피턴스네트워크 의장을 맡고 있다.

번역: 백이호

서울대학 토목공학과를 졸업했고, 현대건설에서 해외현장 소장으로서 교량, 항만 등의 건설에 참여하다가 은퇴하여 《멋진 다리위의 세상》(2009), 《말레이시아에 대한민국을 심다》(2010), 《홍콩트랩》(2011) 등을 집필한 바 있는 토목공학 기술사이자 논픽션 작가이다.

3

자연에서 배우는 건축 설계와 건설 시공원리[1]

얀 니퍼스·토머스 스펙
번역: 백이호

건축가들과 건설 시공의 대가들은 생물영감, 또는 생물모방 기술 이라는 용어가 사용되기 오래 전부터 이미 영감의 원천으로서 자연 을 이용해왔다. 건축가들이 자연의 다양한 모습과 형태를 그들의

1) 이 글은 구조공학 교수인 얀 니퍼스와 생물학 교수인 토머스 스펙이 독일연방정부 교육 연구원의 자금지원을 받고, '생물모방기술 컴피턴스네트워크'의 자문을 받아서, 2012년 2월에 공동 저자로 발표한 논문을 번역해 일반 독자들이 이해하기 쉽게 펴낸 것이다.

이 글은 새롭게 탄생한 과학 분야인 생물모방기술이 건축 분야에 새롭게 불어넣어 줄 수 있는 통찰력에 대해 집중적으로 다루고 있다. 식물의 탄성적인 움직임에 바탕을 두어 변 환이 가능한 구조물을 만들어낸 사례연구를 그 근거로 삼으면서 건축적인 방법론과 생물 학적인 방법론을 모두 분석하여, 이 두 가지를 연결하고 있는 중요한 양상들을 보여준다. Design and Construction Principles in Nature and Architecture by Jan Knippers and Thomas Speck, BIOINSPIRATION & BIOMIMETICS, Vol. 7, 16 Feb. 2012. Translated and reproduced by permission of IOP Publishing.

작품에 직접 옮겨 이용한 역사는 엄격한 기하학적 질서에 따라 바꿔어왔다. 한때 기술적인 기능주의와 그에 수반되는 포스트모던 건축이 유행하던 시대가 있었지만, 오늘날의 건축은 다시 한 번, 자연에서 직접 발견된 형태를 어느 정도 반영하여 유려한 공간을 확보하는 방식으로 건축미를 추구하고 있다. 아직 생겨난 지 얼마 되지도 않았으며, 또 건축과는 무관해 보이는 과학 분야에 속하는 생물 모방 기술이 건축 분야에서 새로운 지평을 열어줄 수 있을까? 이런 새로운 가능성을 살펴보기 위해서는, 기능적인 측면에서 뿐만 아니라 방법적인 측면에서도 폭넓고 깊은 시각으로 건축과 자연을 심도 깊게 분석하고 비교해보아야 한다. 스티브 제이 굴드Stephen Jay Gould 와 리처드 르원틴Richard Lewontin의 1979년 논문에 의하면, 단지 건축가뿐만 아니라 생물학자들까지도 건축 설계에 적극적인 관심을 보이면서, 이러한 논의에 깊이 관여하고 있음을 알 수 있다.

건축 설계와 생물 진화는 비결정론적인 과정이다. 생물 진화와 건축 설계는 모두 지속적으로 변화하고 적응하는 과정의 일부로서, 평가기준과 개발목표를 새롭게 만들어간다. 이러한 측면에서 생물학과 건축은 대부분의 엔지니어링 과학과는 다르다. 일반적으로 엔지니어링 과학에서는 경계조건과 목표 기능이 고정되어 있으므로, 명확하게 정의되어 있는 개별적 기능을 최적화하는 데만 집중하면 된다. 한편, 건축에서는 에너지와 재료의 소비를 최적화할 때의 사례에서처럼 양적인 최적화를 달성하려면, 가장 쉬운 경우에도 몇 가지 기술적이며 또 경제적인 매개변수들을 고려해야만

한다. 그러나 이러한 방식에서도, 성공적이며 지속가능한 건축물을 만들어내기 위해 필수적인 미관, 공간, 도시, 사회적 품질 같은 중요한 특성을 종합적으로 평가할 수 있는 길을 찾아내기는 매우 어렵다.

로우Rowe와 스펙Speck의 2004년과 2006년의 논문에 의하면, 생물유기체는 진화의 과정에서 선택과 상호작용을 통해 다양한 기능을 갖춘 해결책을 스스로 개발함으로써 지속적으로 변화하는 환경에 적응할 수 있도록 자신의 특성을 변화시켜간다. 그 결과, 부분적으로 서로 다른 요구조건들을 만족시키도록 조정이 일어난다. 이러한 맥락에서, 생명체는 '진화의 의무'를 짊어지고 살아가고 있다고 할 수 있다. 생명체에서는 항상 선대로부터 물려받은 구조(독일에서는 'bauplan'이라고 함)와 그들이 지니고 있는 각 기능을 바탕으로 혁신적인 진화가 이루지고 있기 때문이다.

생명체가 진화의 모든 단계에서 성공적인 기능을 발휘하는 데 있어서 물려받은 구조를 바탕으로 해야 하기 때문에, 최적화를 담당하는 대리자로서 자연선택의 잠재력은 제한을 받게 된다. 정적인 제한조건들을 고려해야 하는 건축 설계에서도 건축적으로 형상화할 수 있는 자유의 정도는 제한된다. 이러한 관점에서 건축과 생명체의 진화과정 사이에 유사한 점들을 찾아볼 수 있다. 즉 자연진화의 적용이 생물유기체가 물려받은 구조에 이미 결정적으로 내재되어 있는 '건축적인' 한계 때문에 제한된다는 점은 건축 설계와 비슷하다. 오늘날 현대적인 건물들이 충족시켜야 할 요구조건들은 매우 복합적이며, 가끔은 서로 갈등을 일으킨다. 그리고 그 건물들은 사용되고 있는 동안에 활용성, 경제성, 그리고 생태상의 요구조건들에 맞추어 계속 적응해나가야 한다. 지난 수십 년간 새롭게 생겨난 생태상의 요구들이 추동력이 되어, 재료의 개발과 자동화를 포함한, 최고조로 진화된 건축기술이 개발되었음에도 불구하고, 이러한 기술은 전통적인 건축 개념에 통합된 하나의 독립된 요소로만 취급되었다.

새로운 구조와 기능을 갖추고 생태학적으로도 효율성을 높인 건축물에 대하여 전체론적으로 접근하기 위해서는 더 많은 분야를 망라해야 한다. 이 때 중요한 점은 과학적인 지식의 수준에서뿐 아니라 방법론적 수준에까지 이르는 분야 간의 연구결과를 효율적으로 교환하는 일이다. 독립된 개별적인 현상을 보여줄 뿐 아니라, 새로운 기술과 방법론의 전략까지 전달해주기 때문에, 이러한 면에서 건축가나 토목공학자들은 생물학에 대해 특별한 관심을 쏟아붓고 있다.

자연과 건축에서의 설계와 건설 시공

앞에서 살펴본 유사성 이외에 건축과 생물학의 근본적인 차이점들도 확인할 수 있다. 건축가와 공학자들은 이러한 차이점들을 살펴봄으로써 그들의 시각을 변화시키고 그 가능성을 더 크고 넓게

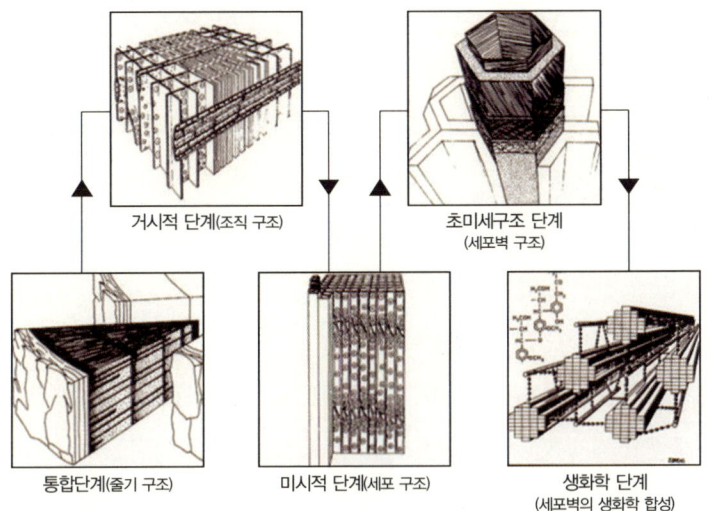

거시적 단계(조직 구조)

초미세구조 단계
(세포벽 구조)

통합단계(줄기 구조)

미시적 단계(세포 구조)

생화학 단계
(세포벽의 생화학 합성)

그림 2.3.1

소나무 줄기에 있는 하나의 예에서 볼 수 있는, 식물의 줄기에서 볼 수 있는 다섯 가지 다른 구조의 계층적 단계들. 이는 1조 단위까지 망라할 수 있다.

확장할 수 있을 것이다.

생물학과 건축이 다루는 구조물에만 국한하여 살펴본다면, 그것들은 구조 설계 측면에서 서로 상반되는 원칙을 지니고 있다. 건축과 토목공학에서는 '재료'와 '구조'라는 두 가지 범주 안에서 건설 시공을 정의한다. 오늘날 건설 현장에서는 계층 조직적인 프로세스를 통해 구조물을 설계한다. 그 첫 단계는 하중–지지력 시스템load-bearing system을 선택하는 것에서 시작하는데, 이러한 선택은 분석과 시공방법을 통해 초기에 미리 분류되어 있는 제한된 선택 범위(예를 들면 들보, 트러스, 벽체, 상판, 아치 등) 안에서 이루어진다.

이러한 지지 시스템은 매우 유사한 형태를 유지하면서, 제2단계에서 선택된 다른 재료들(예를 들면 철재, 목재, 석재 또는 콘크리트 등)을 사용하여 실현된다. 그러나 자연 구조물은 돌연변이, 재조합, 선택을 통해 이루어지는 거의 무한대의 다양성을 바탕으로 형성된다. 그들은 일반적으로 다섯 내지 일곱 단계의 계층 조직적 구조를 보여준다. 그 숫자는 1조까지 확장될 수도 있다.

소나무과에 속하는 한 나무의 줄기는 (최소한) 구조가 다른 5가지의 계층 조직적 단계를 가지고 있다. 그림 2.3.1 1조에 이르는 이 각각의 계층조직적 단계에서 기능에 따라 서로 다른 중요한 줄기의 고유한 특성이 변할 수도 있다. 그 특성들로서는 강성과 진동의 제동 및 프리스트레싱 같은 역학적인 것들을 포함하여, 물과 동화된 수송, 영양분의 저장, 반작용에 의한 수목의 적응 성장, 자기치유, 단열작용 등을 예로 들 수 있다.

역학적 특성은 여러 단계에서 영향을 받는데, 예를 들면 생화학적 단계에서는 섬유소와 목질소의 비율에 따라, 초미세구조 단계에서는 섬유소를 구성하는 미소섬유의 각도에 따라, 미시적 단계에서는 세포의 벽두께와 세포벽 벽공의 분포에 따라, 거시적 단계에서는 춘재春材와 추재秋材의 비율에 따라, 총체적인 단계에서는 목재 부산물의 양에 따라 그 특성이 달라진다.

커다란 유기체로부터 가장 작은 분자의 성분에 이르기까지, 각 구조적인 요소는 유사한 구성성분으로 만들어진 더 작은 하부구조

로 구성되어 있다. 이와 같은 이유로 자연 구조물의 형성을 '재료'
와 '구조'라는 두 가지 범주로 분리하는 것은 불가능하다. 그림 2.3.1

　건축에서 매우 중요하게 여기는 '구조'와 '형태'라는 용어에 대해
서도 똑같은 논리를 적용할 수 있다. 서로 다른 구성요소들이 보온장
치, 공간 분리, 건물 서비스, 하중 전달 등의 각종 기능을 맡아 처리
하고 있다. 결과적으로 하중을 지지하는 '구조'와 공간의 모양을 만
들어내는 건물의 '형태'는 기능면에서 분리되어 있다. 형식적인 미관
을 중시하는 건축의 경우에는 기하학적인 '형태'가 '구조'의 기하학
과 관련되어 있지 않을 때도 있다.

　그러나 자연 구조물에서 기본적인 구성성분들은 그 구조물을 지
지해주는 기능뿐 아니라 화학반응을 촉진시키고 분자가 보내는 신
호를 인지하는 물질을 포함하고 있다. 기능적인 필요조건을 만족시
킬 수 있는 단수의 기초물질로 구성된 '구조'에 의해 흔히 '형태'가
만들어진다.

　공학적인 관점에서 자연 구조물을 분석해보면, 대부분 꼭 필요한
만큼만 적은 숫자의 가벼운 원소들(탄소, 수소, 산소, 질소, 인, 유황,
칼슘 등)과 단백질, 다당류, 지방질, 핵산 등과 같이 소수의 중합체
물질 집단으로 구성되어 있음을 알 수 있다. 개별적인 세포들은 조
직을 형성하며, 그 조직들은 서로 결합하여 기능이 다른 '유기체'를
만들어낸다. 자연 구조물은 대부분 등방성 等方性이 아니며, 방향성
에 의존하는 성분인 섬유소나 또는 콜라겐 같은 섬유로 구성되어
있어 다른 궤도들을 결합하고 섬유 밀도의 틈을 메워서, 정교하게

자연에서 배우는 건축 설계와 건설 시공원리

조절된 많은 구조물의 특성을 얻어낸다.

또한 합성을 위해 부분적인 조정을 하는 데 있어 화학적 또는 구조적으로 서로 다른 성분들이 중요한 역할을 한다. 예를 들면, 곤충들의 연속적인 외부 얼개는 단백질 세포간질에 묻어 있는 키틴 섬유(다당질)로 만들어진다. 이러한 복합적인 재료가 지니고 있는 화학적, 구조적, 역학적 특성은 큰 폭으로 변할 수도 있으며, 그래서 곤충들의 몸 부위에 따라서 부분적으로 적응하는 기능들이 허용된다. 이처럼 자연에 의해 형성된 구조물은 기하학적, 물리적 그리고 화학적으로 분화된 소수의 기초성분들로 구성되며, 이러한 측면에서 대부분의 건설 시공과는 기본적으로 차이가 있다.

건축은 골조는 강재, 외장재는 유리, 그리고 설비는 다른 플라스틱들을 사용하는 등, 매우 분화된 재료와 기능적인 성분으로 구성되어 있다. 그렇게 기하학적으로 단순하게 분화시킴으로써, 필요한 재료들을 더 쉽게 조립하여 원하는 건축물을 완성할 수 있다.

이 대목에서 3조 8천억 년 동안에 걸쳐 진화를 거듭해온 자연의 형태학적 모양과 기능원리를 활용하여 구조적, 기능적, 생태학적으로 효율적인 건축 구조물을 건설할 수 있는지에 대해 의문이 생길 수 있다.

건축물 시공의 패러다임 변화

수년 전까지만 해도 가능한 한 많은 똑같은 부품들을 준비해서 가장 단순한 공법으로 건축물을 조립하는 것이 하나의 건축 양상이었다. 이러한 방식은 지난 10년 사이에 컴퓨터를 사용하는 제작 공정을 통해 극적으로 변했다.

이를 잘 보여줄 수 있는 다음의 예를 살펴보자. 미국의 환상적인 발명가 벅민스터 풀러Buckminster Fuller 는 50년 이상을 측지선 돔geo-desic deome 의 기하학적 법칙에 대해 깊이 연구해왔다. 그의 목표 중 하나는 구형의 외곽 틀 구조를 조립하는 데 있어서, 가능한 한 더 많은 똑같은 보와 마디 요소들이 나오도록 분화시킬 수 있는 기하학을 발전시키는 것이었다. 그는 하나의 구球를 규격이 동일한 스무 개의 삼각형으로 분리하고, 각각의 삼각형을 다시 또 하나의 규칙적인 삼각형 모양의 망網으로 나누는 방식으로 목표를 달성했다. 다른 모든 마디들은 여섯 개의 부재를 사용해 지지하는 규칙성을 유지하고 있지만, 그와는 다르게 대형의 구면 삼각형의 귀퉁이 점들에서는 특수마디들을 연결하기 위해 불규칙적으로 다섯 개의 부재들을 사용하는 경우도 생긴다. 그림 2.3.2(a)

그러나 최신 컴퓨터를 이용한 제작 기술인 CAM이 개발되면서 이러한 배치는 더 이상 필요하지 않게 되었다. 즉, 연결 부위를 잘 깎아서 결합을 맞추는 것은 더 이상 중요하지 않고, 생산공정에도 영향을 미치지 않는다. 최근에는 수천 개의 서로 다른 막대기와 마디로 구성된 수많은 격자형 구조들이 큰 비용 부담 없이 생산되고 있다. 이 방식을 사용하면 설계 과정이 자유로워진다. 풀러와 그 당시의 다른 설계자들이 둥근 지붕이나 또는 원통과 같이 규칙적인 기하학적 구조만 제한적으로 설계할 수 있었던 때와는 환경이 크게

| (a) | (b) |

그림 2.3.2

(a) 1967년, 몬트리올의 측지선 돔(벅민스터 풀러), (b) 프랑크푸르트 차일 그리드 쉘(엠 푹사스와 니퍼스 헬비그)

달라졌다. 즉, 오늘날 활용되고 있는 격자형 외곽구조는 기능적이며 또한 미학적인 요구들을 만족시키면서 어떠한 기하학적 구조에도 모두 적용할 수 있다. 그림 2.3.2(b)

1990년대 중반에 들어 강재 막대기와 유리판으로 구성된 이러한 격자골조 구조의 도입은 강재를 사용하는 건설산업에서 디지털 설계와 생산을 연계시킨다는 의미에서 중요한 역할을 했다. 또한, 콘크리트와 목재를 사용하는 다른 건축 기술에서도 점차 유사한 혁신이 이루어졌다.

이를 잘 보여주는 예가 슈투트가르트 대학교 건축도시계획과에 소속된 컴퓨터 이용 설계연구소(아힘 멘게스Achim Menges 교수)와 건

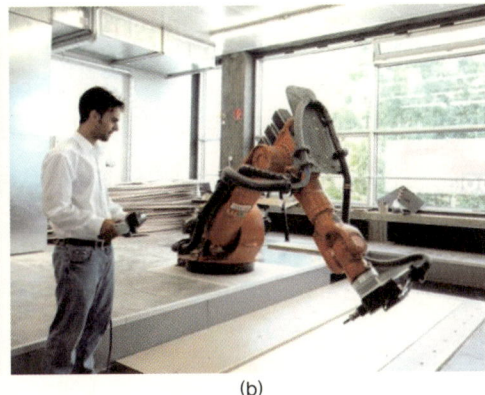

(a)   (b)

그림 2.3.3

(a) 컴퓨터 이용 설계연구소/건축 구조물 및 구조설계연구소 전시관(2010), 슈투트가르트 대학
(b) 합판조각의 디지털 제작

축 구조물 및 구조설계연구소(얀 니퍼스Jan Knippers 교수)에 속한 회원들이 많은 학생들의 도움을 받아 2010년에 세운 연구전시관이다. 이 구조물은 전체적으로 6.5센티미터 두께의 자작나무 합판조각이 지니고 있는 탄성의 휨 거동elastic bending behaviour 을 이용해 만들어졌다.

그림 2.3.3에서 볼 수 있는 것처럼, 합판조각들을 기계적으로 처리해 평면적으로 제작한 후에, 이미 결합되어 있는 아치 시스템에 연결했다. 그리고 그것들을 방사상 모양으로 배치하고, 스스로 균형을 잡아가는 아치 시스템과 연결해서 최종적으로 큰 쇠시리 모양의 전시관을 설계했다.

자연에서 배우는 건축 설계와 건설 시공원리

구조물의 높이를 줄였기 때문에 결합 아치 시스템의 연결지점에서 부분적으로 강성이 약화될 수 있다. 이러한 부분적인 지점들 때문에 전체 전시관의 구조적 수용능력이 감소되는 것을 방지하기 위해 조각들 사이를 연결하는 약한 연결지점들의 위치를 구조물의 전체에 걸쳐 분산시켜 놓았다. 그 결과 기하학적으로 특이한 500개 이상의 부품들이 모여 80개의 다른 조각 패턴을 형성하게 되었다.

이러한 구조물이 현실화될 수 있었던 것은 컴퓨터를 이용한 설계와 모의시험 및 제작 과정을 지속적으로 반복하여 실시할 수 있었기 때문이다.

이 전시관의 설계와 건설이 생물학적인 역할 모델에서 직접적인 영감을 받은 것이 아니라 할지라도, 불가피하게 자연 구조물을 생각나게 한다. 왜냐하면 이 구조물에서 사용된 주요한 혁신적 원리들은 자연에서 흔히 발견할 수 있는 것들로서, 한 가지 기질의 재료를 사용하며, 균일한 판板 형상의 기하학적 구조를 필요한 만큼 분화시켜서 대형의 탄성표면 변형을 허용하는 구조물을 만들어내는 일반적인 건설시공의 원리와 본질적으로 같은 것이기 때문이다.

이러한 사례들은 자연의 역할을 모델로 삼아 연구하는 데 디지털 모의시험과 계획 및 생산 프로세스들을 통해 접근할 수 있는 새로운 방법들을 개척하고 있음을 보여준다. 불과 수년 전과 비교해볼 때 오늘날은 자연에서 배운 지식들을 건설 엔지니어링에 적용하기 위하여 필요한 기술적인 요구조건들이 훨씬 더 많이 보급되어 있다.

그래서 건축가들과 엔지니어들이 생체모방기술에 대하여 연구하는 일이 과거 어느 때보다 지금 더 타당해졌다고 할 수 있다.

건축에 적용되는 자연 설계의 원리들

자연계의 중요한 특성 중의 하나는 기본 구성요소들이 다층 구조로 세밀하게 조율되고 또한 분화되어 있다는 것이다. 바로 이 점 때문에 구조물은 다수의 망으로 짜인 특징적인 기능을 수행할 수 있다. 이러한 설계 원리들이 아직은 건축에서 일반적으로 이용되지 못하고 있으며, 그나마 굳이 찾아본다면, 아주 기초적인 형태에만 국한되어 있는 실정이다. 그것들을 분류한다면 다음과 같다.

■ 이종 : 자연 건설에서는 그 요소들의 기하학적 분화에 의해 각각의 특징이 나타난다. 이미 설명한 바와 같이, 디지털 설계와 제작 과정의 도입되면서 건축 구조물에서 시도해볼 수 있는 기하학적 분화의 수준을 높일 수 있게 되어, 자연에서 배운 형태학을 건축에 적용할 수 있는 수단이 마련되었다. 자연 구조물에서는 각 부분에 적응하고 있는 물리적 또는 화학적 성분들로 인하여 그 특징이 나타난다는 점도 추가적으로 거론되고 있다. 최근 재료 연구에서는, 콘크리트의 경우에 열전도율을 높이기 위해 공극이 높은 재료가 필요한 반면에 물리적인 하중 지지율을 높이기 위해서는 공극이 낮은 재료가 필요하기 때문에, 원하는 목표 기능에 맞추어 콘크리트의 공극을 관리한다. 이처럼 각 부분에 따라 서로 반대되는 다른 요구조건들을 만족시킬 수 있는 재료 즉, 소위 기

능경사 재료에 대해 관심이 높아지고 있다. 그러나 건설 시공 현장에서 기능경사 재료들을 도입하는 것은 아직 현안의 문제로 남아 있다.

■ **이방성** : 많은 자연 구조물은 섬유보강 복합재료로 구성되어 있다. 마찬가지로 건축에 필요한 최신의 고성능 재료들도 점증적으로 이방성의 섬유보강 기술 원리에 기초해 개발되고 있다. 현재 기술 개발의 추세는 스트레스, 특히 하중이 집중되는 지점들 주변의 스트레스와 관련되는 제작 기술에 관심이 쏠려 있기 때문에, 자연의 역할을 모델로 한 연구에서 많은 유용한 제안들이 나올 수 있으리라 기대된다.

■ **계층 구조** : 생체 구조의 특징은 아주 작은 미시적 규모에서부터 매우 큰 거시적 규모에 이르는 다단계의 계층 구조로 되어 있다. 각 계층은 유사한 분자 구조로 되어 있으나, 한편으로는 그 성분들이 이질적이며, 어느 선에서는 독립적인 기능을 발휘하면서 적응력을 나타낸다. 그림 2.3.1

반면에, 건축 구조물들은 전혀 다른 방식의 계층 구조를 보여준다. 즉, 최대의 강도와 제작 편의성을 위해 각기 다른 최적의 재료들을 사용하되 단면을 최적화한 들보 같은 부재들을 사용하여 최대의 효율을 낼 수 있도록 최적화된 정적 체계로 구성되어 있다. 즉, 건축과 토목공학에서는 자연 구조물의 계층 구조 개념을 아직 개발해 활용하지 못하고 있다.

　무거운 하중을 받는 구조물에 접근하는 현행의 방식은 소수의 특정한 구조적 요소를 사용하는 정적 체계에서 벗어나, 기능면에서 여유를 높여주는 방향으로 변화되고 있지만, 아직은 생체에서 발견된 다단계 계층 구조의 개념을 적용하여 얻을 수 있는 이점과 가능성을 제대로 활용하지 못하고 있는 실정이다.

■ **다기능성** : 식물섬유는 물리적 기능과 다양한 생리적 기능을 동시에 수행할 수 있다. 현행의 연구는 단수기능을 수행하는 성분들을 통합하여 다기능 재료 시스템으로 만드는 데 중점을 두고 있다.

　예를 들면, 센서와 발동기들을 통합하여 항공기의 복합 구조물로 만드는 일, 또는 건물 외면에 나타난 요소들 중에서 에너지의 발전, 송전과 보관을 가능하게 하는 요소들을 통합한 구조물을 만드는 일들이다. 이처럼 균일한 구성의 구조로 다양한 기능을 수행할 수 있다는 맥락에서, 아직 건축과 공학 쪽에서 자연 구조물을 제대로 반영한 시스템이 활용되고 있지는 못하다.

　물론 이 분류방식이 완전한 것은 아니며, 여분의 기능성 및 적응성과 같은 원리를 더 상세하게 설명함으로써 널리 확장될 수 있을 것이다.

변환 가능한 구조물들에 대한 사례연구

소위 구조물들의 '움직임'이라는 선택된 기능성에 바탕을 두고, 생물모방기술이 특정한 설계 문제들에 어떻게 활용되는지 분석해 보자.

이 문제에 관한 질문들은 이 글의 공동 저자인 얀 니퍼스가 '슐라이히 베르거만 & 파트너Schlaich Bergermann und Partner'라는 회사를 대표해 현장의 설계 책임자로 근무하면서, 독일 키엘 호른Kiel Horn에 있는 세 조각으로 접히는 바스큘 교량(가동교)Bascule Bridge그림 2.3.4 처럼 움직이는 구조물의 건설에 대하여 여러 해에 걸쳐 연구하여 밝혀지게 되었다.

이 교량은 수많은 밧줄과 윈치 및 롤러로 구성된 복합적인 케이블 시스템을 이용해 움직이는데, 모든 방향에서 동시에 불어오는 바람을 견딜 수 있도록 교량의 위치가 반드시 안정적이어야 했다. 기계들의 원활한 작동뿐 아니라 주변에 있는 부두 크레인들의 미관까지 모두 고려하여 적용하는 것이 교량 건설의 의도였다. 그러나 이 교량은 참조할 만한 다른 어떠한 프로젝트나 또는 본보기도 없이 건설 및 시공해야 하는 독특한 구조물이었다. 이는 심도 깊은 시험 운행과 다양한 규모의 본보기를 이용하여 주변에 있는 크레인들을 개발해가는 일반적인 산업기계의 설치 사례와도 달랐다. 사실상 대다수의 건축 구조물들이 이런 방식으로 건설된다. 이러한 접근방식을 실제로 적용하면 골칫거리들이 생길 가능성이 높으며, 그렇게

그림 2.3.4
접히는 교량 킬(1998). 폰 게르칸 마르그와 파트너, 슐리이히베르거만 & 파트너.

발생한 문제점들은 완공된 후에야 그 대상물에 대해 지겨울 정도로 많은 실험을 통해서 해결할 수 있다.

이때 발생하는 문제점은 움직이는 건축 구조물들이 필연적으로 가지고 있는 복합성을 과연 어떻게 감소시킬 수 있느냐는 것이다. 이러한 상황에서는 결국 자연의 역할을 모델로 삼아 연구하는 수밖에 다른 도리가 없다는 결론에 도달하게 된다. 특히 식물은, 그림 2.3.4에서 볼 수 있는 보통의 기술적인 해결책과는 완전히 반대되는 혁신적인 답을 제공한다.

많은 식물들의 기관은 특정한 기계적인 요소의 도움 없이 그 구성성분들이 각 부분에 따라 적응하고 순응하는 유연성을 가지고 움직이는데, 이 움직임은 자율적인 것과 자율적이지 못한 것으로 구분할 수 있다.

능동적이면서 자율적인 동작들의 특징은 팽압膨壓의 변화로 움직이는 엽침葉枕과 같은 운동기관에서 찾아볼 수 있다. 수동적이면서 자율적인 동작들은 건조작용에 의해 휨이 생기는 경우처럼 물리적인 환경 변화에 의해 일어난다. 한편, 자율적이지 못한 동작들은 외부의 자극이나 또는 직접적인 물리적 힘을 가해서 식물들이 가지고 있는 에너지를 방출하도록 하여 발생하며 대부분 원래대로 복원될 수 있다. 그림 2.3.5와 그림 2.3.6의 '아래로 향하는 생물모방기술 연구 절차'를 설명하는 좋은 예가 된다.

다양한 식물들을 검사한 결과, 극락조화의 움직임이 적절한 동력학적 법칙에 따르고 있음을 확인했다. 극락조화는 꽃가루받이를 해

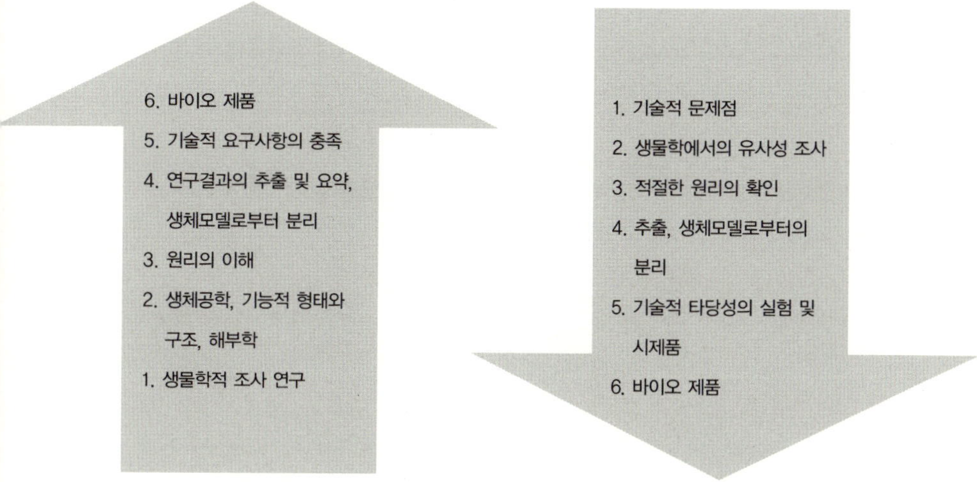

6. 바이오 제품

5. 기술적 요구사항의 충족

4. 연구결과의 추출 및 요약,
   생체모델로부터 분리

3. 원리의 이해

2. 생체공학, 기능적 형태와
   구조, 해부학

1. 생물학적 조사 연구

(a)

1. 기술적 문제점

2. 생물학에서의 유사성 조사

3. 적절한 원리의 확인

4. 추출, 생체모델로부터의
   분리

5. 기술적 타당성의 실험 및
   시제품

6. 바이오 제품

(b)

그림 2.3.5 생물모방기술 연구 과정의 순서

(a) 아래에서부터 위로 향하는 연구 과정(생물학적 연구결과를 바탕으로 기술문제해결하기)

(b) 위에서 아래로 향하는 연구 과정(기술문제해결을 전제로 생물학적 연구 시작하기)

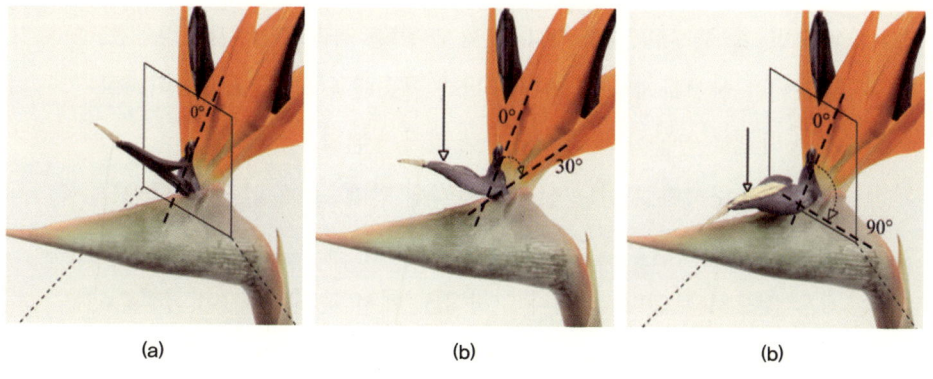

(a)　　　　　(b)　　　　　(b)

그림 2.3.6. 동력학적 시스템에 의해 발생하는 극락조화의 탄성변형

화살표가 가리키는 방향으로 물리적 힘이 가해졌을 때, 잎 집 모양의 횃대가 열린다.

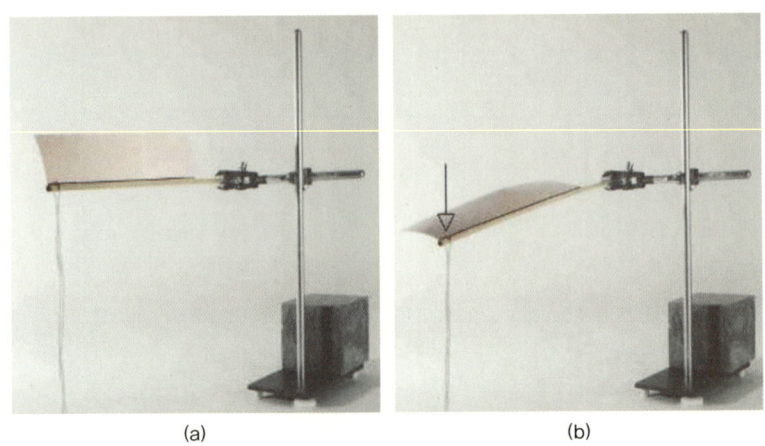

그림 2.3.7
극락조화의 동력학 시스템 연구결과에서 추출하여 첫 단계로 만든 단순하고 실질적인 모델.

주는 새가 앉을 수 있도록 횃대 역할을 하는 수술이 붙어 있는 두 장의 잎을 가지고 있다. 새가 꽃의 꿀을 빨아먹기 위해 이 횃대에 앉으면 그 무게로 인해 횃대가 휘게 된다. 동시에 꽃잎의 잎몸은, 평소에는 안전하게 숨어 있던 꽃밥과 암술대를 연다.그림 2.3.6 이러한 휨 동작으로 잎몸이 세로 방향으로 펴지게 된다.

　횃대를 구성하고 있는 섬유로 보강된 엽맥葉脈과 잎집 및 날개들의 배치를 공학적으로 구현하려면 처음부터 꽤 복합적인 설계가 필요할 것으로 보인다. 그러나 그림 2.3.7에서 볼 수 있는 것처럼, 포핑가Poppinga와 린하드Lienhard는 단계적으로 추출한 연구결과를 들보에 부착되어 있는 얇은 외피로 구성된 단순한 기계장치로 변환시

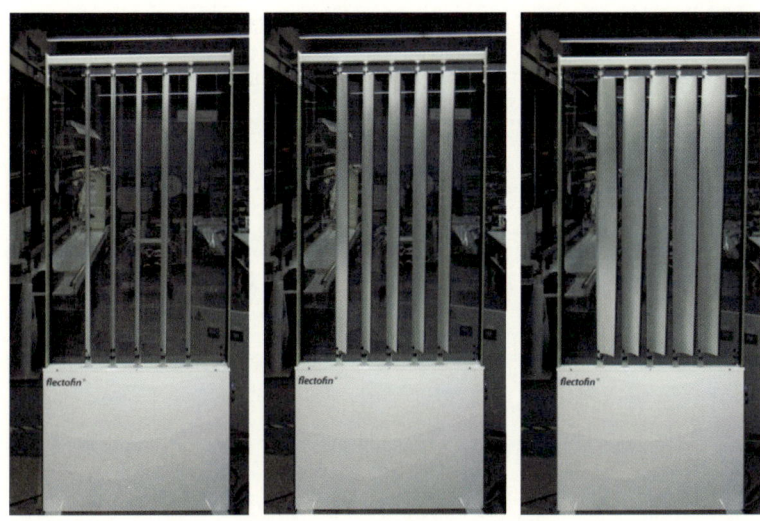

그림 2.3.8

산업계 파트너인 클라우스 마키센과 합작하여, 플렉토핀에 바탕을 두어 만든 외면 차양 시스템의 본보기.

켜서 탄성적인 동력학의 원리를 자세하게 설명하고 있다.

부착된 보가 단축이기 때문에 휨 현상이 생기고, 그래서 얇은 외피는 균형을 유지하려 휘어지는데, 이것이 비대칭 휨 동작이다. 엔지니어들은 이러한 비틀림 좌굴현상에 대하여 잘 알고 있으며, 구조 설계를 할 때는 이것을 하나의 실패 현상으로 간주하여 정적으로 확인하는 작업을 통해 방지 대책을 세우고 있다. 반면에 자연은 이러한 원리를 이용하여 특정한 기능을 수행할 수 있게 한다.

처음에 만든 실제 모델들과 수많은 모의시험들을 바탕으로 하여,

그림 2.3.8에 보이는 '플렉토핀Flectofin'이라 부르는 외면 차양 시스템 모형이 개발되었으며, 이는 특허도 얻어냈다.

'플렉토핀'의 박막들은 온통 섬유유리보강 플라스틱으로 구성되어 있고, 직선의 회전축을 없애고 휘어 있는 배면골조를 사용하여 시스템이 작동되며, 또한 곡선 구조로 되어 있는 외면에 적응할 수 있도록 했기 때문에, 휨 강성은 낮아지면서 인장력의 강도는 높아져서 큰 탄성변형을 허용한다.

이것은 미래에 여러모로 확대하여 적용할 수 있는 가능성을 보여주고 있다. 또 다른 하나의 이점은 슬라이딩 조인트나 힌지처럼 유지하는 데 어려움이 많은 부품들을 가지고 있지 않는 차양 시스템이라는 점이다. 그래서 유지 관리비를 줄여줄 뿐 아니라, 또한 이러한 방식의 기능으로 인해 생물모방기술에서 개발된 외면 차양 시스템의 내구 기간도 늘어나게 될 것이다.

건축설계 과정에서 활용한 생물모방기술
: 2012년 여수 엑스포 주제관의 설계

위에서 설명한 외면차양 시스템은 여수의 2012년 엑스포 주제관을 설계하면서 더 큰 규모로 도입되었다. 그림 2.3.9

오스트리아 비엔나의 소마 건축가들이 공개 경쟁을 통해 이 설계를 맡게 되었고, 뉴욕 슈투트가르트의 니퍼 헬빅어드밴스드엔지니어링 회사가 '움직이는 지느러미 차양'이라는 기술적 아이디어를 만들어냈다.

그들은 지느러미 모양을 한 108개의 차양으로 구성되어 움직이도록 조정할 수 있는 중간 건물 외면으로 엑스포의 전시관 벽을 꾸미도록 계획했다.

조명 조건 및 건물에 가해지는 각종 물리적 조건들에 적응할 수 있도록 건물 외면을 설계한 결과, 특별한 조명효과가 돋보이는 예술적 무대가 마련될 수 있었다. 전체 길이는 140미터이며, 높이는 3미터에서 14미터로 변화를 주었고, 특히 한국 해안에서 불어오는 높은 풍속을 견딜 수 있게 설계했다.

처음에는 플렉토핀 모형의 크기에 정비례하여 외면의 규모를 확장시키는 방식을 시도했다. 그러나 그럴 경우 건축 설계에서 목표하는 조건들을 만족시키기 어려워 높은 풍속을 견딜 수 있도록 추가적인 구조적 보강 작업도 시행했다.

건물의 외면은 약간 곡면이 있는 판板들로 구성했는데, 위와 아래에 있는 두 곳의 힌지로 된 귀퉁이를 이용하여 이 판들을 지지하도록 했다. 다른 두 곳의 귀퉁이에서는 과도한 좌굴이 일어나지 않도록 지느러미 면에 가해지는 압축력을 줄여야 했다. 이 원리를 적용한 결과, 부분적으로 생기는 변형의 양이 플렉토핀보다는 더 작아지고, 차양이 모두 열려버리는 일은 없었다.

이 결과는 초기에 건축가들이 의도했던 설계 목표와 완벽하게 맞아 떨어지며 구조적 안정성과 작동 에너지 사이에서 적절한 조화가 이루어졌다. 그림 2.3.9

이는 식물의 움직임에 대해 연구한 결과로부터 영감을 받아, 다

그림 2.3.9 2012 여수 엑스포 주제관

건축가는 비엔나의 소마 건축가들이며, 움직이는 외면의 엔지니어는 니퍼 헬빅.

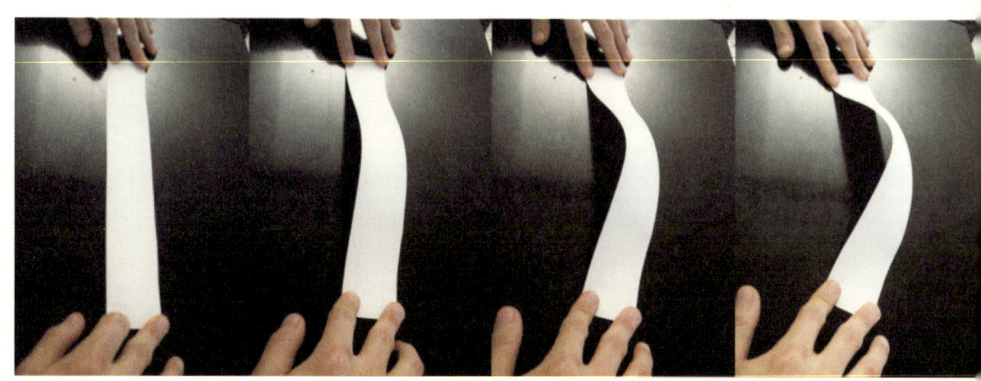

그림 2.3.10

여수 차양 시스템의 운동학적 원리.

른 또 하나의 동력시스템이 개발된 좋은 사례가 되었다. 그림 2.3.10

섬유보강 플라스틱을 이용해 만들어낸 지느러미들은 탄성한계 안에서만 변형을 일으키도록 설계되었으며, 그 높이는 14미터, 폭은 1.25미터, 두께는 단지 9밀리미터이고, 탄성한계를 초과해 변형이 일어날 소지가 있는 부분에는 보강재를 추가했다(그림 2.3.9의 오른쪽 귀퉁이).

차양이 열릴 때 잔류 변형이 남아 있으면서, 동시에 곡면을 이루는 이러한 구조에서는 결과적으로 높은 풍속과 하중을 받으면서도 몇 밀리미터의 변형만 일으킬 정도로 매우 단단한 시스템이 유지된다. 차양이 닫혀 있는 상태에서는 주변의 판들을 꽉 잡아 서로 고정시켜놓았기 때문에 강력한 폭풍이 불어와도 차양이 훼손되지 않는다.

맺음말

여수의 차양 시스템과 플렉토핀의 동작들은 둘 모두, 그에 상응하는 제법 큰 변형이 생겼어도 그것이 탄성변형 한계 안에 있었기에 지속가능한 구조물이 되었다.

구조공학자 관점에서 보면 비선형 변형은 안전성 면에서 파괴로 간주되기 때문에, 주로 정교한 비선형 분석과 보강 또는 보완 작업을 하여 그 파괴를 미연에 방지해야 했음을 두 사례에서 볼 수 있다.

여수의 차양 시스템이 식물의 움직임에 대한 연구결과를 직접적으로 모방한 것이라고 말하기에는 무리가 있겠지만, 그 기본 아이디어는 자연의 역할을 모델로 하여 관찰하고 분석한 결과에서 영감을 얻어낸 것이다.

이러한 것들이 불균형하게 커지는 변형과 안정성 면에서 파괴 위험의 모드에 들어오는 구조물들은 전적으로 피해야 한다는 식의 편견이 지배하는 전통적인 설계와 건설방식의 한계를 넘어, 새로운 해결책을 찾기 위한 연구가 필요하다는 데 힘을 실어주고 있다.

그림 2.3.8의 플렉토핀 차양 시스템 설계에서 볼 수 있는 것처럼, 생산품의 목표를 기술연구를 위한 단순한 기능들의 원활한 작동에만 국한한다면, 생물모방기술에 대한 선형적인 이해만으로도 충분하다는 사실을 위의 두 사례가 보여준다.

그러나 여수 엑스포 전시관 차양 시스템의 설계처럼 건축적인 과제들을 수행할 경우에는 요구되는 미관과 기능 사이의 경계선 상에서 서로 다른 요구조건들을 충족시켜야만 할 것이다.

또한 기능적 요구조건들도 점점 더 증가하고 있는 추세이기 때문에 생물학적 역할 모델들도 이에 상응하여 더 큰 규모로 만들어야 할 것이다.

이러한 맥락에서 보면 생물모방기술에서 일차적으로 추출한 것들을 건축이나 건물구조에 그대로 적용하기는 어렵다. 대신에 생물모방기술에 대한 정의를 확장할 필요가 있다. 즉, 자연의 형태와 기능원리에 대한 분석이 건축가와 엔지니어들을 자극하여, 현실적으로 건축 설계와 기술에 적용함에 있어서 근본적으로 새로운 전략을 세울 수 있는 잠재력이 될 수 있다.

임성진

전주대학교 행정학과 교수

베를린 자유대학교에서 환경·에너지정책(정치경제학)으로 박사학위를 받았으며 동 대학 환경정책연구소(FFU)에서 연구원으로 있었다. 귀국 후 전주대학교 사회과학대학장과 환경·에너지정책 연구소장을 역임했으며, 현재 행정학과 교수로 재직 중이다. 한국지방정치학회 회장, 호남정치학회 회장, 한국환경정책학회 홍보이사, 한국정책학회 운영이사, 제8기 국가과학기술자문위원, 국가연구개발사업 예산조정·배분 전문위원(에너지자원분과), 에너지대안센터 이사, 환경친화기업 심사위원, 환경관리공단 비상임이사 등을 역임했다.

4

자연중심 에너지 기술

임성진

자연은 인간이 자랑하는 첨단기술보다 훨씬 적은 양의 에너지를 사용하여 경제적이면서도 지속가능한 고유의 시스템을 가지고 있다. 예를 들어 식물은 최고의 에너지 밸런스와 효율성을 얻기 위해 특수한 미세 구조와 기능을 가진 표피세포를 통해 물질을 흘려보내고 에너지를 교환하며 주변 환경과 소통한다. 흰개미 언덕과 같이 최적의 에너지 이용 모델을 제시하는 동물들의 주거지도 자연에서는 흔히 발견되는 현상이다.

자연중심의 에너지 기술은 이처럼 최적의 조건을 갖춘 자연 시스템에서 영감을 얻어 가장 환경친화적이고 경제적으로 에너지 문제를 해결하기 위한 혁신기술이다. 이 기술은 에너지 생산뿐만 아니라 산업, 가정, 건물 등 최종 에너지 소비 단계에서의 효율성을 획기적으로 높여주어 에너지 시스템을 재생 가능하고 지속가능한 구조로 전환시켜준다. 이미 개발되었거나 연구 중인 수많은 자연 중심 기술들은 우리가 조금만 더 관심을 갖고 자연을 관찰하고 이해한다면 우리 생활에 얼마나 큰 변화가 찾아올 수 있는지 잘 보여 주고 있다. 여기서 그 몇 가지 사례들을 살펴보자.

자연을 모방한 재생에너지

태양에너지나 풍력 등 재생에너지는 가장 중요한 미래의 에너지 원이다. 이미 세계 곳곳에서는 자연으로부터 영감을 얻어 이러한 재생에너지 이용의 효율성을 획기적으로 높이기 위한 노력이 계속 되고 있다.

해바라기에서 영감을 얻은 태양열발전 시스템

스페인 남부 도시 세비아의 사막 지방에 가면 100미터 높이의 기둥을 거대한 물결 모양으로 배치된 수백 개의 거울들이 둘러싸고 있는 진풍경을 볼 수 있다. 헬리오스타트heliostat 라 불리는 624개의 이 반사거울들은 하루 종일 태양을 따라 움직이면서 중앙 기둥에 태양빛을 집중시킨다. 이렇게 모아진 태양열을 이용해 중앙 기둥에서는 약 6,000가구에 공급할 수 있는 전기를 생산하는데, 이곳이 바로 유럽 최초의 10메가와트(MW)급 상업용 집광형 태양열발전소

그림 2.4.1
해바라기에서 영감을 얻은 태양열발전소 PS10과 PS20.

CSP plants인 PS10이다. 작년 4월에는 그 옆에 20메가와트 급의 집광형 태양열발전소 PS20가 건설되어 1만 가구가 사용할 수 있는 전기를 추가로 생산하고 있다.

미국 MIT와 독일 아헨 공대의 공동연구진은 기존의 CSP 발전소보다 대지 면적을 더 적게 차지하면서도 반사거울로 모을 수 있는 햇빛의 양은 더 많은 발전소의 디자인 연구에 착수했다. 이 과정에서 그들은 태양을 따라 움직이는 해바라기 소꽃floret 들의 신비한 수학적 배열에 주목했다. 해바라기꽃 안쪽의 통꽃 부분을 이루는 작은 소꽃들은 자연에서 흔히 볼 수 있는 페르마 나선형으로 배치되어 있으며, 이들은 이웃하는 소꽃들과 소위 황금각이라 불리는 137.5도의 각도를 유지하고 있다. 이러한 패턴은 고대 그리스인들도 이미 건물과 구조물 건축에 이용하던 것이다. CSP 발전단지의 반사거울들을 이 패턴대로 서로 137.5도의 각도로 재배치하자 발전소 면적이 20퍼센트 정도 줄어들었고, 잠재적 에너지 발전량도 훨씬 더 늘어났다. 해바라기를 본뜬 이 나선형 배열이 반사거울끼리 서로 햇빛을 가리거나 그늘을 만드는 현상을 감소시켜 발전 효율의 증가를 가져온 것인데, 이와 같은 면적 축소는 엄청난 비용 절감의 효과까지 가져왔다.

움직이는 태양전지, 동양말벌

동양말벌oriental hornet은 다른 벌들과 달리 태양이 뜨기 시작하는 아침보다 더운 오후에 가장 활동적이다. 그리고 태양빛이 강할수록 더욱 집중적으로 둥지를 구축한다. 동양말벌의 이러한 특성을 심도 있게 관찰한 텔아비브 대학의 연구팀은 말벌의 행동에 이런 변화를 가져오는 원인은 바로 햇빛 속의 중파장 자외선UVB에 있으며, 말벌 복부에 있는 갈색과 노란색 줄무늬에 이 광선을 모아 전기를 얻어내는 독특한 메커니즘이 있다는 사실을 발견했다.

동양말벌은 복부에 있는 특수 색소에 빛을 전달함으로써 에너지를 얻어 이를 자신의 활동에 필요한 연료로 사용할 수 있는 나노구조 시스템을 가지고 있다. 말벌 줄무늬의 갈색 부분은 계단식 언덕과 유사한 능선 같은 층 구조로 이루어져 있으며, 태양광선은 각각

그림 2.4.2
태양광선에서 전기를 얻어내는 동양말벌.

의 층들을 통과하면서 다양한 광선 빔으로 분산된다. 반면 작은 구 멍 모양으로 움푹 들어간 형체의 층들로 구성되어 있는 줄무늬의 노란 부분은 크산토프테린xanthopterin이라는 노란 색소를 포함하고 있는데, 바로 이 색소에 의해 광선이 전기로 변환된다. 다시 말해 동양말벌은 필요한 광선을 몸 껍질로 모으고 자신의 색소를 이용 해 이 광선에서 전기를 얻어내는 일종의 '비행하는 태양전지'인 셈 이다.

태양광선으로 에너지를 생산하는 동양말벌의 특수 색소를 응용 해 텔아비브 대학의 연구원들은 염료감응형 태양전지dye-sensitized solar cell를 개발 중이다. 이 염료감응 전지는 다른 태양전지에 사용 되는 무기성 집광복합체 대신 집광색소를 사용한다. 동양말벌의 색소를 모방한 이 집광색소는 파장이 280~320나노미터인 고에너지 중파장 자외선을 받아들이는 능력이 뛰어나 전기 생산에 유리한 조건을 조성한다.

아쉽게도 동양말벌의 나노구조를 복제하는 데 어려움이 있어 이 기술의 효율성은 말벌의 뛰어난 햇빛 흡수 능력에 비해 아직 만족할 만한 수준에는 이르지 못하고 있다. 그렇지만 현재의 노력으로 볼 때 이 생물모방 기술이 재생에너지 기술의 새로운 대안으로 자리 잡을 날이 멀지 않아 보인다.

굴광성 태양 추적기

식물은 일반적으로 태양에너지의 흡수를 최대화하기 위해 태양을 향해 점점 몸을 기울이는 굴광성을 가지고 있다. 현재 사용되고 있는 태양전지도 태양을 따라 이동하도록 고안되어 있지만 식물과는 달리 움직이기 위해 모터와 전자 통제 시스템을 탑재해야 하는 불편함이 있다. 이러한 제약을 해결하고자 한 MIT 연구진은 새로운 재료와 디자인을 이용한 식물모방형 태양전지를 개발했다. 이들은 양지와 음지의 기온 차이를 이용해 태양전지를 받치고 있는 재료의 속성이 바뀔 수 있도록 고안함으로써 식물처럼 모터 없이도 태양을 따라 움직일 수 있는 시스템을 개발했다.

새로 개발된 이 장치는 알루미늄과 철 같은 두 금속을 붙여 만든 아치 위에 솔라 패널을 올려놓는 방식으로 만들어졌는데, 아치의 한쪽에 햇빛을 비추면 패널이 태양을 향해 기울면서 구부러지도록

자연에서 배우는 청색기술

설계되어 있다. 기존의 태양 추적 시스템과 달리 이 생물모방 시스템은 한번 만들어지면 움직임을 조정하기 위한 전력원이나 전자기기가 따로 필요 없이 완벽하게 스스로 작동한다. 마치 해바라기처럼 굴광성을 가진 이 태양전지는 고정된 전지판에 비해 전기의 생산효율이 38퍼센트 가량 더 높다.

MIT 연구원들은 또한 식물의 광합성작용에서 영감을 얻어, 태양에너지를 이용하여 물을 수소와 산소 가스로 분해하는 새로운 기술을 개발했다. 이 기술은 코발트 촉매가 물과 전류와 결합하면 산소를 생성하는 특성을 이용해 산소와 수소를 얻어내는 방식이다. 이렇게 얻어진 산소와 수소는 연료전지 내에서 재결합해 가정과 전기차에 밤낮을 가리지 않고 무탄소 전기를 공급하는 데 쓰이게 된다. 이 기술을 통해 앞으로 태양광전지로부터 얻어진 에너지는 축전기에 저장되는 대신 연료전지 내에 수소와 산소의 형태로 저장될 것이다.

이 새로운 과학적 발견을 현재의 태양광전지 시스템에 적용하기 위해서는 더 많은 연구가 이루어져야 하겠지만, 앞으로 10년 이내에 주택 소유자들이 낮에 태양광전지를 이용해 집에 전력을 공급하고 남는 태양에너지를 가정용 연료전지에 비축할 수소와 산소를 생산하는 데 쓸 수 있을 것으로 예상하고 있다.

이러한 자연모방기술은 재생에너지 생산의 효율성을 향상시키고 비용을 절감시켜 자연에너지 체제로 전환하는 데 큰 기여를 할 것이다. 뿐만 아니라 이 기술을 이용해 머지않아 각 가정에서 자체적으로 필요한 전력을 생산하여 사용하게 된다면 대규모 중앙전력 공급망은 과거의 역사로 사라지는 날이 올 것이다.

숲에서 얻는 연료로 지역순환생산

청색경제의 대표적인 사례 중 하나로 군터 파울리가 소개한 라스 가비오타스Las Gaviotas 는 지역의 자연에너지를 이용한 자연중심 기술과 결합된 지역순환생산 체제를 통해 앞으로 우리 사회가 어떠한 발전 모델을 추구해야 할지 잘 보여주고 있다. 이 공동체의 설립자이기도 한 콜롬비아의 혁신가 파올로 루가리Paolo Lugari 는 1984년부터 오리노코Orinoco 강 유역에 야심찬 열대우림 재건사업을 시작했다. 그리고 이 사업으로 새롭게 조성된 숲의 소나무에서 나오는 수지resin를 이용해 종이, 잉크, 페인트산업의 원자재인 콜로폰colophon 과 가연성의 생화학물질인 테레빈유turpentine 를 생산하기 시작했다.

테레빈유는 일본 혼다 사에서 2차 세계대전 후 이를 원료로 사용하는 오토바이를 선보인 적이 있다. 하지만 당시 테레빈유는 시동을 걸자마자 배기가스가 구름처럼 피어올라 굴뚝이라 불릴 만큼 불순물 함량이 매우 높은 연료였다. 이 때문에 파올로 루가리가 테레빈유 생산을 계획했을 때 많은 전문가들은 순도 높은 테레빈유를 얻는 것이 비용 면에서 너무 비효율적이라고 우려했다. 그러나 그는 동료들과 함께 도전을 감행했고, 마침내 10마이크론 이상 크기의 불순물은 모두 제거하는 4단계의 정제장치를 통해 순도 높은 테레빈유를 생산하는 데 성공했다. 현재는 이 지역의 모든 디젤 트랙터들이 고급 테레빈유만을 100퍼센트 이용해 열대기후 속에서 정상적으로 작동되고 있으며, 오토바이 역시 가솔린과 테레빈유의 혼합물을 연료로 하여 성공적으로 가동되고 있다.

만약 라스 가비오타스가 약 360만 그루의 소나무를 가진 총 8,000헥타르에 달하는 숲 전체를 활용한다면 매년 재생 가능한 바이오연료로 230만 리터의 테레빈유를 생산할 수 있을 것이다. 그리고 생산지 출하가격이 리터당 3유로인 것을 감안할 때 재생 가능 에너지원인 테레빈유를 정제하는 것은 지역에 충분한 이익이 될 것이다. 이렇게 라스 가비오타스에서는 지역에서 생산하는 재생에너지로 높은 수익을 창출하는 지역순환생산 체제가 열리기 시작했다.

혁신은 여기서 그치지 않았다. 더욱 획기적인 것은 그동안 소를 기르는 농부들에 의해 벌목되고 태워져 풀만 자랐던 지역에 새로이 숲이 재건되고 이로부터 다양한 수입원이 보장되는 지역순환생산이 가능해졌다는 점이다.

우선 라스 가비오타스는 재생에너지에 대한 적극적인 이용과 기술개발 환경을 조성했으며 그 결과 태양열 온수기를 제작, 시판하는 단계까지 이르렀다. 25년이란 수리 보상기간과 함께 보급된 4만 개의 태양열 온수기는 이 지역 제품의 가격과 성능이 충분한 경쟁력을 갖추었다는 것을 보여준다. 아울러 이 지역의 숲이 살아나면서 흙의 pH를 높여주었고, 이 흙이 빗물을 정화하는 효과가 있음이 확인되었다. 그리고 여기서 얻어진 정제된 식수는 이 지역민의 건강 관리와 판매 수익에 도움을 주고 있다.

라스 가비오타스에서는 이처럼 수지 가공과 재생에너지의 생산 그리고 식수 판매로, 외부로부터 연료를 사들이느라 지출되던 비용과 같이 지역경제 밖으로 빠져나가던 돈이 지역 내에서 순환하며 이젠 일자리를 만들고 수입을 창출하는 데 투입되고 있다. 게다가 화석연료의 수입 감소와 함께 탄소 배출권 확보라는 또 다른 수입원이 만들어지고 있으니 그야말로 일석이조가 아닐 수 없다. 라스 가비오타스의 사업에 투자하고자 JP 모건 사의 총수가 콜럼비아 대통령을 만난 것이나 이곳이 마이크로소프트의 주식을 25년 동안 가지고 있는 것보다 더 많은 수익을 낸다는 사실은 우리에게 자연중심 기술의 높은 경쟁력을 증명하고 있다.

자연이 가르쳐준 에너지 효율

자연은 그 자체가 에너지 고효율 시스템이며 자연모방 에너지 기술이 추구하는 핵심가치가 바로 에너지 효율의 향상이다. 여기서는 몇 가지 사례를 통해 자연중심 기술이 가져오는 효율의 혁명을 소개한다.

마찰 없는 회전

우리 주위에는 컴퓨터나 에어컨, 그리고 도시의 기반이 되는 물, 공기, 전기 시스템을 통틀어 거의 하루 종일 어디선가 팬이 회전하는 소리가 들린다. 그런데 이처럼 생활 곳곳에서 보편적으로 사용되고 있는 회전장치는 최소한 기원전 100년부터 인류가 이런 저런 형태로 만들어 써오던 것이다. 하지만 아직까지 단 한 번도 자연의 방식 그대로 만들어 사용된 적은 없다. 자연에서 액체나 가스 그리고 열의 흐름은 모두 인류가 사용해온 전통적인 회전체의 형태와는

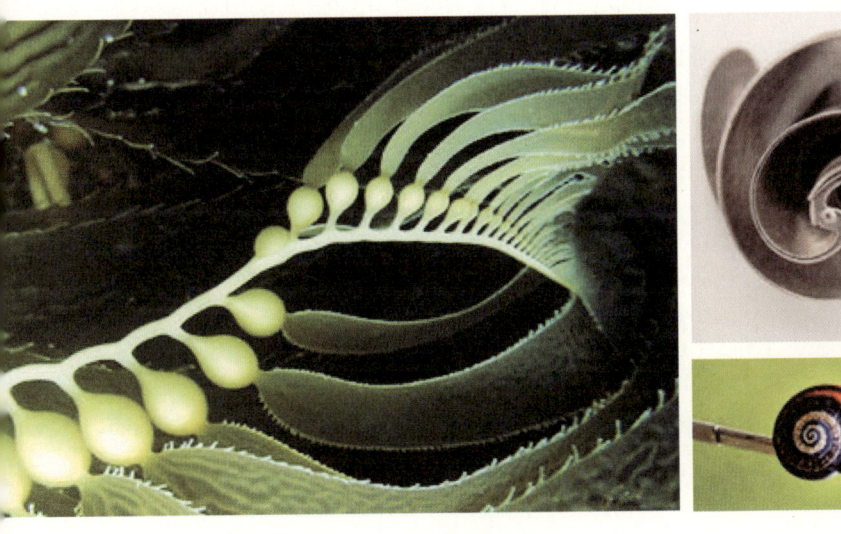

그림 2.4.3
자연의 나선형 구조.

차별되는 색다른 기하학적 패턴을 따른다. 즉, 자연은 물과 공기를 이동시킬 때 소라껍데기처럼 로그 또는 지수 형태로 늘어나는 나선형 모양을 이용한다. 이러한 패턴은 휘감긴 코끼리의 코나 카멜레온의 꼬리, 우주에서 소용돌이치는 은하와 파도 속 갈조류의 패턴, 우리 귓속의 달팽이관, 그리고 피부의 모공 등 자연 곳곳에 널리 적용되고 있다.

자연이 물과 공기를 이동시키는 이러한 방식에서 영감을 얻은 팩스과학 사PAX Scientific Inc.는 나선형의 기초적인 기하학적 구조를 송풍기, 믹서, 프로펠러, 터빈 그리고 펌프와 같은 인공 회전장치 모델에 처음으로 적용했다. 그 결과는 놀라웠는데, 디자인 적용 방식에 따라 지금까지 만들어진 회전자들에 비해 10~85퍼센트의 에너지 절감 효과를 가져왔고 소음도 75퍼센트까지 줄어들었다.

상어 비늘을 모방한 고에너지 효율

물속에서 빠르게 헤엄치는 상어의 비늘은 조수의 흐름에 대한 저항을 대폭 줄이도록 진화했다. 상어 비늘에 있는 리블릿riblet이란 미세한 돌기는 수영할 때 피부 주위에서 물살이 빙글빙글 맴도는 와류 현상을 줄여 물과의 마찰을 줄임으로써 수영 속도를 높여준다.

독일 프라운호퍼 연구소에서는 상어 비늘의 이러한 원리를 모방해 비행기의 공기역학 항력을 줄여주는 페인트 및 관련 기술을 개발했다. 이 기술에서는 강렬한 자외선과 영하 55도에서 70도를 오르내리는 기온차, 그리고 기계적 부하를 오래 견뎌내는 페인트를 만들기 위해 나노입자를 사용한다. 그리고 이렇게 만들어진 페인트는 비행기 가장 바깥층의 코팅재로 이용된다. 이 페인트가 가진 또 다른 장점은 추가로 무게가 나가지 않는다는 것이다. 또한 5년마다 비행기를 새로 도색할 때 제거했다가 그대로 다시 붙여 사용할 수 있어 비용이 절약된다. 직접 바르는 대신 스텐실 기법을 이용해 상어의 비늘과 같은 구조를 인위적으로 만들어주는 이 페인트는 3차원 공간의 표면에도 문제없이 사용이 가능하다.

만약 모든 비행기에 이 페인트를 적용하면 매년 448만 톤의 연료를 절약할 수 있다. 또 이 페인트를 배에 적용하면 선박 벽면의 마찰력을 5퍼센트 이상 낮출 수 있는데, 대형 컨테이너 선박의 경우 연간 2,000톤의 연료를 절약할 수 있음을 의미한다.

이 기술은 또한 풍력발전의 효율을 높이는 데에도 사용된다. 3M사의 재생에너지 부서는 20년간 상어 피부를 모방한 코팅필름을 연구해왔다. 이 연구의 목표는 터빈의 시스템 효율과 에너지 생산 효율을 대폭 향상시킬 새로운 제품을 개발하는 것이다. 이 필름 표면에는 상어의 리블릿을 본뜬 미세한 융기가 있어 공기나 물의 저항을 더 적게 받으며 움직일 수 있도록 돕는다. 이 필름은 바람터널 테스트에서 공기 저항을 6퍼센트까지 낮추는 효과를 보였다. 전 세계에 퍼져 있는 풍력단지의 수를 감안할 때 풍력발전기 날개의 효율이 조금만 증가해도 전력생산량은 큰 폭으로 증가할 수 있으니 이 기술이 가져올 효과는 실로 엄청날 것이다.

생태시스템을 이용한 하수처리와 에너지 절약

바이오리틱스Biolytix는 하수처리 과정과 장비 분야에 특화된 호주의 기업으로, 기존 기술보다 훨씬 더 자연친화적이고 에너지 효율이 높은 하수 처리 시스템을 생산하고 있다. 오염 현장에 직접 설치된 하수처리 탱크는 생활하수와 음식물 찌꺼기 그리고 오폐수를 질 높은 관개수로 바꿔준다. 이 회사의 설립자인 딘 캐머론Dean Cameron은 큰 박쥐가 사는데도 불구하고 청정한 상태를 그대로 유지하고 있는 숲속 시냇물에서 정화시설의 영감을 얻었다. 이 시냇물을 관찰하면서 그는 숲에서 쓰레기 분해가 가장 빨리 일어나는 곳이 강둑의 축축한 흙이라는 사실을 알았다. 그리고 여기에 착안해 탱크 속에 쓰레기를 자연분해하는 지렁이, 딱정벌레 그리고 수십억 마리의 미생물을 넣고 작은 생태계를 조성했고, 여기서 만들어진 부엽토humus로 폐수를 정화하는 장치를 고안해냈다.

이 장치는 자연적인 생태시스템을 이용해 쓰레기를 처리하므로 기존의 정화시설처럼 호기조가 필요하지 않아 시스템을 작동하는 데 드는 에너지 비용을 90퍼센트 가까이 감소시킬 수 있다. 또 이 시스템에서는 폐수 침전물을 이동시키거나 폐기할 필요가 없다. 또한 기존의 시스템이 1년에 3~4번씩 관리를 받아야하는 반면 이 시스템은 1년에 단 한 번 관리해주는 것으로 충분하다. 그리고 처리과정에 악취가 발생하지 않기 때문에 기존 시설처럼 정기적인 펌프질이 필요 없다.

이 기술은 기존의 폐수 정화시스템을 대체하거나 세계적으로 지

자연에서 배우는 청색기술

그림 2.4.4
폐수 정화 기능을 가진 자연의 시스템.

속가능한 발전으로의 전환이 시작될 경우 시장성 측면에서 큰 잠재력을 가지고 있다. 그리고 주거시설이나 상업시설 모두에서 사용 가능하다는 점에서 장차 이 기술의 중요성이 더욱 커질 전망이다. 특히 에너지 요금이 오르고 환경오염에 대한 규제가 심해지고 있는 상황에서 에너지 절약의 폭이 크다는 점은 이 시스템이 더 많이 보급되는 데 도움이 될 것이다.

이미 서 있는 탑 내부에 풍력터빈을

풍력터빈은 높이 서 있을수록 더 많은 바람을 얻을 수 있기 때문에 최대 300미터 높이의 기둥 위에 설치된다. 니콜라 델론Nicola Delon, 쥘리앵 쇼팽Julien Choppin 그리고 라파엘 메나르Raphaël Ménard 세 사람은 풍력터빈을 고압 송전탑과 같이 이미 세워져 있는 탑에

그림 2.4.5
델론, 쇼팽, 메나르가 디자인한 송전탑 내부의 풍력터빈.

설치할 수 있는 방법을 고민한 결과, 꼭대기만이 아니라 타워 내부에도 풍력터빈을 설치할 수 있는 풍력발전기를 고안해냈다. 이것은 현재 가지고 있는 것을 여러 가지 목적을 위해 동시에 이용하며 쉽고 간단한 해결방법을 찾고자 하는 청색경제의 두 원칙을 동시에 실현시키는 해법이다.

만약 프랑스의 모든 송전탑에 이 기술을 적용한다면 발전소를 추가로 건설하지 않고도 원전 2기에 상응하는 양의 전기를 생산할 수 있다. 현재 미국 전역에는 거의 16만 마일 길이의 전선이 송전탑 위를 지나가고 있고, 통일된 독일에 약 7만 8,000개, 그리고 인도에는 약 100만 개의 송전탑이 서 있다. 이 방법을 이용하면 적은 투자비용으로도 발전량을 크게 늘릴 수 있을 뿐 아니라 발전기에서 전력망으로 이어지는 전선의 길이를 기존의 최소 몇 킬로미터에서 겨우 몇 미터로 줄여준다는 장점이 있다.

자연에서 배우고 자연을 모방한 청색기술을 이용한다면 우리는 높은 비용을 들이지 않고도 새로운 청색 미래사회로 전환할 수 있다. 그러기 위해선 우선 문제 해결의 실마리를 자연으로부터 찾고자 하는 생각의 대전환이 절실히 필요하다. 청색 미래를 향한 희망의 열쇠는 먼 곳이 아니라 바로 우리 곁에 항상 존재하고 있다.

이춘희

고려대학교 연구교수, 중앙대학교 초빙교수

고려대학교 행정학과를 졸업하고 서울대학교에서 석사학위를 받았다. 메사추세츠 공과대학에서 도시 및 지역계획 특별과정을 수료하고 한양대학교에서 도시개발경영학으로 박사학위를 받았다. 제21회 행정고시에 합격하고 이후 건설교통부 고속철도건설기획단장, 주택도시국장, 대통령비서실 건설교통비서관, 행정중심복합도시건설청장, 건설교통부 차관, 한국건설산업연구원장, 인천도시개발공사 사장을 역임했다. 현재 중앙대학교 초빙교수 및 고려대학교 연구교수로 재직 중이다.

강장완

(주)인시공 대표이사

경희대학교 법학과를 졸업하고 미시간대학교에서 자연자원학 석사과정을, UCLA에서 건축도시학 석사과정을 수학하고 하버드 디자인 대학원에서 석사학위를 받았다. 뉴욕 워터프론트 국제설계 공모전, 보스톤 비전 국제도시 설계 공모전 수상 등의 실적과, 미국 뉴욕의 캐논디자인, LA의 엘러비베켓 디자이너 등의 실무 경험을 쌓았고, 뉴욕주립대학교 겸임교수로 재직한 바 있다. 현재 개발기획, 설계, 건설을 아우르는 통합사업관리그룹인 인시공의 대표이사를 역임하고 있다.

5

자연에서 배우는 도시 설계

이춘희 · 강장완

도시 설계와 청색기술

자연을 모방하거나 자연으로부터 영감을 얻어 개발하는 기술들을 총칭하여 '청색기술'이라고 정의할 때, 자연을 파괴하면서 인간들이 사는 공간을 마련하는 도시 건설은 청색기술과 상반된 것으로 인식되기 쉽다. 그러나 만약 우리가 자연에 순응하는 방식으로 도시를 건설한다면 이는 가장 친환경적이고 지속가능한 도시개발이자 청색기술 개발의 중요한 한 축이 될 수 있을 것이다. 이런 관점에서 자연에서 배우는 청색기술을 도시 설계에 적용하는 것은 매우의미있는 일이라고 생각한다.

지속가능성에 관한 백과사전이라 할 수 있는 사이트인 '녹색 그 이상을 위하여 www.morethangreen.es/KE'에 의하면, 오늘날 인구의 절반 이상이 도시에 살고 있으며, 도시 인구가 소비하는 자연자원의 비율은 전체 소비량의 80퍼센트 이상에 달한다. 또한 지구온난화의 주된 원인인 이산화탄소의 80퍼센트 정도가 도시에서 배출되고 있다고 한다. 하지만 도시가 환경문제의 주된 원인을 제공하고 있다는 사실은 역설적으로 도시가 곧 환경문제 해결의 중요한 열쇠를 쥐고 있다는 것을 의미하기도 한다. 따라서 우리가 자연에서 배운 청색기술을 도시 설계에 적용할 수 있다면, 이는 환경문제 해결에 큰 도움이 되리라고 본다.

알렉스 스테픈Alex Steffen은 그의 저서 《탄소제로Carbon Zero: Imagining cities that can save the planet》에서 앞으로 20년 내에 경제적 역량이 있는 국가가 나서서 도시를 새롭게 설계함으로써 환경문제에 적극적으로 대처해야 한다고 주장하면서, 도시가 환경문제에 주도적 역할을 할 필요가 있음을 역설했다. 그러나 도시의 지속가능성 문제는 단순히 환경의 관점에서뿐만 아니라 사회, 문화, 경제, 정치적 측면까지 고려해야 하기 때문에 먼저 도시의 복합적인 생태를 이해해야 하며, 이런 점에서 도시설계는 자연의 생태계에서 많은 것을 배울 필요가 있다. 이런 관점에서 자연에서 해법을 배우고자 하는 청색기술과 미래의 지속가능한 도시 설계는 밀접한 관계가 있다고 할 수 있다.

우리는 자연생태계로부터 경제적 지속가능성뿐만 아니라 문화 및 사회적 지속가능성의 지혜를 배울 수 있다는 것을 깨닫게 된다.

자연의 생태계는 에너지와 자원을 순환시켜 활용하는 무한순환성 closed-loop eco system 을 가지고 있다는 점에서 경제적 지속가능성을, 모든 생명체가 자기만의 생태적 영역 ecological niche 을 가지고 각자의 생태적 특성을 구축하며 나름의 고유한 정체성을 지켜나가고 있다는 점에서 문화적 지속가능성을, 그리고 개체보다 집단의 생존과 번영을 위한 관계성을 중시하고 집단지능을 이용하여 효과적으로 자원을 활용하여 생태적인 공존의 길을 찾아가고 있다는 점에서 사회적 지속가능성을 잘 보여주고 있다.

따라서 우리는 지속가능한 미래 도시를 만들어나가기 위해 자연으로부터 영감과 지혜를 얻어 개발하는 청색기술을 도시 설계에 적용할 필요가 있다. 그리고 이를 계기로 지난 30~40년 동안 축적해온 도시 건설 경험과 지식을 한 단계 더 발전시키는 것은 물론이고 앞으로 새로 건설되는 도시들이 후손들에게 소중한 자원으로 남겨질 수 있는 가능성을 열게 되고, 더 나아가서는 인류가 꿈꾸는 21세기 이상향 도시의 구현에 앞장설 수 있게 될 수 있을 것이다.

인류가 꿈꾸어온 이상향理想鄕의 도시

인류는 시대의 변화에 따라 그 시대의 정신을 표현하는 이상향의 도시를 꿈꾸어왔다.

인류는 자연과의 관계에 따라 끊임없이 변해왔으며, 이런 인간과 자연의 관계 속에는 모순된 이중성이 내재되어 있다. 자연은 인간에게 생명과 풍요를 주는 어머니와 같은 존재이지만 다른 한편으로는 죽음과 공포를 가져다주는 두려운 존재이기도 하다. 초인적이며 경이로운 자연의 힘 앞에서 인간은 신과 종교에 의지하기도 하고, 신화적인 상상력을 통해 자연의 놀라운 힘과 소통하려 노력하기도 했다. 하지만 다른 한편으로 자연의 품에서 태어난 인간은 아이러니하게도 자연을 극복하기 위한 힘겨운 투쟁을 계속해왔으며, 자연 극복의 역사가 곧 인류 발전의 역사라고 해도 과언이 아니다. 인간은 자연의 신비로운 섭리를 보면서 과학기술과 물질문명을 발전시켜왔지만, 과학과 기술의 힘이 축적되면서 자연의 파괴적 힘을 극복할 수 있다는 자신감을 가지게 되었을 뿐만 아니라 자연을 길들이고 더 나아가 자

그림 2.5.1
도시의 심각한 환경문제와 인간 소외.

연의 생태계에 심각한 위해를 가하는 상황에까지 와 있다. 근현대 산업발전의 과정에서 인간은 자연이 주는 자원을 지나치게 소비하고 남용함으로써 지구의 환경을 무차별적으로 훼손해왔다. 그 결과 오늘날 모체인 지구Mother Earth 는 인간에게 입은 상처로 말미암아 재생할 수 있는 힘까지 잃게 될 것이라는 우려를 낳고 있다.

현대 이상향 도시의 변천

자연과의 관계에 따라 자연중심적 도시에서 과학기술중심 도시로,
산업도시에서 전원도시로 변화해왔다.

도시는 인간이 만들어낸 최대의 조형물이자 시스템이다. 도시는 인간 집단의지의 결과물이며 인간만이 가지고 있는 고유한 문화의 표출 방식이다. 인간은 자연을 모방하여 집을 지었고, 집들이 모여 마을이 형성되었으며, 더 나아가 도시로 성장해왔다. 이런 점에서 인간이 집을 짓고 도시를 만드는 방법과 자세는 인간이 자연을 대하는 자세의 변화에 따라 달라질 수밖에 없었다. 따라서 '자연친화형 인간'과 '자연정복형 인간'이 도시를 설계하고 건설하는 방법에 있어 차이가 있으며, 시대의 변화에 따라 인간이 추구해온 이상향 도시에도 변화가 있었음은 당연하다. 초인적인 자연의 힘을 경외하고 숭배하는 인간이 자연에 순응하고 자연이 주는 풍요로움에 감사하는 '자연중심적 이상향 도시'를 꿈꾸었다면, 기술의 발달과 함께

그림 2.5.2
인간이 꿈꾸어온 이상향의 도시들.

자연의 힘으로부터 자유로워지면서 자연 정복에 대한 야망을 키워온 인간은 '과학기술중심적 이상향도시'를 꿈꾸었다.

'자연중심적 이상향 도시'는 종교와 신화 속의 여러 이야기를 통해 우리에게 전해진다. 먼저 기독교가 전 세계로 전파되면서 이상향 에덴Eden 동산이 오늘날 낙원의 대명사로 회자되고 있다면, 동양문학 속의 상상의 세계로 도연명의 《도원기挑源記》에 나오는 무릉도원은 인간 속세와 동떨어진 별천지이자 동양인의 상상력을 자극하는 이상향이라 할 수 있다. 뿐만 아니라 티베트 불교에서 전승되어 내려오는 신비의 도시 상바라shambhal에 기초한 히말라야의 유토피아 샹그릴라Shangri-La는 불멸의 이상향으로 제임스 힐턴James Hilton의 《잃어버린 지평선Lost Horizon》이라는 작품을 통해 대중의 큰 관심을 끌게 되었다. 종교 및 신화 속의 이상향인 에덴동산, 무릉도원 그리고 샹그릴라 모두가 자연친화적인 이상향 도시이며, 자연의 풍요와 안락을 약속하는 유토피아이자 '자연중심적 이상향 도시'라 할 수 있다.

하지만 20세기에 들어서 과학기술이 비약적으로 발전하면서 '자연중심적 이상향 도시'는 현실성이 없는 허무맹랑한 꿈 정도로 그 의미가 축소되었고 자연히 사람들의 기억에서 희미해지게 되었다. 반면 근대 과학기술의 발전을 통해 인간의 생존을 위협하는 자연의 재해를 인간 스스로 극복할 수 있다는 자신감을 갖게 되었고, 따라서 자연은 인간의 물질적 풍요를 위해 정복되고 이용되어야 할 대상으로 전락하게 되었다. 그리고 과학기술과 함께 번영한 서구사회 물질문명과 풍요가 인류의 동경과 흠모의 모델이 되면서, '과학기술 중심의 이상향 도시'가 20세기 인류의 꿈이 되고, 인간의 상상력을 통해 다양한 도시 형태로 나타나기 시작했다.

인간의 과학기술에 대한 믿음에 기반하여 자연으로부터 자유로워지고자 하는 인간의 욕망을 가장 잘 표출하고 있는 '과학기술 중심의 이상향 도시'의 대표적 예는 영국 건축가 론 헤론Ron Herron의 '걸어다니는 도시walking city'이다. 1964년 아방가르드 저널 〈아키그램Archigram〉에 발표한 거대한 로봇과 같은 도시구조물인 '걸어다니는 도시'는 한곳에 머물며 자원을 다 쓰고 나면 그곳을 버리고 새로운 장소로 이동하여 기생하는 과학적 상상의 도시로, 자연에 종속되어 있는 인간의 숙명을 뛰어넘어 자연을 정복하고 자연의 폐해로부터 자유로워지고자 하는 욕망과 자신감의 산물이었다. 지구가 공

그림 2.5.3
론 헤론이 제안한 걸어다니는 도시.

해와 오염으로 더 이상 가치가 없어진다 하더라도 인간은 언제든지 새로운 영토를 찾아 떠날 수 있어야 한다는 강한 의지의 표현으로서 '걸어다니는 도시'는 기계문명에 대한 인간의 자신감과 기대 그리고 환상이 담겨 있다고 할 수 있다.

　물론 20세기의 산업화 과정에서 다른 형태의 '과학기술 중심의 이상향 도시'들이 다양하게 제시되었다. 한편에서는 '걸어다니는 도시'와 같이 근대 산업화의 역동성 및 과학기술에 대한 낙관적인

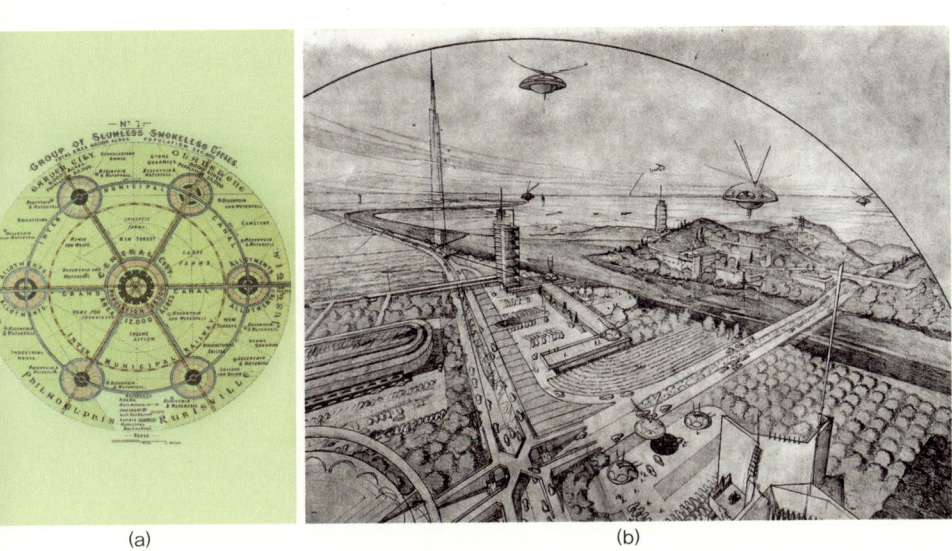

그림 2.5.4

(a) 에베네저 하워드의 가든 시티 (b) 프랭크 로이드 라이트의 브로드에이커 시티.

세계관을 반영한 기계적 이상향 도시에 대한 생각이 강하게 일어나
고 있었던 반면, 다른 한편에서는 굴뚝에서 뿜어져 나오는 공해 등
으로 인한 환경문제 및 도시문제에 대한 대안으로 목가적인 전원도
시를 꿈꾸게 되었다. 이러한 꿈을 충족시키기 위해 에베네저 하워
드Ebenezer Haword의 '가든 시티Garden City'나 프랭크 로이드 라이트
Frank Lloyd Wright의 '브로드에이커 시티Broadacre City' 등 '복고적인
이상향 도시'들이 제안되기도 했다. 산업화의 소용돌이 속에서도
자연과 가까운 전원적인 삶의 낭만을 되찾고자 하는 노력이 계속되
었던 것이다.

산업시대의 기계적 미학을 토대로 한 '과학기술 중심의 이상향 도시'는 르코르뷔지에Le Corbusier가 주창한 새로운 도시 설계를 통해 그 꽃을 피우게 된다. 르코르뷔지에는 인간이 당시 사회가 필요로 하는 사회개혁을 이루기 위해서는 새로운 도시계획이 필요하며 도시건축 전문가들이 그 역할을 맡아야 한다고 주장했다. 1923년 르코르뷔지에는 '래디언트 시티Radiant City'라는 이상향 도시의 청사진을 제시하며, 기하학적인 도시 형태, 자동차 중심의 넓고 기능적인 도로, 넓은 공원녹지에 높게 솟은 고층건물의 기계적 미학 속에 현대도시민의 희망을 담으려 했다. 대량생산과 대량소비의 산업화

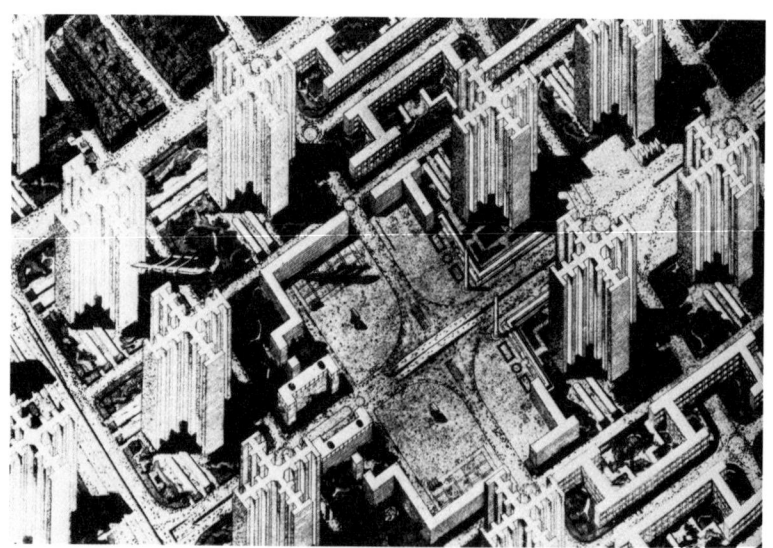

그림 2.5.5
르코르지뷔에가 제시한 래디언트 시티.

자연에서 배우는 청색기술

시대가 필요로 하는 기능주의에 입각하여 설계된 '래디언트 시티'는 '국제주의International Style'라는 현대건축과 도시계획의 효시로서 큰 호응을 얻었고, 1930년 이후의 세계 도시화에 대응하려는 각국의 도시계획에 지대한 영향을 주었다.

르코르뷔지에의 현대적 이상향 도시를 위한 청사진은 20세기 기능주의적 도시 양산의 열풍에 커다란 영향을 미쳤으며, 무엇보다도 브라질의 신행정수도인 브라질리아의 도시 설계에 지대한 영향을 주게 되었다. 1956년 루시오 코스타Lucio Costa와 오스카 니마이어Oscar Niemeyer는 그 시대 첨단과학의 상징이라고 할 수 있는 비행기 형상을 연상시키는 도시의 형태를 채택했고, 그 틀 안에 브라질 현대화와 사회개혁을 향한 이상향 도시의 비전을 담고자 했다. 뿐만 아니라 그들은 기계적 미학과 현대적 조형미를 갖춘 건물들을 그 도시 공간의 틀 속에 디자인함으로써 현대적 이상향 도시의 꿈을 완벽한 작품으로 구현하려 했다. 브라질리아는 1960년 도시가 완공된 후 27년 만에 현대도시 중에 유일하게 유네스코가 지정한 세계문화유산으로 등재되어 그 업적을 인정받기는 했지만, 다른 한편에서는 조형적 거대담론과 미학적 해법에 대한 의존도가 높아 사회, 경제 및 환경적 문제의 해결에 한계가 있다는 비판과 함께 현대적 이상향 도시에 대한 실망이 커진 것도 사실이다. 미학적인 혁신만으로는 진정한 의미의 이상향 도시를 건설할 수 없을 뿐만 아니라, 정치, 경제, 사회적인 현실을 외면하는 이상향 도시는 성공할 수 없으며, 이상향 도시를 만들기 위한 무리한 시도에 대한 비판적 견해

그림 2.5.6

브라질 현대화와 사회개혁을 향한 이상향 도시의 비전을 담은 브라질의 수도 브라질리아.

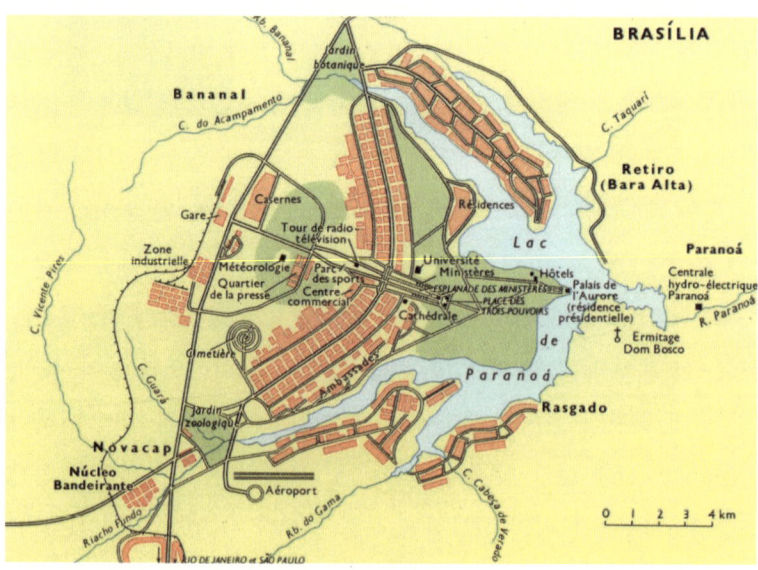

그림 2.5.7

브라질리아의 지도.

자연에서 배우는 청색기술

가 많아지게 되었다.

이렇듯 20세기 이상향 도시에 대한 담론은 결국 환상에 불과한 것이라는 의구심을 낳기도 했지만, 급격한 도시화의 수요에 대처하기 위해 고민하는 여러 국가들이 '국제주의'의 도시계획 방식을 교과서처럼 채택하여 기능주의 도시들을 앞다투어 생산하게 된 것은 어쩔 수 없는 현상이었다. 20세기에 들어와 영웅적인 자세로 기세등등하게 등장한 '과학기술중심의 이상향 도시'는 현실화 과정에서 안타깝게도 여러 한계를 드러냈으며, 도시문제를 양산하는 안타까운 상황에 이르게 된 것이다. 이런 도시들이 최근 부각되고 있는 환경문제의 주범으로 지목되면서 근현대적인 도시 설계에 대한 심각한 반성이 일고 있을 뿐만 아니라 지금이라도 도시 설계에 대한 새로운 접근이 필요하다는 자각이 일고 있다.

급격한 산업화와 과잉도시화의 문제

20세기형 도시가 양산되는 방법과 과정에 대한 문제의식이 제기되고 있다.

도시는 인간의 정치·경제·사회적인 활동무대가 되는 중심공간이며, 오늘날 대규모 산업화와 함께 거대한 도시화가 그 속도를 더하고 있다. 사람들 사이에 상호의존성이 높은 도시에는 전문성이 높은 사람들이 모여들게 마련이며, 그 결과 더 나은 도시문명과 문화적 경험을 열망하는 사람들은 더 많은 기회를 찾아 도시로 모여들고 있

다. 하지만 멈출 수 없는 도시화의 물결, 과잉도시화over-urbanization
에 따른 문제도 적지 않다. 독특한 도시성urbanism을 가지고 있는
도시는 급격한 인구 증가에 따른 사회, 경제, 정치 및 환경의 문제
등 해결해야 할 복합적인 문제들을 안고 있다. 근대화와 산업화의
산물인 도시화는 평균 소득 증대와 건강 개선 등 삶의 질을 높여주
는 효과가 큰 것도 사실이지만 과잉도시화에 수반되는 문제점 또한
배태하고 있다.

미국의 외교정책지 〈포린 폴리시Foreign Policy〉에 따르면 세계적으
로 진행되고 있는 과잉도시화로 야기되는 문제는 심각한 수준에 이
르고 있다. 약 100년 전인 1900년만 해도 전 세계 인구 중 도시인구
는 10퍼센트에 불과했지만 이제 도시인구가 농촌인구를 앞질러 도
시인구의 비율이 50퍼센트를 넘었으며, 2030년에는 60퍼센트가 그
리고 2050년엔 전 세계 인구의 75퍼센트가 도시에 거주하게 되리라
예측된다. 매 7일마다 지구에 시애틀 규모의 도시가 생겨 도시화가
가속되고 있다고 하면 놀라지 않을 수 없다. 도시화 속도가 가장
빠른 도시 중 하나인 나이지리아의 라고스(인구 800만 명)는 시간당
58명씩 인구가 늘고 있으며, 하루에 1,392명, 한 달에 4만 1,760명,
1년이면 50만 8,080명이 넘는 인구가 도시로 밀물처럼 유입되면서
도시공간에 대한 부담이 커지는 것은 물론이고 이에 따른 사회 혼
잡 및 복지 건강의 문제 역시 더욱 심화되고 있다.

세계의 1차 도시화 기간을 1750년부터 1950년까지 200년으로 본
다면, 그동안 진행된 도시화의 주역은 유럽과 북미 등 서구선진국이

었다. 반면에 1950년부터 시작된 2차 도시화는 개발도상국을 중심으로 이루어지고 있으며, 그 규모와 속도 면에서 선진국이 이룬 1차 도시화를 크게 앞서게 될 것이라고 한다. 오늘날 도시화 속도가 가장 빠른 20개 도시 가운데 18곳이 아시아와 아프리카에 집중되어 있어, 이 두 대륙이 전 세계 도시화를 주도하는 것으로 나타났다. 특히 아시아에서는 중국과 인도의 경제발전으로 인해 다른 어떤 지역보다 도시화가 빨리 진전될 것으로 예상되며, 아시아 지역의 도시인구는 18억 명 정도로 추정된다. 1950년에 두 곳에 불과하던 인구 천만 명 이상의 메가시티Megacity는 지금 스무 곳으로 늘었으며, 이 가운데 서울을 포함한 11개 도시가 아시아에 분포되어 있다. 이렇듯 급속히 진행되는 도시화에 대처하기 위해 대부분의 개도국 정부는 도시공간의 기능적 배치에만 급급하게 되었고, 이를 위해 각국에서는 서구국가에서 개발한 '국제주의' 건축 및 도시계획 기법을 무비판적으로 받아들여 적용할 수밖에 없었고, 이러한 추세가 세계적으로 확산되고 있다.

실제로 인구가 가장 많은 아시아의 도시화는 무서운 속도와 규모로 진행되고 있다. 만약 아시아 각국이 도시로의 급속한 인구 유입에 따르는 사회, 경제, 정치 및 환경적 문제에 제대로 대처하지 못한다면 도시화는 높은 실업률과 슬럼화, 범죄율의 급증과 같은 사회적 문제뿐만 아니라 환경오염 및 기후변화라는 큰 환경 재앙을 낳을 수도 있다. 급격한 도시인구의 증가는 토지 이용 측면에서 많은 문제를 야기하고 있을 뿐만 아니라 주택 수요 증가로 인한 지가

그림 2.5.7
세계적으로 확산되어가는 급속한 도시화.

상승 및 택지 부족 등의 문제를 발생시키고 있으며, 도시 지역의 무계획적이고 무질서한 확산 및 무분별한 토지 이용으로 각 지역의 고유한 특성과 정체성마저 상실되어가는 위험을 내포하고 있다. 이처럼 토지 이용에 대한 미래 지향적이고 장기적 안목의 부족은 도시기능을 비효율적으로 만들고 있다. 이는 곧 도시기반시설에 대한 총체적인 계획 부족으로 이어져 도시기능이 한계에 이르게 되고 궁극적으로 환경문제는 물론이고 방재에 취약성을 드러내게 되리라는 우려가 커지고 있다. 도시화에 따른 환경문제의 심각성에 대해서는 최근 유엔 헤비타트UN-HABITAT에서도 지구 표면적의 2~3퍼센트에 불과한 도시지역에서 배출하는 온실가스가 지구 전체 배출량의 80퍼센트 정도를 차지한다며 급속한 도시화에 따른 환경의 폐해가 크게 증가하고 있는 점을 우려하고 있다. 잘못된 도시계획 및 건설에 따른 환경문제는 환경기초시설의 부족, 상·하수도 등 공공서비스 시설의 부족, 공해 배출 산업의 증가 및 도시의 무질서한 팽창에 따른 자연녹지축의 단절 및 자연생태계의 훼손으로 이어지고 있으며, 양질의 토지 손실에 따른 산림 및 농지의 감소뿐만 아니라 지속적인 수질 악화로 인한 물 부족 상태에까지 그 파장이 커지고 있는 실정이다.

급격한 도시화는 환경문제 이외에도 많은 문제를 야기하고 있다. 도시가 슬럼화되면서 사회적 약자의 고통이 증대하고 있으며, 부족한 자연자원을 확보하기 위한 각국의 치열한 경쟁으로 국제적 갈등의 위험마저 증가시키고 있어 지구의 지속성을 크게 위협하고 있다. 이런 점에서 도시 설계에 대한 새로운 관심과 연구가 절실하게 요구되고 있다.

친환경 녹색정책의 시행착오 및 한계에 대한 인식
환경문제를 해결하기 위해 도입한 녹색정책에 대한 개선이 필요하다.

급격한 도시화에 대처하기 위해 도시도 표준화된 산업제품처럼 대량생산되기 시작했으며, 그 결과 도시 건설 과정에서 점점 자연과 인간의 문제는 소외되기 시작했고 도시에 대한 인문학적인 상상력이나 담론이 쇠퇴하는 결과를 초래했다. 자연발생적인 전통의 도시들은 오랜 시간에 걸쳐 지역의 특성에 맞게 진화하는 과정을 거침으로서 자연친화적이고 인간중심적인 특성을 지켜내는 반면 현

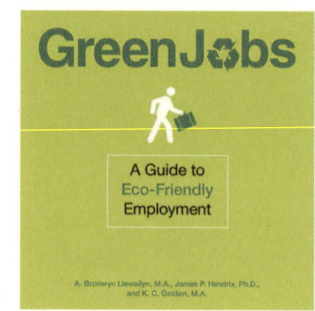

그림 2.5.8
친환경 녹색산업의 홍보 프로그램들.

대 도시는 빠른 속도로 대량생산 체제가 확산되는 과정에 있으며 세계화의 추세 속에 획일화된 도시문화가 확산되면서 각 지역의 고유한 문화와 지역성 그리고 생태계마저 상실되어 가는 위기가 초래되고 있다.

현대의 도시는 화석에너지에 대한 의존도가 높은 기계산업적 도시 인프라를 토대로 구축되어 있다. 따라서 지나치게 자원 의존적이고 자원 소모적인 방식으로 운용되고 있으며, 오늘날 대부분의 20세기 도시는 탄소 배출 및 에너지 위기를 증대시키고 있는 주범으로 지목되고 있다. 화학적 기술에 의존하는 물 관리 및 토양 관리는 공해의 증가와 함께 물 부족, 토사 유실 및 생태계 교란 등의 환경 폐해를 자초하고 있으며, 특히 화학비료와 살충제의 남용에 따른 토양오염은 아이러니하게 농촌을 가장 심각한 오염과 공해에 노출시키고 있다는 지적도 있다. 무엇보다 쓰고 버리는 소비형 사회구조를 조장하는 대량생산 및 대량소비의 산업구조는 자원부족의 문제 및 환경문제를 더욱 심화시키고 있으며, 이에 따라 지구의 미래에 대한 우려가 커지고 있다. 어떻게 보면 자연을 정복하려는 인간의 열망과 생산성과 효율성만 강조하는 산업구조 그리고 거침없이 쓰고 버리는 대량소비사회가 초래하는 경제적 불균형 및 사회적 양극화와 환경적 위기에 대한 자각은 늦게나마 다양한 친환경정책의 필요성에 대한 깨달음으로 이어졌고 다양한 친환경 녹색정책이 개발되고 적용되기 시작했다.

하지만 생태적 복합성에 대한 충분한 인식과 지속가능성에 대한 충분한 고려 없이 녹색산업정책을 단순히 채택하는 것에 대한 반성의 목소리가 커지고 있다. 니르말 키시나니Nirmal Kishinani 의 《친환경 아시아Greening Asia: Emerging principles for sustainable architecture》에 의하면 사후처방적 접근의 한계를 가지고 있는 녹색기술은 친환경정책의 단기적 효율성만을 강조함으로써 녹색의 플라시보 효과 placebo effect of green 에 현혹될 수 있다는 점을 우려하고 있다. 근본적인 지구환경 및 지속가능성의 문제를 '녹색'으로 포장함으로서 적당히 회피하고 모면하려는 것은 아닌지 우리 스스로 되물어보아야 한다는 것이다.

오늘날 다양한 친환경 정책이 시도되고 있지만 지역성이나 지역기후에 대한 충분한 고려 없이 국제적으로 보편화된 측정기준을 적용하는 오류universal assessment fallacy 에 대한 문제점도 자주 거론되고 있다. 또한 녹색정책이 지나치게 '인증서' 중심으로 진행되면서, 인증서를 받아 마케팅의 수단으로 이용하는 데 친환경 인증제도가 오용되고 있는 것은 아닌지에 대한 우려가 커지고 있다. 친환경기술을 개발하고 적용하는 데 드는 비용의 문제는 대부분 투자자나 건축주가 가장 민감하게 생각하는 것으로 단기적인 이익을 중심으로 의사결정을 할 가능성이 높은 투자자나 건축주에게 친환경기술을 채택하기를 요구하기 어려운 것이 현실이다. 따라서 친환경정책은 수립되어 있지만 실현되기 어려운 한계가 있다는 지적이다.

브리티시콜럼비아 대학의 건축학과 교수인 레이먼드 콜Raymond Cole이 지적한 바와 같이 대부분의 녹색정책은 기술관료주의적인 하향식top-down으로 이루어지고 있어 지역사회 구성원이나 자연생태계와의 충분한 연계가 없는 경우가 많다는 문제도 지적되고 있다. 건물과 실제 사용자 간의 인터페이스building-occupant interface에 대한 충분한 고려 없이 기술적인 지수만을 기준으로 친환경성의 우열을 정하는 것은 문제가 있으며, 기후대에 따라(아열대 지역은 통풍이 더 중요하다면 한대지역은 단열이 더 중요하다) 그에 맞는 별도의 친환경 기준을 적용하는 것이 바람직하다는 것이다. 따라서 우리가 LEED,[1] 패시브하우스passive house[2] 등 외국의 친환경 기준을 그대로

---

1) 미국의 친환경건축물인증제도
2) 최소한의 냉난방으로 적정한 실내온도를 유지할 수 있도록 에너지 효율을 높인 에너지 절약형 주택

가져다 우리의 건축 기준으로 쓰는 것에 대한 우려가 있을 수밖에 없다. 그리고 친환경 건축을 단순히 에너지 절감의 문제로만 보는 시각도 문제가 있다. 전자기기, 카페트, 접착재, 페인트 등의 산업화된 자재에서 나오는 독성 화학성분은 암, 알레르기, 천식 등의 빌딩증후군sick building syndrom을 야기하는 것으로 밝혀졌으며, 실내공기의 오염도가 외부공기보다 더 심각하다는 것이 밝혀지고 있다. 건축가인 윌리엄 맥도너William Macdonough와 화학과학자인 미하엘 브라운가르트Michael Braungart가 공동으로 저술한 책《요람에서 요람으로Cradle to Cradle》에서 우리 전반적인 산업이 변하지 않는다면 부분적인 녹색정책은 한계가 있음을 구체적으로 지적하며 친환경 자재를 만들어 쓰지 않는 상황에서 기밀성이 뛰어난 패시브하우스는 오히려 해가 될 수도 있다고 우려하고 있다. "덜 나쁜 제품"을 만드는 정도인 녹색산업의 노력으로는 부족하며 근본적으로 지속가능한 "좋은 제품과 디자인"을 위해 전체적인 산업이 바뀌어야 한다는 것이다.

이런 문제점에 대한 인식이 확산되면서 녹색정책이 자연과 인간의 지속가능성에 더 관심을 가져야 하며 친환경적 정책의 친환경 가치value of greening를 판단함에 있어 '단기적인 비용 대비 이익cost and profit'보다는 '장기적인 비용 대비 이익'을 평가해서 판단해야 한다는 자각이 일고 있다. 만약 우리가 단기적인 가치로만 친환경 문제를 판단한다면 정작 지속가능한 미래에 대한 대비가 불가능하게 되고 진정한 친환경 정책을 채택하지 못하게 될 우려가 있다는 것이다. 폴 호켄이 지적하듯이 우리는 "미래 세대의 자원을 가져다가 오늘의 이익을 위해 팔아서 그것을 GDP라고 부르는 우를 더 이상 범하지 말아야 한다.Stealing the future, selling in present, and calling it GDP." 이런 관점에서 사후 처방적 접근에 기초하는 녹색기술을 넘어 사전예방적 접근을 강조하는 자연중심적인 청색기술을 도시 설계에 도입하는 것은 매우 의미있는 일이다.

자연중심적 청색기술과 지속가능한 도시
지속가능한 도시 설계, 이제 자연을 보고 배워야 한다.

대량생산해서 대량소비하고 대량배출하는 소비적인 산업사회는 미래 인류의 지속가능성에 근본적인 한계를 가져다준다는 것에 공감하고, 이제라도 자연에서 지혜를 배워야 할 때이다. 우리가 알고 있듯이 자연은 스스로 재생하고 치유하는 놀라운 힘을 가지고 있다. 재닌 베니어스가 그의 저서 《생물모방》에서 지적했듯이, 개미 집단은 인간개체보다 더 거대한 바이오매스biomass를 가지고 있으며 인간보다 훨씬 오랫동안 거대한 생산활동을 하고 있지만 개미는 인간보다 더 친환경적인 방식으로 지속가능성을 유지해왔다. 개미의 생산물은 자연의 다른 생명체에 도움을 주고 전체적인 생태계에 긍정적 기여를 하고 있는 반면, 기껏해야 400~500년의 역사를 지닌 산업혁명은 생태계에 상처를 남기고 폐해를 입히고 있다. 대평원

그림 2.5.9
마술과 같은 조화 속에 지속가능성을 유지하고 있는 대평원.

prairie의 다년생 식생대는 지표층 다년생식물aboveground-perrenial과 하부층 다년생식물belowground-perrenial이 서로 상호보완하며 마술과 같은 조화 속에 지속가능성을 유지하고 있다. 하지만 인간의 산업화된 농업은 화학비료와 살충제에 지나치게 의존함으로써 대지를 심각하게 오염시키고 표토는 복원하기 힘들 정도로 유실되어 농가의 비용은 지속적으로 상승함으로써 농촌은 결국 파탄에 빠지게 될지도 모른다. 겉으로 보기에 전원적인 환경의 농촌이 위험한 수준으로 오염되고 있으며, 사회의 안정된 기반을 이루어야 할 농촌경제가 환경파괴에 따른 비용증가로 더 이상 지속가능하지 못하게 된다는 것은 안타까운 일이다. 그런 점에서 지속가능한 농촌을 만들고 사람들에게 건강한 식단을 제공하기 위해 자연의 지혜를 배우려는 다양한 청색기술에 기반한 농업연구와 농업운동에 관심을 가져야 하며 변화를 위한 근본적인 노력이 필요하다는 공감대가 필요하다.

자연의 설계 능력에 비하면 인간의 설계 능력은 많은 한계를 지니고 있으며, 자연의 지속가능한 생산 및 소비방식에 비해 인간의 생산 및 소비활동은 매우 소모적이다. 오늘날 공해로 인한 공기질의 저하, 수자원의 오염과 양적 부족, 표토의 유출과 토양오염, 열대우림과 빙하의 파괴 등 지구의 전체 생태계가 위협을 받고 있는 상황을 보면 이제라도 우리는 자연에서 지속가능성을 배워야 한다는 의견에 공감한다. 생물체로부터 영감을 얻어 문제를 해결하려는 '생물영감'과 생물을 본뜨는 기술인 '생물모방' 등의 자연중심 기술이 21세기 초부터 관심을 끌고 있으며, 과학기술 핵심 분야 전반에 걸쳐 영향을 미치고 있다. 군터 파울리는 자연기술이 발전하면 녹색경제의 대안으로 '청색경제' 시대가 개막되리라 예견했고, 이런 맥락에서 지식융합연구소 이인식 소장은 그의 책 《자연은 위대한 스승이다》에서 이러한 자연중심 기술을 '청색기술'이라고 부를 것을 제안하고 있다. 자연중심 기술인 청색기술이 자연에서 배우고 자연의 지속가능성을 연구하는 데 관심을 가지고 있다는 점에서 청색기술이 오늘날 도시 설계에 시사하는 바가 많다. 이런 점에서 도시 설계 분야에서도 청색기술 및 지속가능성의 문제를 더욱 심도 있게 다룰 필요가 있으며, 이제 '녹색도시'를 넘어 '청색도시'를 꿈꾸어야 한

그림 2.5.10
(a) 20세기 유기적 건축의 대표작인 알바 알토의 핀란드 파빌리온.
(b) 21세기 유기적 건축인 산티아고 칼라트라바의 리옹 TGV 역사.

자연에서 배우는 도시 설계

다고 제안하고 있는 것이다.

건축에서도 오래 전부터 유기적 건축organic architecture 또는 생물적 형태를 닮은 건물bio-morphic building이 다수 시도되었다. 하지만 이제 외적 형태의 모방을 넘어 자연친화적인 건축 시스템을 개발하고 디자인하려는 노력이 필요하다. 하나의 예로 아프리카의 흰개미 집단의 둔덕이 갖고 있는 친자연적인 공기순환 시스템에서 영감을 얻은 믹 피어스Mick Pierce의 이스트게이트센터Eastgate center는 자연의 지혜를 배워 닮고자 하는 건축 설계의 좋은 사례가 되고 있다. 우리도 고온다습한 여름과 추운 겨울이 공존하는 우리나라의 환경에서 가능한 친자연적 시스템의 개발이 필요하며, 청색기술을 통해 실제 적용 가능한 친자연 기술들이 개발된다면 에너지를 절감하고 환경의 질을 개선하는 데 큰 도움이 될 것이다.

알렉스 스테픈은 《함께하는 도시의 미래The Sharable Future of City》에서 건축과 도시가 많은 환경의 문제를 야기하고 있지만 우리가 건축과 도시를 제대로 계획하고 설계한다면 건축과 도시가 지구의 지속가능성을 위한 중요한 실마리와 기반을 제공할 수 있다는 점을 강조하고 있다. 친환경 에너지를 개발하는 것만으로는 급속하게 증가하는 에너지 수요를 충족할 수 없으며 우리의 생활 구조 및 방식에 근본적인 변화가 필요하다는 것이다. 토지 이용 측면에서 도시의 유휴지를 적극적으로 활용하여 공간 밀도를 높여 직주근접형 마을공동체가 가능하도록 하며, 나아가 마을 가까운 곳에 '에코 디스트릭트eco district'를 만드는 등의 노력을 통해 에너지 수요를 줄일

그림 2.5.11

에코 디스트릭트.

수 있도록 해야 한다는 것이다. 도시를 인간중심 공간human center 으로 만들어 자전거와 도보 등 보행자 중심의 공간을 만들고 대중교통 체계를 새롭게 구성하고 보완하여 도시 내의 자동차 사용을 최

그림 2.5.12
그린 루프를 활용한 건축물들.

소화하며, 자동차를 위해 사용하던 공간들을 주민공동시설로 활용하는 등 도시의 유휴역량surpus capacity으로 활용함으로써 우리의 도시가 환경문제 해결에 적극적인 기여를 해야 한다고 역설하고 있다.

당장 적용할 수 있는 친자연적인 건축과 엔지니어링 기술은 이미 다양하게 개발되어 있다. 자연의 바람을 이용하여 통풍함으로써 냉방 부하를 줄이고 태양광의 실내 유입을 확대하여 실내 조명을 대신하고, 채광을 통해 실내의 난방 부하를 줄이는 자연친화적인 건축의 지혜를 이용하는 것만으로도 건물에서 사용하는 에너지의 90퍼센트를 절약할 수 있다. 위로는 지붕을 지역 토착적인 야생초나 야생화로 녹화하여 지붕의 단열을 돕고 생명체를 도시로 다시 불러들이는 데 도움을 주는 그린 루프green roof에서부터 시작하여, 자연생태계가 서로 연결되어 생명력을 갖도록 생태 통로ecological path를 만들고, 건물에서 나오는 오수를 지중 토양운하soil canal로 흘려보내 도시의 식물에 수분과 영양분을 주며, 빗물 저장 및 하수 처리 등 도시 하부에 있는 기반시설을 자연의 생태계와 연결하여 자연순환의 힘을 이용하는 그린 인프라green infrastructure를 구축하는 노력에 이르기까지 다양한 친자연적인 청색엔지니어링 기술이 개발되고 있다. 우리의 도시에도 이러한 친자연 기술을 더욱 적극적으로 도입해야 하며 한국적 도시 상황에 맞는 청색기술이 개발되도록 정책적인 지원이 필요하다.

윌리엄 맥도너의 《요람에서 요람으로》에서 제기하는 총체적인 디자인 문제의식은 우리에게 많은 것을 시사한다. 우리 사회의 도시 설계 뿐만 아니라 산업 전반에 걸친 디자인에 대한 새로운 시각이 필요하다는 것이다. 기존의 대량생산 및 소비방식에서 벗어나 녹색산업에서 해오던 사후처방의 소극적인 방법이 아니라 사전예방의 적극적인 방법이 절실히 요구된다. 이런 변화를 위해서는 사회적인 공감대가 형성되어야 하는데, 이를 위해 단기적인 생태효율성eco efficiency 중심의 사회에서 장기적인 안목의 생태효과성eco effectiveness 중심 사회로의 전환이 필요함을 역설하고 있다.

재닌 베니어스가 제시하는 자연생태계를 본뜬 생물모방 도시 설계 10가지 원칙과 같은 것들을 바로 따라하며, 자연의 오묘한 현상을 모두 이해하고 적용하기에는 기술적 한계가 있는 것이 사실이지만 적어도 현실에 적용 가능한 청색기술을 개발하기 위한 노력을 계속하고 이를 도시 설계에 적용하기 위한 노력은 계속되어야 한다. 지속가능한 자연친화적인 도시를 만들기 위해서 우리는 도시의 생명유지 시스템life support system이라 할 수 있는 물 관리, 에너지 관리, 쓰레기 관리에 자연중심적 기술을 도입하여 자연과 같은 무한순환 시스템closed-loop ecological system으로 구축하여야 하며, 지속가능한 도시 형태와 친자연적인 교통체계를 도입하고 지역의 특성과 문화 및 자연자원 활용을 기반으로 창의적이고 혁신적인 방법으로 일자리와 고용을 창출해야 지속가능한 경제가 구축될 수 있다.

이를 위해서는 무엇보다도 합리적인 의사결정 과정이 확립되어야 한다. 전통적으로 정부가 '일방적으로 예측하고 제공해주는 과정predict and provide process'이 아니라 도시 설계에 대해 '토론하고 결정하는 과정debate and decide process'이 필요하다. 지속가능한 사회가 성립하기 위해서는 민주적인 의사결정과 수준 높은 공공영역, 시민문화,¹ 커뮤니티, 좋은 정부 관리체계good governance를 구축하여야 한다. 또한 도시계획에 대한 전략적 접근의 변화가 필요하며 지속가능성을 위한 혁신적인 전략의 수립이 필요하다. 도시계획은 완결된 계획서를 만드는 것이 아니라 미래의 삶의 방식에 대한 전략적인 공감대의 형성하는 과정이기 때문이다.

대량생산과 소비로 자원의 고갈이 가속되고 대량 배출되는 쓰레기로 환경이 파괴되는 악순환의 고리를 벗어나기 위한 사회적인 노력이 필요한 때이다. 산업화시대의 디자인 방식의 한계에 대해 인식하고 인류의 지속가능성에 대해 고민하며, 이제라도 우리의 물질적 풍요를 위해 후손들이 써야 할 자원까지를 끌어다 소모하는 삶의 방식에 대한 냉철한 문제의식을 가져야 한다. 인류가 믿어온 낭만적인 유토피아가 더 이상 존재하지 않을지라도 미래의 지속가능한 이상향 도시에 대한 인류의 희망까지 져버려서는 안 된다. 이제는 인문학적인 가치와 자연중심 과학기술을 조화시키는 계획적인 접근이 절대적으로 필요한 때이다. 21세기의 인류는 새로운 이상향 도시를 필요로 하고 있으며, 자연중심의 기술, 따뜻한 기술, 적정기술 등을 포괄하는 청색기술에서 그 희망의 씨앗을 찾을 수 있을 것이다.

세종시의 미래, 청색기술의 모범도시

세종시는 자연으로부터 배우는 청색기술의 모범도시가 될 수 있다.

인류의 이상향적 현대도시에 대한 꿈은 다양한 문화권에서 다양하게 해석되고 발전되어 왔다. 세계의 다양한 문화는 다양한 도시가 탄생하고 발전하는 원동력이 되어 왔고, 각국은 나름의 고유한 도시 유형을 경쟁적으로 발전시켜 우리에게 다양하고 독특한 도시 문화의 체험이 가능하도록 해주고 있다. 로마는 역사적 흔적이 계속 콜라주된 '콜라주 시티Collage city'로 그 가치가 인정되고 있다면, 북경은 자금성의 공간의 켜가 도시의 켜로 이어지는 '켜의 도시 Layered City'로, 파리는 개선문 등의 주요 거점으로부터 도로가 방사형으로 뻗어나가는 '방사형 도시Radial City'로 그리고 뉴욕은 격자형의 가로 체계 속에 고층의 건물들을 가득 채운 '격자형 도시Grid City'로 각각의 도시가 독자성을 가지고 발전하고 있으며, 나름의 독특한 공간적

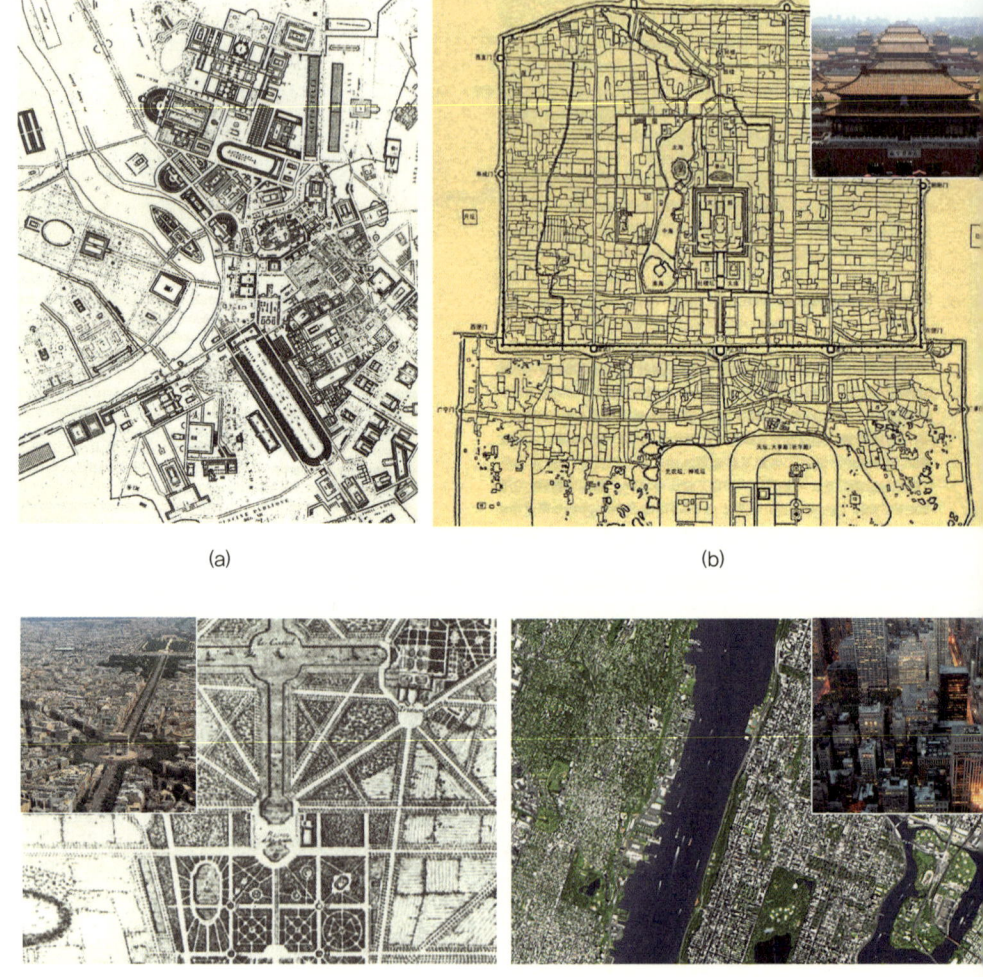

그림 2.5.13
(a) 콜라주 시티, 로마. (b) 켜의 도시, 북경. (c) 방사형 도시, 파리. (d) 격자형 도시, 뉴욕.

체험과 문화적 경험이 가능하도록 하고 있다. 오늘날 도시는 그 도시의 특색을 표출함으로서 경쟁적으로 인재와 자본을 끌어들이고 있으며, 그런 힘을 바탕으로 역동적으로 발전하기 위한 전략의 수립에 힘을 쏟고 있다. 우리도 이제 국제적인 반열에 들 수 있는 명품도시를 만들어 인재와 자본이 모여드는 경쟁력을 갖출 수 있도록 더 많은 노력이 필요한 시점이다. 그런 점에서 우리의 당면과제는 과연 우리가 미래지향적인 비전과 새로운 패러다임을 제시하는 도시를 계획하고 건설해내어 경쟁력을 갖출 수 있느냐이며, 우리에게 어떤 가능성과 기회가 있는지 분석하고 살펴볼 때이다.

급증하는 도시화 속에 에너지와 자원의 과도한 소비로 인해 지구 환경의 폐해가 커짐에 따라 인류의 지속가능성에 대한 우려가 심각한 수준에 이르렀고, 20세기 방식의 도시계획과 건설을 부분적으로 뜯어고치는 것은 어느 정도 한계가 있다고 본다면, 이제 우리도 새 술을 새 부대에 담는 마음으로 새로운 가치 체계 위에 새 도시를 건설하려는 결단과 노력이 필요하다. 세계적인 추세가 새로운 도시를 계획하고 건설해야 할 필요성이 증대되고 있는 상황에서 새로운 가능성을 보여주고 있는 세종시에 관심을 가질 필요가 있다. 세종시는 정치적 산물 이상의 시대적 요구이며, 모범이 될 만한 새로운 개념의 도시를 만들 수 있는 잠재력과 기회가 있기 때문이다.

한국형 신도시 개발의 한계와 가능성

한국은 상대적으로 짧은 근대화 기간에도 불구하고 다양하고 폭

넓은 도시 건설의 경험을 가지고 있다. 60년대에서부터 시작된 급격한 도시화 수요에 대처하기 위해 다양한 신도시를 계획하고 건설하기 시작했다. 울산, 포항, 여천 등의 초기 공업도시는 공업단지가 먼저 건설된 후 배후도시가 건설됨으로써 계획도시의 면모를 제대로 갖추지 못했다면, 구미, 창원, 안산 등의 도시는 공업단지를 만들면서 배후주거지를 함께 계획하고 건설한 계획도시였지만 경험 부족과 정확한 예측의 실패로 계획의 빈번한 수정이 불가피했다.

분당, 일산 등 1기 신도시가 서울의 주택문제 해결을 위해 급조된 계획도시로, 일자리가 부족해 자족도시의 면모를 사전에 제대로 갖추지 못한 한계가 있었다면, 판교, 동탄 등 2기 신도시는 1기 신도시의 문제점을 보완하여 녹지 비율을 늘리는 등 친환경적 개발과 교통 등 생활기반시설 확충에 신경을 썼으나 여전히 20세기 베드타운의 한계를 극복하지 못한 안타까움이 있다. 그후 우리는 근본적인 도시 문제에 대한 대안을 제시하고 인구와 산업의 과도한 수도권 집중을 해소할 목적으로 행정중심복합도시인 세종시와 혁신도시를 계획하는 단계에 이르렀으나 아직 미완의 상태이다. 하지만 세종시는 21세기형 신도시로서의 잠재력이 충분하다고 평가되고 있으나 이를 성공적인 모범사례로 만들기 위해서는 우리의 지혜와 힘을 모아야 할 과제를 안고 있기도 하다.

세종시는 입지 선정에서부터 마스터플랜까지 자연과의 조화에 중점을 두었을 뿐만 아니라 토론과 참여를 통한 절차의 정당성 또한 중시함으로써 대한민국 도시계획의 새로운 장을 열었다는 점에서 미래지향적 도시의 잠재력이 충분하고 하겠다. 따라서 세종시 계획과 건설의 핵심내용을 다음과 같이 분석하고 검토해 청색기술과의 융합 가능성을 제시하고자 한다.

1. 전통입지이론과 현대과학을 접목한 자연친화적 입지 선정

좋은 도시의 첫째 조건은 입지라고 할 수 있다. 도시건설에 청색기술을 적용하는 관점에서 볼 때 자연을 최대한 살리고 생태계 파괴를 최소화하면서 도시를 건설할 수 있는 입지를 선정하는 것은 매우 중요한 일이다. 세종시는 입지 선정 단계에서 제대로 된 과정과 절차를 거쳤고 많은 전문가들이 참여했다는 점은 여타 신도시 입지 선정과 차별된다. 과거 신도시의 입지 선정은 극도의 보안 속에서 이루어졌다. 개발 정보가 새어나갈 경우 예견되는 부동산 투기 등 부작용을 우려했기 때문이다. 1970년대 말 당시 임시 행정수도 건설을 추진하던 고故 박정희 대통령이 입지 선정 문제를 직접 챙긴 사례는 그 대표적인 예라고 할 수 있다.[3]

반면에 세종시[4]의 입지선정 과정에서는 한편으로는 한국토지공사로 하여금 충청권 전역을 대상으로 지형적 조건과 법률적 제한요소들을 고려하여 개발 가능 지역을 조사한 후 보존이 필요한 지역을

---

3) 1979년 10월 26일 박정희 대통령 서거 당시 대통령의 책상 위에 지도와 돋보기가 놓여 있었다고 한다.
4) 2004년 입지선정 당시에는 신행정수도로 추진되었다.

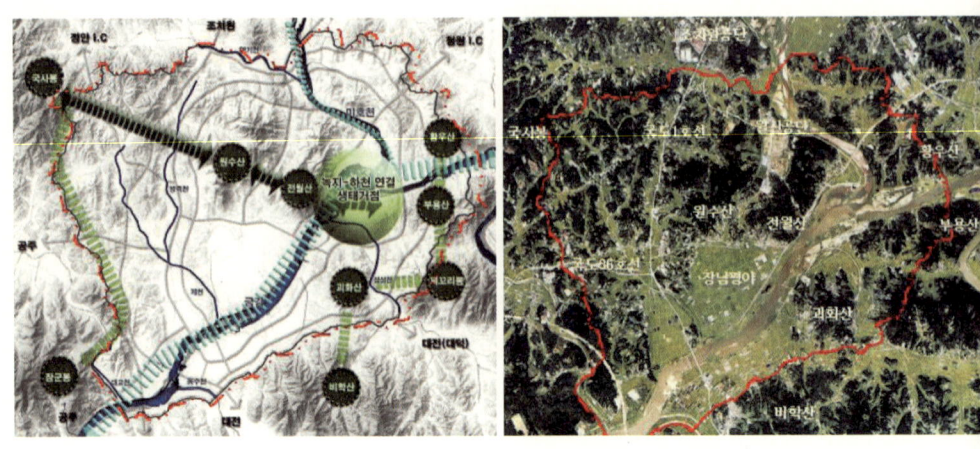

그림 2.5.14
전통입지이론과 현대과학을 접목한 세종시의 자연친화적 입지선정.

배제하는 방식으로 작업을 시행했고, 다른 한편으로는 국토연구원
등 연구기관으로 하여금 입지선정 기준에 관한 연구를 실시하도록
했다. 평가요소는 국토균형개발에 미치는 효과, 환경, 교통, 도시개
발의 용이성, 경제성 등 5개 분야 20개 항목으로 구성되었는데, 전통
적인 풍수적 요소도 반영되었다. 한국토지공사의 개발 가능 부지 조
사결과를 토대로 2004년 6월 천안, 진천/음성, 연기/공주, 논산 등
4개 후보지가 선정되었고, 평가요소 별 배점기준에 따라 16개 시도
에서 추천한 전문가 80명으로 구성된 평가단의 평가를 거쳐 지금의
세종시인 연기/공주지역이 신행정수도의 최종입지로 선정되었다.
장풍득수藏風得水 의 줄임말인 '풍수'에는 자연과 어우러져 살고자

했던 선조들의 지혜가 담겨 있다. 풍수적으로 우수한 입지는 자연 훼손을 최소화하면서 도시를 건설할 수 있는 장소라는 점에서 자연의 이치를 따르고자 하는 청색기술과 맥을 같이 한다고 할 수 있다.

2. 순환과 소통의 극대화를 위한 환상형 도시구조

세종시는 개발지역 중앙에 원수산과 전월산이 위치하고 금강과 미호천이 도시 한복판을 흐르고 있어 산태극수태극山太極水太極 의 우수한 풍수적 요소를 지녔다는 평가를 받고 있다. 세종시는 동양 전통 사상인 태극의 원리를 구체화한 '상생, 발전, 순환, 소통'을 도시계획의 기본 이념으로 설정하고, 이를 도시계획으로 구현시켜 환상형의

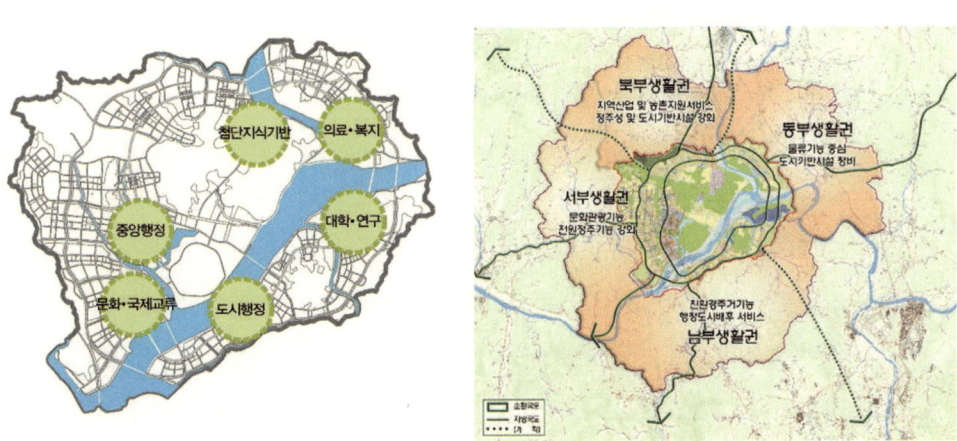

그림 2.5.15
순환과 소통의 극대화를 위한 세종시의 환상형 도시 구조.

공간 구조를 채택했다. 환상형 도시 구조는 도시의 중심을 비워 오 픈스페이스로 만들어 시민들이 공유하는 공간으로 만들고 이를 둘 러싸고 있는 원을 따라 도시를 개발하는 것으로, 반지 모양의 원둘 레를 따라 중앙행정, 국제교류 및 문화, 지방행정, 대학연구, 보건의 료, 첨단산업 등 6개의 도시기능을 분산배치했다. 이와 같이 도시의 주요기능을 분산배치한 것은 도시의 흐름이 도심 한 곳에 몰려 정체 되는 현상을 예방하는 효과를 거두기 위한 것이며, 이같은 환상형 도시구조는 자연생태계의 무한순환closed-loop eco system 원리를 적용 할 수 있다는 장점 또한 가지고 있다. 한 토지 이용에서 쓰다 남은 에너지나 폐기물이 다른 토지 이용의 에너지와 자원이 되어 계속 순 환되며 쓰이는 공간 체계가 제대로 구현된다면 자연모방의 도시계 획 원리를 찾고자 하는 청색기술의 좋은 사례가 될 수 있을 것이다.

3. 직주근접職住近接을 통한 대중교통 중심도시

세종시는 22킬로미터의 환상형의 대중교통 중심축을 만들고 이 축을 따라 도시의 주요기능을 배치하고 그 주변에 주거지를 개발함 으로써 직주근접을 유도하고 있다. 즉 대중교통 중심축을 중심으로 직장을 배치하고 그 직장 종사자들의 주택을 주변에 배치함으로써 걸어서 출퇴근하는 구조를 만들어서 교통수요를 최소화하자는 것이 다. 그리고 최소한으로 발생하는 교통수요의 처리에 있어서도 대중 교통 중심의 교통체계를 구축하여 도보와 대중교통만으로도 시내 주요지점 간 교통시간이 30분을 넘지 않도록 설계함으로써 자가용

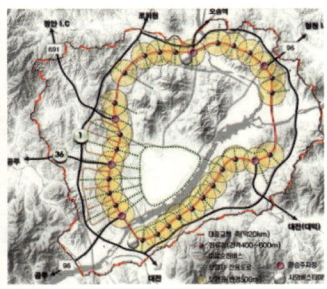

그림 2.5.16
직주근접을 통한 대중교통 중심도시.

승용차 이용을 최소화하도록 계획했다. 이 대중교통 중심축에는 첨단 대중교통체계인 BRT Bus Rapid Transit를 구축하여 신호체계의 간섭을 받지 않도록 하여 정시성을 확보하도록 계획했으며, 도시개발 초기단계에는 CNG하이브리드 버스를 운행하고 대중교통축이 완성된 이후에는 바이모달트램 같은 첨단 교통수단을 도입할 예정이며 주변도시인 유성, 오송, 대덕단지 등과는 광역 BRT로 연결할 계획이다. 또한 친환경 교통수단인 자전거도로 354킬로미터를 설치함으로써 승용차 이용률을 다른 도시의 절반 수준인 24퍼센트 수준으로 줄인다는 목표 또한 세우고 있어 진정한 의미의 친환경 교통체계의 모범사례가 될 수 있다고 본다.

4. 자연보전을 극대화한 친환경도시계획

세종시는 개발 지역과 보전 지역을 결정하는 과정에서 도시개발 전문가와 환경 전문가가 사전협의하여 갈등의 소지를 제거하고 환경 분야의 의견을 충실히 반영했다. 다른 신도시 개발의 경우 도시 개발 전문가들이 토지이용계획을 수립한 후 환경영향평가 등을 통해 환경성 검토를 받는 것이 일반적인 사례이나 세종시의 경우에는 토지이용계획의 수립 과정에서 도시개발 전문가들과 환경 전문가들이 협의하여 어느 곳을 개발하고 어느 곳을 보전할 것인가를 결정하는 방식을 채택함으로써 친환경적 개발을 추구하면서도 개발 소요기간을 최대한 단축할 수 있었다. 세종시의 녹지율이 52.5퍼센트에 이른다는 것은 분당, 일산 등 제1기 신도시의 녹지율이 약 20퍼센트, 동탄, 판교 등 제2기 신도시의 녹지율이 약 30퍼센트, 가든 시티를 표방하는 푸트라자야의 녹지율이 약 40퍼센트라는 점을 감안할 때 주목할 만한 일이다.[5]

세종시의 도시개발계획에서는 또한 자연환경이 양호한 녹지축과 하천축의 생태계를 유기적으로 연결하기 위한 노력을 하고 있다. 광역적인 차원에서는 도시개발 예정 지역 밖의 국사봉에서 예정 지역 내의 원수산-전월산으로 이어지는 녹지축을 유지하고 있다. 녹지축과 간선도로망이 교차되는 지점에는 생태통로와 터널 등을 설치하여 녹지의 연속성과 야생동물의 이동성을 확보하도록 계획했다. 마을 단위의 기초생활권 사이에는 쐐기형 공원녹지를 조성하여 자연생태계가 도시 내부까지 연결될 수 있도록 계획했고, 아파트

---

5) 신도시의 녹지 비율: 분당 19.4퍼센트, 판교 37.0퍼센트, 동탄 24.3퍼센트, 파주운정 30.3 퍼센트.

자연에서 배우는 청색기술

그림 2.5.17
자연보존을 극대화한 친환경 도시계획.

등 건물 배치에 있어서는 바람길을 고려하도록 함으로써 도시의 열
섬현상을 최소화할 수 있도록 했다. 또한 금강, 미호천 등 국가 하
천과 도시 내의 지방 하천을 연결하고 그 주변은 최대한 보전될 수
있도록 수변공간을 조성하고 이런 공간들은 생태관찰 등 소극적 이
용만 가능하도록 계획하여 보호하고 있다.

5. 설계 공모를 통한 아이디어 발굴과 원형지 개발

전통적 신도시 개발의 경우 도시개발 사업자는 택지를 조성하여
건설업체에 매각하고 건설업체는 네모 반듯한 땅에 아파트를 짓는

그림 2.5.18
설계 공모를 통해 아이디어를 발굴하고 개발한 첫마을지구(1,2단계) 통합조감도.

다. 이에 반해 세종시에 첫 번째로 조성된 주택단지(그래서 단지 이름도 '세종시 첫마을'이다)의 경우 약 1제곱킬로미터의 원형지를 대상으로 설계 공모를 했고, 설계 공모 당선작을 토대로 지구 단위 계획을 확정한 후 원형지를 건설업체에 공급하게 했다. 이에 따라 건설업체는 자연지형을 최대한 활용하여 보존이 필요한 숲과 개울 등 자연지형을 녹지나 공원으로 보존할 수 있게 되었고, 부지 조성을 한 후 건축 공사를 하는 대신 건축 공사에 필요한 부분만 부지 조성을 함으로써 공사비도 절감할 수 있었다. 이 방식은 미국의 그린스 빌리지 개발에서 볼 수 있는 계획단위 개발기법planned unit development 의 한 예로서, 자연존중의 친자연개발의 모범사례가 될 것이라고 본다.

6. 마을의 지속가능성을 위한 도시개발

우리나라 농촌의 전통마을은 소속감, 일체감이 높은 강력한 커뮤니티를 형성하는 반면, 도시에서는 자기 마을이라는 개념을 찾기 힘들다. 도시 주민 간의 커뮤니티 의식을 강화하기 위해 세종시는 마을 단위의 개발을 추진하고 있다. 마을 규모는 전통적인 근린주구 이론에 입각하여 학교를 중심으로 1제곱킬로미터 내외로 정했고,[6] 학교, 주민센터, 상가 등 공동이용시설을 복합커뮤니티로 개발하여 마을 중심에 배치함으로써 주민들 간의 교류와 접촉을 최대화할 수 있도

---

6) 학교를 마을의 중심에 배치하면 학생들은 500미터 이내의 거리에서 도보로 통학을 할 수 있게 된다.

록 했다. 이는 전통적인 마을 개발Traditional Neighborhood Development의 이론에 따라 주민 50만 명의 도시에 살면서도 전통 시골마을과 같은 개념으로 도시 안의 작은 마을의 공동체에 소속되는 효과를 만들어내고자 한 것이다. 마을 단위의 개발은 전체 도시가 완성되기 전이라 하더라도 마을 단위로 필요한 시설을 확보함으로써 주민들의 생활 불편을 최소화할 수 있도록 계획했다. 또한 도시를 한꺼번에 개발하는 대신 2030년까지 20여 년 동안 단계적으로 개발하도록 하고 있어 급격한 도시화의 폐단을 최소화하고자 했다.

7. 이산화탄소 감축과 신재생에너지 도입

우리나라는 2030년까지 온실가스를 1990년 대비 70퍼센트 이상 감축하겠다는 목표를 세워놓고 있다. 이에 따라 세종시는 총 에너지 사용량의 15퍼센트 이상을 신재생에너지로 충당한다는 목표 아래 태양광, 지열, 폐기물, 바이오, 연료전지 등을 활용할 계획을 추진 중이다. 2020년까지 LED 조명을 90퍼센트 이상 도입한다는 목표 아래 정부청사의 실내등, 가로등 등 공공시설물부터 LED 조명 설치를 추진하고 있고, 태양광을 세종시의 대표 신재생에너지원으로 선정하여 2020년까지 250메가와트를 도입할 계획이다. 그리고, 정부청사 옥상에는 정원green roof을 설치하여 건물의 에너지를 절감하고 녹지공간을 확보하면서 시민들을 위한 산책길로도 이용되게 하여 보행자 중심 도시의 잠재력을 극대화하여 새로운 친환경 도시의 모범을 제시하고 있다.[7]

친자연적인 명품도시 세종시의 구현을 위한 제언

세종시를 명품도시로 만들기 위해서는 국민 모두의 지혜를 모아야 한다.

21세기 도시건설 패러다임의 변화를 수용할 수 있는 도시로서 세종시가 세계적 관심을 받는 명품도시가 되기 위해서는 도시 전문가, 과학자, 건축가 그리고 행정 전문가들뿐만 아니라 모든 시민들의 지혜와 생각을 모아야 한다. 우리는 대한민국을 대표하는 새로운 도시를 계획하고 건설하는 절호의 기회를 헛되이 보내지 말아야 하며, 21세기 이상향 도시의 모범이 되는 세종시를 건설함으로써 세계인이 찾아오고 싶어 하는 도시를 만들어 후손들이 자랑스러워할 자산으로 남겨야 한다. 이를 위해서는 무늬와 색깔만 녹색이 아닌 진정한 자연중심의 청색기술을 적용하기 위한 공감대를 형성할 필요가 있으며, 자연중심의 명품도시를 성공적으로 만들기 위한 좋은 아이디어들을 찾아내고 검증하여 도시 설계에 반영하여야 한다. 청색기술에 관한 논의를 진행하는 과정에서 나온 생각들 중에서 실현이 가능하리라 평가되는 몇 가지를 제언하며, 이와 같은 제언이 앞으로 열린 토론의 밑거름이 되기를 바란다.

21세기 이상향 도시는 자연으로부터 얻어내는 지혜를 담아내야

---

7) 이상 자료: 행정중심복합도시건설청.

그림 2.5.19

세종시 대표이미지 마스터플랜.

한다. '에너지 제로, 쓰레기 제로zero energy, zero waste'를 지향하는 자연중심 기술을 충분히 적용하는 것은 물론, 자연친화적이고 인간미가 넘치는 도시 설계 가이드라인urban design guideline을 구체화하고 실현하여 새로운 시대정신을 담아내는 세종시를 건설해야 한다. 기왕에 소중한 자원과 재원을 투입하여 건설하는 세종시를 새로운 개념의 명품도시로 발전시켜 세계인들이 보고 체험하기 위해 찾아오는 목적형 관광도시destination tourism city로 승화시켜야 한다. 21세기 이상향 도시는 잘 만들어진 하드웨어에 가치 있는 콘텐츠를 함께 담고 있어야 한다. 만약 자연과 완벽한 조화를 이루는 지속가능한 도시의 이야기를 세종시의 도시계획에 담아낼 수 있고, 그러한 이야기를 도시 곳곳에서 실제로 체험할 수 있게 해준다면, 세종시의 일상적인 삶 자체가 가장 가치 있는 관광상품이 될 수 있을 것이다. 그러기 위해서는 친환경적인 세종시의 도시 설계를 진정성을 가지고 더 깊이 있게 발전시켜 나가야 하며 다음과 같은 제안이 참고가 될 수 있을 것이다.

제안 1. 폐기물의 재활용을 극대화하기 위한 순환형 산업모델의 도입

도시가 쏟아내는 쓰레기나 폐기물이 매립지로 가지 않고 소중한 자원으로 재활용되도록 도시 공간 및 시스템이 계획되어야 한다. 자연을 보면 한 생명체의 폐기물이 다른 생명체의 식량이 된다. 성숙한 생태계에서 생물은 원금元숲이 아니라 원금을 통해 얻는 이자로 먹고 산다. 현명한 생물은 폐기물로 보금자리를 오염시키지 않는다. 생물은 자신의 제조 설비, 곧 서식지에서 먹고 숨 쉬고 자야만 하므로 서식지를 독으로 오염시키지 않는다. 한 산업의 폐기물이 다른 산업의 자원이 되고, 다른 산업의 폐기물이 또 다른 산업의 자원이 되어 순환하는 원리를 적용하는 도시 설계가 가능하도록 하는 순환형 산업 모델closed-loop industrial cycle을 토지 이용 계획 및 도시 인프라 건설 계획에 적용하여야 한다. 쓰레기 처리 정원waste processing garden 등의 실험적인 사례에서 볼 수 있듯이 인간도 자원을 감소시키지 않고 처리할 수 있는 가능성이 충분히 있다. 세종시의 환상형 도시구조는 자연생태계의 무한순환closed-loop eco system 원리에 따르는 산업공생구도industrial symbol를 구축할 수 있는공간 구조적 장점을 가지고 있다. 이런 공간적 장점을 이용하여 한 토지 이용에서 쓰다 남은 에너지나 폐기물이 다른 토지의 에너지와 자원이 되어 계속 순환되며 쓰이도록 세종시의 인프라를 건설한다면, 우리는 자연중심의 기술이 도시계획에 제대로 적용된 새로운 이상향 도시의 모범을 보여줄 수 있게 되는 것이다.

제안 2. 직주근접형 융합 도시마을의 구체적 실현 방안의 마련.

세종시는 직주근접형으로 설계한 도시이지만, 친자연적으로 도시의 다양한 토지 이용 주체가 조화롭게 공존하고 밀접하게 협력하여 관계를 증진하도록 하는 융합 도시마을integrated urban village로 공간계획을 더욱 발전시켜야 한다. 자연의 생태계는 서식지를 최대한 활용하기 위해 다양하고 긴밀하게 상호협력한다. 성숙한 생태계에서 협동은 경쟁만큼이나 중요하다. 수많은 세포가 모여 이루어진 우리 몸은 살아있는 증거이며, 우리 몸처럼 다양한 도시 기능이 긴밀하게 협력하는 힘을 보여준다면 이는 진정한 의미의 생태도시가 될 것이다. 친자연 도시를 만들기 위해서는 도시의 영역을 최대화하기 보다는 최적화하여야 한다. 성숙한 생태계에서는 개체수의 최대화를 추구하는 대신 최적화를 추구함으로써 생존력을 높이기 때문이다.

융합 도시마을은 다양한 토지이용이 한데 어우러져 토지를 효율적으로 사용하고 도시중심 권역을 밀도가 높은 직주혼합도시로 구성하고 인간중심 공간human center을 형성하는 것이 중요하다. 또한 도시 내의 불필요한 이동거리를 최소화할 수 있도록 직장과 주거가 연계된 토지 이용 계획을 한층 더 발전시켜야 하며, 도시 내의 밀도를 더욱 높이고 자동차 이용을 최소화 하여 진정한 의미에서 친자연적인 보행 및 자전거 중심의 도시가 되어야 한다. 그리고 도시의 밀도를 높이면서 상실될 수 있는 공간의 쾌적성을 유지하기 위해 마을 단위의 오픈스페이스를 효율적으로 배치하여야 한다. 주민의 쾌적성과 토지 효율의 균형을 이루도록 한 오픈스페이스 계획은 진정한 의미에서 도시의 그린 인프라가 되도록 도시의 하수, 전기, 통신 등의 기반시설과 연결시키고, 도시의 중심 생태 네트워크와도 긴밀한 연계를 이루어 습지를 이용한 정화 시스템 및 그린 토양 캐널 등의 생태 연계 시스템을 구체화해야 한다. 이와 같은 자연중심 기술에 기반을 둔 융합 도시마을이 되기 위해서는 세종시의 기존

직주근접형 도시계획에 대한 구체적인 실현 방안이 마련되어야 한다.

제안 3. 친환경 건축기준 마련 및 실현을 위한 지원방안의 마련.

세종시의 환경과 기후조건에 적합한 친환경 건축 기준의 마련 및 지원방안의 제도적 정비가 필요하다. 세종시에 적합한 친환경 에너지를 확보하고 에너지 사용을 최소화하는 도시 인프라 계획을 더욱 구체화하는 노력 또한 필요하다. 그리고 이러한 정책이 실현될 수 있도록 구체적이고도 지속적인 정책적 지원 방안도 제시되어야 한다.

지구의 오랜 역사를 통해 우리는 에너지를 낭비하거나 오용하는 생물은 생태계에서 도태된다는 것을 알고 있다. 에너지를 효율적으로 모으고 사용하도록 건축물 장착형 태양광 및 폐기물을 이용한 바이오 친환경에너지원 등을 극대화해야 한다. 기간산업시설에서 에너지를 쓰고 남아 버리는 열원, 스팀 등을 재활용하여 다른 용도의 에너지원으로 사용할 뿐만 아니라 자전거 및 대중교통을 체계화하여 도시 지역 내의 불필요한 에너지 소비를 최소화해야 한다. 세종시의 기후조건이나 풍토에 맞는 구체적인 친자연 건축 기준을 만들어 바람, 햇빛 등의 자연자원을 최대한 활용하여 냉난방에너지 소비를 최소화하도록 하고, 친환경에너지를 만드는 건물이나 그린루프 및 강화된 단열 기준 등을 도입하는 건물에 재정적인 지원을 하는 방안 등을 만들어 건축주나 투자자가 친환경 건축에 투자하도록 장려하여야 한다. 친자연 건물로 이루어진 자연기술 중심의 도시는 미래의 운영 비용을 현저하게 줄일 뿐만 아니라 미래의 훌륭한 관광자원으로서 장기적인 안목의 생태효과를 위한 충분한 투자 가치가 있기 때문이다.

제안 4. 자연중심적인 청색기술 및 청색경제의 허브 구축

생태계를 보호하여 생물권과 균형을 이루도록 하여야 한다. 모든 물질 순환은 생물권 수준에서 일어난다. 생물권은 지구상이나 대기 중에서 생물이 생활하고 있는 장소의 총체를 뜻한다. 대기, 토양, 물 등 지구 표면의 극히 얇은 층이 이에 해당한다. 생물은 주거니 받거니 하는 과정을 통해 생존에 필요한 조건을 유지하고 있다. 도시의 생명유지 시스템life support system이라 할 수 있는 물 관리, 에너지 관리, 쓰레기 관리에 자연중심적 기술을 도입하여 자연과 같은 무한순환 생태 시스템closed-loop ecological system으로 구축하여야 한다. 자연환경을 최대한 보존하고 생태적 다양성을 유지하며 식량생산 가용 토지를 최대한 보존하여야 한다. 그리고 도시에 인접한 도시농업을 활성화하고 도시 수직농업urban vertical farm을 활성화하며 지역의 토착 농산물의 구매를 원칙으로 하는 삶의 방식을 정착해 나가야 한다. 우리가 자연을 흉내내고 싶다면 우리의 입맛을 현재 살고 있는 장소에 적응시키고 가능한 한 가까이에서 자원을 얻어야 한다. 최근 일고 있는 로컬푸드 운동은 그 좋은 예가 될 수 있다. 세종시가 가지고 있는 친자연 도시 설계의 특장점을 이용하여 세종시를 자연중심 청색기술의 허브로 만들어 냄으로써 군터 파울리가 주창하는 청색경제를 육성하고 이를 통해 주민들이 스스로 자립할 수 있는 지속가능한 경제 기반을 구축해야 한다.

제안 5. 창의적이고 지속가능한 마을공동체 구축

세종시의 지역적 특성과 문화 및 자연자원을 기반으로 하는 지속가능한 마을공동체가 이루어져야 한다. 자연중심 기술을 장려함으로써 지속가능한 일자리와 고용을 창출해야 하며, 관광객을 유치하여 미래의 관광산업 효과가 극대화되도록 하여야 한다. 관광은 창의적 경제의 한 축을 이루며 미래 세대의 먹거리를 제공한다. 자연중심의 도시 설계를 제대로 하면 그 자체가 관광자원이 될 수 있다. 2013년 4월 21일자 〈중앙선데이〉에 실린 칼럼을 통해 지식융합연구소 이인식 소장은 '유네스코의 창조도시 네트워크'에 이천과 전주가 각각 공예 및 음식의 도시로 선정되었고, 이렇듯 앞으로 새로운 트렌드와 가치를 창조하는 도시가 창조도시로서 미래 사회 경제의 견인차 역할을 할 것이라고 예측했다. 세계 최초의 '환상형 도시'인 세종시가 자연친화적인 삶의 좋은 모델이 되도록 하여 새로운 도시 건설 트렌드를 만들어낸다면, 전 세계 사람들이 찾는 창조도시로서 지속가능한 미래를 만들게 될 것이라 믿는 이유가 여기에 있다.

지금까지 자연중심의 도시 설계에 대한 여러 가지 의견을 제시했지만 무엇보다도 지속가능한 세종시 건설을 위해서는 지속가능한

자연에서 배우는 청색기술

의사결정 과정이 확립되어야 한다. 세종시는 도시 건설과 관련한 모든 의사결정 과정에 주민들이 적극적으로 참여할 수 있어야 하며, 위에서 아래로 내려가는 일방적인 하향식 과정보다는 아래에서 위로 수렴되는 민주적인 상향식bottom up 과정을 적극 활용하여야 한다. 도시 건설을 단순한 부동산 개발이 아닌 미래전략적 선택의 문제로 보는 시각의 전환이 필요하며, 세종시의 지속가능성을 위한 미래전략의 방향 설정과 이를 실현하는 구체적인 실천 계획에 대한 합의가 필요하다. 도시 설계는 완결적인 계획서에 따라 완결적인 그림을 그리는 것이 아니라 미래의 삶의 방식에 대한 전략적인 공감대를 형성하기 위한 틀을 만드는 것으로 이해하여야 한다.

우리는 세종시가 한국을 대표하는 지속가능한 자연중심 명품도시가 되어야 하고 그렇게 됨으로써 21세기 이상향 도시를 위한 좋은 모델이 되어야 한다고 믿는다. 그리고 지금이 이를 위해 우리가 가지고 있는 모든 지혜와 역량을 모아야 할 때이다. 세종시가 세계의 명품도시로 탄생할 수 있는 좋은 기회를 헛되이 보내지 말아야 하며 우리가 지구의 환경문제 해결에 주도적인 역할을 할 수 있는 기회를 포기하지 말아야 하는 것이다. 널리 회자되고 있는 비교 사례인 브라질리아, 프트라자야 등의 기존 행정복합도시들이 보여준 가능성뿐만 아니라 한계까지를 극복한 새로운 패러다임의 명품도시 세종시를 우리가 성공적으로 만들어낼 수 있다면, 새로운 이상향 도시를 갈망하고 체험하고자 하는 많은 세계인들이 세종시를 찾는 날이 머지않아 오게 될 것이라고 믿는다.

자연에서 배우는 도시 설계

요세프 바-코헨

이스라엘 출신의 NASA 연구원. 인간의 근육을 모방한 인공근육을 연구하고 있다.

번역: 이상헌

동국대학교 교양교육원 강의전담 교수

서강대학교 대학원에서 칸트철학에 관한 연구로 박사학위 받았다. 가톨릭대학교 교양교육원 강의전담 교수, 서강대 학교 인문과학연구소와 철학연구소 등에서 상임연구원을 지냈다. 현재 동국대학교 교양교육원에서 강의전담 교수로 재직하고 있으며, 지식융합연구소 수석연구원으로 활동하 고 있다. 《융합시대의 기술윤리》를 저술하였으며, 《생명의 위기》, 《현대과학의 쟁점》, 《기술의 대융합》, 《인문학자, 과 학기술을 탐하다》, 《따뜻한 기술》 등의 공저에 참여했고, 《서양철학사》(공역), 《탄생에서 죽음까지》(공역) 등을 번역하 였다.

생물모방학 – 현실, 도전, 그리고 전망[1]

요세프 바-코헨
번역: 이상헌

서론

자연이 가지고 있는 비상한 능력들을 모방하면 인간이 직면한 문제들의 해결책을 마련하고 인간에게 필요한 것들을 구할 수 있는 가능성이 커진다. 이러한 능력들 가운데 어떤 것들은 단순히 모방

1) 이 글은 요세프 바-코헨이 엮은 《생물모방학: 자연에 기초한 혁신Biomimetics: Natured-Based Innovation》(CRC Press, 2012)에 실린 "Biomimetics - Reality, Challenges and Outlook"을 번역한 것이다.
Biomimetics: Nature-Based Innovation, edited by Yoseph Bar-Cohen, Biomimetics - Reality, Challenges, and Outlook, pp. 693-714, published in 2012, with permission from Taylor&Francis Group.

하는 것으로 인간의 필요를 충족시킬 수 있다. 아마 거미가 쳐놓은 그물을 모방한 것이 낚시그물일 것이다. 자연의 능력들 가운데 또 어떤 것들은 인간에게 영감을 주는 모델로 이용될 수 있다. 예컨대 곤충이나 새를 관찰하며 분명 인간은 하늘을 나는 것이 가능하다는 생각을 했을 것이다. 물론 하늘을 나는 데는 그와 관련된 중요한 지식과 요령의 발전이 있어야 한다. 과학적 접근법들 때문에 인간은 자연이 가지고 있는 능력들을 이해하고 자연을 지배하는 원칙들을 파악하고, 그리하여 고도로 효과적인 메커니즘, 도구, 알고리즘, 접근법 등을 개발하고 있다. 예를 들어 나방의 눈, 나뭇잎, 상어 피부, 파충류 다리에 대한 생물의 표면 구조 연구는 효과적인 접착성 시스템에서부터 자기정화 물질들까지 광범위한 분야에서 중요한 관련 애플리케이션에 영감을 주었다. 예를 들면 연꽃의 잎, 무반사 표면, 마찰감소 표면 등을 모방한 물질들이 있다. 이러한 표면들을 개발한다면 다양한 기능적 물질들을 만들 수 있을 것이다.

식물에서 얻은 영감은 다양한 혁신으로 이어졌다. 씨앗이 동물의 털에 달라붙는 것을 모방하여 발명된 벨크로는 의복 고정띠나 케이블 고정띠 같이 많은 곳에 응용되었다. 또한 식물은 바위를 부수고 무거운 구조물을 들어올려 커다란 손상을 줄 수도 있다. 이런 일은 나무 뿌리의 경우에는 상대적으로 쉬운 일이지만 그 기능을 모방하기는 어렵다.

자연의 놀라운 능력 중에는 인간에 의해서 복제되고 있는 사례들이 많다. 하지만 오늘날까지도 인간의 기술로는 어찌할 수 없는 많은 능력들이 자연에 존재한다. 이 글에서 소개하는 것들은 자연의 능력 보관소에 쌓여 있는 수많은 능력들 가운데 작은 부분일 뿐이다. 자연의 모든 '발명들'을 열거하는 것은 엄청난 작업이며, 그 가운데 많은 것들은 우리가 아직 이해하지 못하고 있거나 모르고 있다. 자연이 제공하는 잠재적 가능성들을 보여주는 몇 가지 사례들을 살펴보자.

■ 벌새는 비교적 적은 양의 먹이, 즉 연료를 소비해서 먼 거리를 이동할 수 있다.

그림 2.6.1
연꽃의 잎사귀 표면은 자기정화한다.

- 잠자리는 최고의 헬리콥터보다 비행을 더 잘할 수 있다. 비교적 작은 몸체에도 불구하고 잠자리는 앞으로 뒤로 날고, 맴돌며 날고, 경로를 바꾸며 날 수 있다.
- 나비, 꿀벌, 거북, 새들은 놀라운 길찾기 능력을 가지고 있다. 예를 들어 제왕나비는 먼 거리를 이동할 수 있는데, 전에 한 번도 가본 적이 없는 장소도 찾아갈 수 있다. 장소에 대한 정보가 그 작은 몸의 유전자에 암호화되어 있기 때문이다. 그토록 작은 지구 위치 확인 시스템GPS과 내비게이션 시스템은 아직 없었다.
- 박쥐의 음파탐지 기관은 기존의 어떤 수중 음파탐지기보다도 훨씬 우수하다.

자연에서 발견되는 능력들은 많은 기술과 애플리케이션에 관련되어 있다. 벌새, 잠자리, 제왕나비, 박쥐 등의 몇 가지 핵심 능력을 갖춘 초소형 무인 항공기MAV 가 개발되면 지금까지 만들어진 어떤 비행체와도 다를 것이며 상업용이나 군사용으로 중요하게 응용될 수 있을 것이다. 이 글은 자연에서 찾을 수 있는 모델들의 몇 가지 사례를 검토해보고 그것들이 제공할 수 있는 능력들을 살펴봄으로써 새로운 아이디어를 이끌어내는 데 영감을 주는 것을 목표로 한다. 물론 여기서 제시하는 모델들로부터 응용할 수 있는 모든 것을 열거하지는 않을 것이다. 하지만 그 모델에 연관지어 생각해낼 수 있는 아이디어들을 소개하기 위해 애쓸 것이다.

모방의 모델로서 생물의 능력들과 기능들

재료

생명체는 화학 실험실이다. 생명체는 음식의 형태로 섭취한 화학 물질을 처리하여, 에너지, 생명체의 구성물질, 다기능 구조물, 폐기물 등으로 변환시킨다. 인간이 자연물질을 활용하기 시작한 것은 수천 년 전으로 거슬러 올라간다. 인간은 실크, 뼈, 가죽, 모피, 상아, 그리고 그밖의 여러 가지 자연물질을 이용해왔다. 인간은 이런 자연물질들의 장점을 분명히 인식하고 있었으며, 그래서 자연물질에 대한 수요는 지속적으로 증가했으며 결국에는 자연물질을 대체하는 인공물질을 개발하게 되었다.

자연물질들은 보온, 음식물, 세척, 미용, 건축 등에 직접적으로 사

그림 2.6.2
조개 껍데기는 매우 강하고 가벼운 물질로 이루어져 있다.

용되었지만 이외에도 화학적 균형, 재구성력, 다기능성 등 우리가 어떻게 모방해야 할지 알지 못하는 중요한 능력들을 지니고 있다. 그중에서도 자연치유와 자기복제는 훨씬 모방하기 어려운 능력들이다. 이런 물질들은 보통 우리 주변에서 생산되며, 그런 물질의 제조는 최소한의 폐기물만을 생성한다. 이렇게 생성된 물질은 생분해가 가능하며, 자연에 의해 재사용된다. 이런 방식으로 자연에서 생산되는 강력하면서 가벼운 물질의 두 가지 사례가 조개껍데기와 해양무척추동물의 뼈이다. 자연의 물질들과 그 제조공정을 체계적으로 모방하는 방법을 배운다면 우리의 기술적 선택의 폭이 극적으로 확대될 것이며 물질을 재사용하고 환경을 보호하는 능력이 향상될 것이다.

감지 기능과 감지 장치

감각 시스템은 생물체의 생존에 결정적인 역할을 한다. 감각은 생명체의 신체 내부의 조건에 대한 정보는 물론이고 생명체 주변 환경에 대한 정보를 중추신경계에 입력한다. 촉각, 압각, 시각, 청각 등 생물의 감각 유형은 여러 가지인데, 이와 같은 생물의 감각은 극도로 민감하며 오직 양자 효과에 의해서만 제한을 받는다.

생물의 감각기관 중의 한 예로 쥐의 수염을 들 수 있다. 쥐의 수염은 극도로 예민하기 때문에 쥐는 수염으로 장애물을 감지하고 피하며 먹이를 찾을 수 있다. 쥐의 수염을 모방하는 것은 생물학적으로 영감을 받은 로봇을 제작하는 데 큰 도움이 된다. 그리고 쥐의 수염과 같은 센서는 충돌 방지 목적으로 이미 사용되고 있다. 또한 미각

그림 2.6.3

방울뱀은 독을 가진 파충류이다. 방울뱀은 물었을 때 이빨을 통해 혈청을 주입한다. 고도로 민감한 혀를 지극히 정확한 촉각이나 화학적 센서처럼 사용한다.

과 후각을 모방하여 전자 혀나 전자 코를 만드는 데 활용하고 있다. 놀랍게도 극도로 민감한 뱀의 혀가 현재의 인공 혀의 기능을 뛰어넘는 다기능 애플리케이션을 위한 센서를 개발하는 데 영감을 줄 수 있다. 더 나아가서 진화에 의해 발전된 자연 속에 숨겨진 흥미진진한 여타의 감각 능력들을 검토하고, 흉내내고 관련된 애플리케이션을 개발한다면 생산적일 것이다.

예를 들어 시각이 어떻게 모방될 수 있는지를 살펴보자. 생물들의 시각에는 모방할 잠재적 가치가 있는 능력들이 많이 있는데, 예컨대 매우 어두운 것에서부터 얼음이나 눈으로 뒤덮인 지역에 햇빛이 비칠 때처럼 극도로 밝은 것까지 넓은 범위의 빛의 밝기를 다루는 동물의 능력이 있다. 고광도의 빛을 다룰 때는 광학 장비로 들어오는 빛의 광도를 낮추기 위해 필터를 장착한다. 하지만 이 해결책은 극도로 광도가 낮을 때는 적합하지 않다.

또 한 가지 흥미로운 생물의 능력으로 300도가 넘는 꿀벌의 시야를 꼽을 수 있다. 현재 자동차 제조사인 닛산과 도쿄 대학교가 합동으로 꿀벌의 넓은 시야를 활용하여 충돌 사고를 막을 수 있는 방법을 연구하고 있다. 꿀벌의 겹눈을 모방한 레이저 거리측정기는 2미터 이내의 거리에서 180도 이상의 각도 안에 들어오는 장애물을 탐지하는 데 사용되며, 매년 전 세계에서 발생하는 수백만 건의 자동차 사고를 줄이는 것을 목표로 하고 있다. 닛산은 이 새로운 탐지 능력을 신속반응 시스템과 연결시켜 위험한 상황이 탐지되었을 때 사고를 예방하는 용도로 활용할 계획이다.

카멜레온의 눈도 흥미롭다. 카멜레온의 눈은 각각 따로 움직이기 때문에 먹이를 매우 효과적으로 추적할 수 있고, 동시에 포식자가 다가오는지도 경계할 수 있다. 여러 대의 카메라가 따로 움직이는 것과 같은 이 방식은 아파치 같은 공격용 헬리콥터에서 사용되고 있다. 카멜레온의 눈에는 또 다른 특징도 있는데, 눈꺼풀을 조금만 여는 것이다. 이렇게 하면 위험으로부터 눈을 보호하면서도 매우 정확하게 볼 수 있다.

시각과 관련하여 자연이 보여주는 우월한 능력의 또 한 가지 사례는 패턴과 사물을 신속하게 인식하는 인간의 능력이다. 우리는 몇 년 동안 만나지 못했던 사람도 한눈에 알아볼 수 있다. 훨씬 더 나이가 들고 모습이 상당히 변했음에도 먼발치에서도 그 사람을 알아볼 수 있다. 얼굴 인식 알고리즘과 소프트웨어가 발전하면서 디지털 영상 시스템을 활용하여 사람의 얼굴을 인식할 수 있으며 개인용 컴퓨터 상에서도 구동된다. 이것을 이용하면 가족의 일원이나 친구를 확인할 수 있다. 또한 이러한 시스템들은 미국의 본토 방어 기술로서 공항들에 설치되었다. 하지만 그 과정이 여전히 너무 많은 거짓 긍정적 결과들을 만들어낸다. 그래서 좀 더 기술적 진보가 이루어질 때까지 미루기로 하고 카메라들이 철거되었다. 인식의 정확성과 속도의 향상은 범죄 감소와 테러리즘 예방이라는 측면에서 법 집행기구들과 본토 방어 부서에 큰 이득이 될 것이다.

구동

수백만 년 이상의 시간을 거치며 진화한 생물체의 근육은 박테리아를 제외한 모든 생물 시스템에서 동일한 메커니즘이라는 것이 발견될 정도로 효과적이며 최적화되어 있다. 근육의 구동 메커니즘은 복잡한데, 근육은 밀리초 범위의 짧은 반응 시간 안에 무거운 물체를 들어올릴 수 있다. 구동장치는 생물체의 근육과 같은 기능을 한다. 하지만 현재의 구동장치들은 많은 한계를 지니고 있다. 전기모터는 전력 밀도가 제한적인데, 특히 기어가 필요하기 때문이다. 연소기관은 부피가 크고 지속적인 조작이 필요하다. 또 유압식 구동기는 지나치게 무거울 뿐만 아니라 효율성도 낮다. 강유전체 물질, 자기변형 화합물, 형상기억합금, 자기활성중합체 등의 활성물질들 또한 구동장치로 널리 사용되고 있다. 이러한 물질을 사용하는 구동장치를 설계하는 데는 큰 어려움이 따른다. 예를 들어 압전구동장치piezoelctric actuators는 높은 출력 강도를 보여주지만, 그것이 만들어내는 아주 작은 변위를 증가시켜야 하기 때문에 상당한 기계적 증폭을 필요로 한다.

생물모방을 이용해 로봇 같은 효과적인 이동 시스템을 개발하기 위해서는 다기능 특성과 적응형 구조적 제어 능력을 갖춘 상조적 스마트 시스템synergistic smart systems을 생산하는 구조로 센서들과 함께 통합될 수 있는 구동장치가 필요하다. 이러한 시스템에는 동적 적응을 통해 우수한 조작성을 달성하기 위해 곡면 배열 센서들과 실시간 물질 속성 제어기능을 갖춘 형태 변형 구동장치가 사용될 수도 있을 것이다. 이런 기능을 개발하기 위해서는 현재 구동장치의 효율, 탄성에너지 저장장치와 작동 중 전력 재활용의 효율성을 향상시킬 필요가 있다. 이러한 향상은 실시간으로 해당 지역의 조건을 감지하고 그에 맞춰가며 동시에 경사면을 기어오르고, 헤엄치고, 땅을 파고, 달리는 등의 다기능 과제를 수행할 때 요구되는 힘과 운동성을 제공하기 위하여 필요하다. 잠재적으로 전기활성 중합체는 그러한 생물모방 '소프트' 로봇을 생산하는 기술을 제공할 것이다. 하지만 전기활성중합체가 실제 구동장치에서 생산하는 전력은 인간의 근육에 비하면 아직 훨씬 뒤쳐져 있다.

펌프 작용

펌프 작용의 메커니즘은 자연에서 널리 이용되고 있다. 연동 펌프는 생물계에서 가장 일반적으로 사용되는 펌프 작용 방식 중의 하나이다. 예컨대 소화계에서 이런 펌프 작용이 일어나며 펌프에서는 요구되는 방향으로 액상 물질들를 밀어낸다. 밸브와 방을 이용해 부피를 변화시키는 펌프 작용은 인간과 동물의 심장에서 발견된다. 단방향 밸브는 심장 순환계의 혈액 흐름에서 중요한 역할을 한다. 폐에서는 조수 펌프 작용이 일어나는데, 횡경막과 늑간근이 들숨 동안 폐를 팽창시키는 곳에서 이 원리가 사용된다. 식물은 물과 미네랄을 빨아들여서 그 자원들을 높이에 상관없이 골고루 분배하기 위해 모세관력을 이용한다. 이 힘은 큰 나무의 경우는 수 미터 높이까지 도달한다. 식물의 펌프 시스템은 큰 힘을 전달하는 데도 매우 유용하다. 예를 들어 나무의 뿌리는 심한 바람에도 나무가 버틸 수 있게 하고 바위에 균열을 일으켜 파괴할 수도 있다. 이러한 펌프 작용의 메커니즘을 모방해 다양한 장치와 도구가 개발되었지만, 작은 크기로 규모를 축소하고 커다란 크기로 규모를 확대하는 능력과 생물계의 고도의 효율성은 자연의 펌프 작용을 모방하려는 앞으로의 노력에 대한 훌륭한 모델이 될 것이다.

포장

자연은 최소한의 공간을 차지하는 것을 비롯하여 최소 자원을 이용한다. 자연이 최소한의 공간을 사용할 수 있는 것은 효과적인 싸

그림 2.6.4
거북은 위험을 감지하면 단단한 껍질 속으로 머리와 다리를 집어넣어 보호한다.

기packing 와 펼치기deployment 방식 때문이다. 싹에서 잎이 나오고 봉오리에서 꽃이 피는 과정을 통해 우리는 자연의 이러한 능력을 볼 수 있다. 꽃은 밤에는 움츠러들었다 낮에 활짝 핀다. 동물은 이동하거나 비행할 때 사용하지 않는 몸의 부분을 집어넣기 위해 접는 기술을 이용한다. 예를 들어 새들은 날개를 사용하지 않을 때는 접고 있으며, 거북은 잠잘 때나 놀랐을 때 다리를 집어넣는다. 이러한 기술을 로봇 개발에 응용하면 같이 장착하기 어려운 다양한 기능을 로봇이 수행할 수 있게 만들 수 있다. 만일 로봇이 여러 기능

자연에서 배우는 청색기술

에 필요한 모든 부품을 몸에 매달고 있고 그것들이 작동에 방해가 된다면 그런 로봇은 제대로 작동하기 어려울 것이다.

포장은 우주항공 시스템에서 특히 중요하다. 빽빽하게 들어찬 발사용 로켓의 화물 적재칸의 제한된 공간에서 종종 커다란 구조물을 펼칠 필요가 있기 때문이다. 자연의 포장, 전개, 형태 배열의 가변성을 모방하는 것은 상업용이나 소비자용 응용제품에도 많은 도움이 될 전망이다. 예를 들어 주방에서 흔히 사용하는 만능 조리 기구는 사용하는 기능에 따라 매번 설치하고 제거해야 하는 여러 부품들로 구성되어 있다. 진공청소기는 기능에 따라 부품을 교체해서 사용하는 가전제품의 한 사례이다. 이런 제품의 경우 사용하지 않는 부분을 싸거나 집어넣고 필요할 때 쉽게 펼칠 수 있는 디자인을 고려해볼 수 있을 것이다. 부품들을 전체 구조물에 통합시키는 것은 잠재적 손실을 예방하고 집어넣기와 펼치기 메커니즘을 단순화하는 데도 기여한다.

방어 및 공격기제와 장치

포식자는 먹이를 잡기 위해 다양한 기술을 사용하며, 먹잇감 역시 포식자에게 잡히지 않기 위한 기술을 사용한다. 이를 위해 동물들은 필수적인 '무기 체계'와 방어 기술을 포함하여 필요한 능력들을 갖추고 있다. 이러한 능력들 가운데 어떤 것은 인간이 이미 복제하여 사용하고 있으며, 그 나머지 것들은 아직 모방하기 어려운 것들이다. 예를 들어 문어의 촉수에는 빨판이 달려 있어서 먹이를 꽉

그림 2.6.5

문어는 촉수에 빨판이 달려 있으며, 주변 환경의 색과 형태, 질감에 맞춰 몸을 위장하는 놀라운 능력을 가지고 있다. 또한 문어는 몸을 변형하여 아주 좁은 구멍도 통과할 수 있다.

붙잡을 수 있다. 문어의 빨판은 여러 가지 응용제품에 모방되어 물건을 타일이나 유리창 같은 갖가지 매끄러운 표면 위에 고정시키는 데 널리 사용되고 있다. 문어의 또 한 가지 놀라운 능력은 탁월한 위장 능력이다. 문어는 주변 물체의 형태와 질감은 물론 주변의 색에 자기 몸을 적응시킬 수 있다. 또한 자기 몸의 횡단면보다 훨씬 더 좁은 구멍을 통과할 수 있다. 이처럼 자신의 몸 크기보다 더 작

그림 2.6.6
개미들은 먼 거리에서 음식물 부스러기를 탐지하여 개미집으로 옮겨갈 수 있다.

은 매우 좁은 관 혹은 다양한 모양의 구멍을 통과하는 것과 같은 방식으로 문어는 자신의 몸의 부피를 재배분할 수 있다.

문어의 위장 능력과 형태 변화 능력은 오늘날의 기술로 실현할 수 있는 범위를 훨씬 넘어서 있다. 문어의 능력을 이용하여 군사 혹은 법집행의 목적으로 유용한 애플리케이션을 만들 수 있다. '스파이 로봇'이 몸체의 형태를 변형하여 문 아래의 좁은 틈을 통해 방으로 들어가서 방바닥을 덮고 있는 물질과 같은 색깔과 질감으로 위장하여 최대한 눈에 띄지 않게 낮은 자세를 유지하는 경우를 상상해볼 수 있다. 이같은 상상의 로봇은 발각될 가능성이 매우 낮고 수감 전까지 촉수를 이용해 용의자를 붙잡아둘 수 있기 때문에 수배 중인 범죄자나 테러리스트를 발견하고 체포하는 것과 같은 임무를 수행할 수 있을 것이다.

먼 거리에 있는 먹이를 확인하여 찾아내는 개미의 능력그림 2.6.6은 방위 및 법집행 분야에서 또 하나의 생물모방적 접근법에 대해 영감을 줄 수 있다. 폭발물이나 불법적인 물질이 숨겨진 장소를 찾기 위해 인공 코의 형태로 후각 기능을 갖춘, 개미처럼 생긴 마이크로 로봇의 떼를 만들 수 있다. 이런 로봇들은 지속적인 감시 임무를 수행할 수 있을 것이며, 통신 능력까지 갖출 경우 감시 결과를 관계자에게 알릴 수도 있고, 심지어 폭발물 불능화 기능도 수행할 수 있을 것이다.

동물들은 눈에 잘 띄지 않도록 주변의 환경에 자신의 몸을 뒤섞는 위장 능력뿐만 아니라, 포식자의 공격을 억제하거나 암컷을 놓고 싸울 때 다른 수컷을 단념시키기 위해 착시를 일으켜 자신의 능력이 월등해 보이게 하는 위장 능력도 가지고 있다. 예를 들어 곤충과 동물들이 위장 능력을 가지고 있는데, 위장 능력은 날개에 눈처럼 보이는 커다란 원이 그려져 있는 나비와 같이 실제보다 더 크게 보이게 하거나, 몸집이 훨씬 더 큰 동물로 보이게 하거나, 밝은 색의 불빛을 내서 더 큰 곤충으로 보이게 한다. 또한 조류는 그림

그림 2.6.7

백조가 더 크고 위협적으로 보이기 위한 자세로 날개를 젖히고 있다.

그림 2.6.8

공작 수컷이 많은 눈 모양 무늬의 날개를 펼침으로써 몸집을 더 크게 보이도록 하고 있다.

2.6.7의 백조처럼 공격적인 자세로 날개를 펼쳐 젖힘으로써 이 기술을 이용한다. 역사 곳곳에서 적의 공격의지를 억제하기 위해 이런 전술을 사용한 군대의 사례들이 발견된다. 더욱이 공작 수컷은 암컷의 주의를 끌기 위해 날개를 펼쳐 보이는데, 자신의 몸을 실제 크기보다 훨씬 더 크게 보이게 함으로써 다른 수컷의 접근을 막는다. 또한 그림 2.6.8에서처럼 깃털의 끝에 수많은 눈 모양의 무늬로 상대의 접근을 더욱 강하게 근절시킨다.

로봇공학

로봇은 생물모방의 특징들을 보여주는 전자계기 장치이다. 로봇은 대량생산, 행성 탐사 등 수많은 업무를 수행하는 데 이용되며, 심지어 의료적 진단과 수술에도 이용되고 있다. 예를 들어 다빈치 로봇da Vinci robot은 전립선 수술에 널리 이용되고 있다. 생명체를 모방하여 독특한 생물모방적 특성을 지닌 로봇의 사례로 로보롭스터 RoboLobster라는 로봇이 있다. 무게 3.2킬로그램으로 바닷가재 모양을 한 이 로봇은 미국 해군연구국의 연구비 지원으로 해변에 매설된 지뢰와 얕은 바다를 떠다니는 기뢰를 탐지할 목적으로 개발되었다. 기뢰가 숨겨져 있을 것으로 예상되는 장소는 바다생물들이 일반적으로 헤엄치기에는 거친 곳이다. 하지만 바닷가재는 거친 바다 환경에서도 문제 없이 활동할 수 있다. 그러므로 바닷가재를 모방한 탐사선은 혹독한 환경에서도 효과적으로 작동하여 기뢰를 탐지할 수 있을 것이다. 접근이 어려운 지역, 그리고 인간에게 너무 가

혹하거나 위험한 상황 속에서 임무를 수행하기 위해 다양한 다른 생명체의 능력을 활용하는 방향으로 이루어지는 연구들이 점점 늘고 있다. 현재 개발되고 있는 생물모방적 특성들 가운데는 형태 변형, 자가치료, 자기복제, 자가구조 변경 등이 포함된다.

(1) 이동과 운동성

현재 이용되고 있는 이동로봇들에 비하면, 동물은 유체역학적 운동성을 가지고 지구상 어느 곳에서나 제 기능을 하며 아주 다양한 환경들에 대응할 수 있다. 바퀴 달린 이동수단들은 포장도로에서는 낮은 전력으로 고속으로 이동할 수 있지만, 가파른 절벽과 언덕이 있는 자연적 지형에서는 많은 제약을 받는다. 복합적인 지형을 통

그림 2.6.9
메뚜기는 용수철 같은 다리와 날개를 이용하여 먼 거리를 횡단할 수 있다.

과하는 이동로봇은 지면 반력에 따라 동체 움직임을 조정하는 지능적 제어능력이 부족하여 활동에 제약을 받는다. 이에 필요한 제어 시스템을 개발하면 이동로봇, 특히 보행로봇이 심한 굴곡이 있고 예기치 않은 장애물이 등장하는 자연적 지형에서 작동할 수 있을 것이다. 포유류, 파충류, 곤충 등 적응력이 뛰어난 동물들의 운동성을 면밀히 관찰하고 이해한다면 그러한 운동성을 가능하게 할 정도의 높은 감각 되먹임 능력과 메커니즘을 갖춘 로봇을 개발할 가능성이 열릴 것이다. 캥거루나 메뚜기처럼 매우 높이 멀리 뛰거나, 원숭이처럼 나무에 오르거나, 치타처럼 매우 빠르게 달릴 수도 있을지 모른다. 이러한 이동로봇은 가능한 한 전력 소모가 적어야 할 것이다.

(2) 마이크로로봇

마이크로로봇공학이 점차 엔지니어링을 변화시킬 중요한 분야로 부각되고 있다. 생물학 기반의 접근법(합성생물학)과 마이크로 전자기계 시스템MEMS을 비롯한 기계 및 전기 엔지니어링 사이의 교차가 일어나는 것을 처음 볼 수 있는 분야가 바로 마이크로로봇공학이다. 크레이그 벤터Craig Venter가 만들어낸 '합성 DNA를 가진 세포'는 생명의 요소와 무생명의 요소가 복합된 혼성 시스템을 가능케 할 것이다.

자가추진력을 갖춘 미세한 마이로크로봇은 미국의 국방고등계획국DARPA에 의해 1970년대에 연구가 시작되었다. 혈류를 따라 이동하면서 동맥벽에 붙어 있는 혈전이나 찌꺼기를 제거하고, 약물을 전달하고, 미세수술을 진행하는 등의 임무를 수행할 수 있는 마이크로로봇이 계획되었다. 이 아이디어는 의료 진단 분야에서 다양한 형태로 구현되고 있다. 그 가운데 한 사례가 필캠PillCam이라고 하는 알약 모양의 장치로 이미 상용화되어 있다. 필캠은 기븐이미징 Given Imaging이라는 이스라엘 회사가 제작하는 캡슐형의 장치이다. 직경 약 11밀리미터, 길이 25밀리미터에 무게는 4그램이 채 되지 않는다. 필캠을 환자가 삼키면 이 캡슐형 장치는 신체의 자연적인 연동운동력에 의해 위장관을 따라 이동하면서 영상을 기록한다. 이런 식으로 이동하는 중에, 이 장치에 부착된 카메라는 식도와 소장과 같은 장기의 상태를 동영상으로 촬영한다. 2001년 최초의 필캠 비디오 캡슐이 미국 식품의약국FDA의 승인을 받은 이후 70만 명의 환자에게 안전하게 필캠이 투약되었다. 현재 이 캡슐은 추진력을 가지고 있지 않은데, 이동성을 갖는 캡슐을 개발하기 위해 다양한 방식의 연구가 진행되고 있다.

최근 '인공 박테리아 편모ABF'가 발명되었는데, 마이크로로봇 연구가 초기에 세웠던 아이디어의 실현에 훨씬 근접하게 만들어졌다. 스위스 취리히연방 공과대학ETH의 로봇공학 및 지능형시스템연구소IRIS의 연구진이 유영제어가 가능한 마이크로로봇을 개발했다. 편모충 박테리아를 닮은 미세 로봇들이 MEMS 방법으로 제작되었는데, 이 로봇의 ABF 길이는 25~26마이크로미터이며, 나선형 꼬리에 의해 추진된다. 전자기 코일에 의해 생성되는 회전하는 자기

장의 강도와 방향을 조정함으로써 특정 목표를 향해 나아가게 할 수 있다. 이런 조향 능력은 ABF가 앞뒤, 위아래로 움직이고 회전할 수 있게 한다. 이러한 것들은 미국 국방고등계획국이 애초에 수립했던 목표를 달성하는 방향으로 의미 있는 진전을 이룬 것이다. 하지만 미세 로봇은 아직 초기 단계에 있으며 인간의 몸속에서 충분히 안전하게 작동할 정도로 기능적이고 통제 가능하게 되기까지는 아직 많은 과제가 남아 있다.

(3) 사회성과 여타 생물학적 행동

사회성은 인간과 동물이 공유하고 있는 많은 특성들 가운데 하나이며, 독립적인 의사결정, 자극에 대한 반응, 행동과 반응행동, 감정 표현 등이 사회성에 포함된다. 이러한 특성들을 흉내낼 수 있는 로봇의 제작에 성공했다는 보고가 크게 늘고 있다. 인간형 로봇은 생명체 혹은 살아 있는 것처럼 여겨지는 여타의 많은 기능들을 수행할 뿐만 아니라 자동으로 작동하고, 언어나 표정으로 감정을 교환하고, 인간이 표현한 감정에 반응하는 등의 능력을 갖추고 있다. 사회성을 갖춘 살아 있는 것 같은 로봇은 우리에게 여러 가지 중요한 이득을 준다. 인간 행동에 대한 통찰을 얻게 하고, 심리학자들에게 다수의 공포증과 의사소통 능력 결함을 치료하는 효과적인 수단이 될 수 있다. 최근 가상현실과 인공지능의 발전은 자폐증 어린이와 고소공포증과 폐쇄공포증 같은 공포증 환자를 치료하는 방법에 영향을 미치고 있다.

수영

수영은 액체 매질을 통과하는 생물학적 추진 방법이며, 다수의 유기체들과 모든 해양생물들이 가지고 있는 능력이다. 해파리는 공중에서 활강하는 것처럼 수동적인 수영법을 이용한다. 다시 말해 해파리는 물의 흐름을 이용해 떠다니며, 위치나 운동을 제어하기 위해 에너지를 사용하지 않는다. 이와 대조적으로 능동적 수영법은 원하는 방향으로 이동하기 위해, 그리고 어떤 유기체에서는 부력을 제어하는 주머니를 가지고 있지 않은 경우에 떠 있는 상태를 유지하기 위해 몸을 움직인다. 수영 능력 덕분에 어떤 해양생물들(예컨대, 황새치와 돛새치)은 시속 75킬로미터 이상의 속도를 낼 수 있다. 유연한 몸체를 이용하여 헤엄치는 해양생물들처럼 효과적으로 움직일 수 있는 잠수함은 과학자들에게 중요한 탐사 장비가 될 것이며, 군사용으로 활용할 수 있는 잠재력을 가지고 있다.

비행

대륙 사이를 운항하는 거대한 수송기에서부터 마이크로 비행체까지 오늘날 항공기술의 성공에도 불구하고, 비교적 적은 에너지를 소모하여 굉장히 먼 거리를 횡단하는 제왕나비그림 2.6.12 는 물론이고 잠자리그림 2.6.10 와 벌새그림 2.6.11의 비행 능력에 필적하거나 그것을 뛰어넘기 위해서는 극복해야 할 문제들이 아직 많다. 먹이를 공중에 던져주었을 때 갈매기가 보이는 능력은 사람들을 놀라게 한다. 갈매기그림 2.6.13 는 믿을 수 없는 반응 속도와 비행 속도로 공중에 던진

그림 2.6.10

잠자리는 지금까지 인간이 만든 어떠한 비행장치와도 비견되지 않을 만큼의 놀라운 능력을 지닌 비행 곤충이다.

그림 2.6.11

벌새는 꽃 주위를 맴돌면서 꽃 속으로 부리를 집어넣어 꿀을 빠는 정밀한 활동을 수행하는 매우 능력 있는 비행사이다.

그림 2.6.12

제왕나비는 비교적 소량의 먹이만 먹고도 상당히 먼 거리를 횡단할 수 있고, 개체로서 전에 가 본 적이 없는 장소로 갈 수도 있다.

그림 2.6.13

갈매기는 훌륭한 비행 조정 능력이 있는 새의 사례이다. 갈매기는 공중에 던진 먹이가 땅에 떨어지기 전에 낚아챌 수 있다.

그림 2.6.14

식물들은 씨를 퍼뜨리기 위해 여러 가지 공기역학적 방법을 이용한다. 이 사진은 한 가지 사례를 보여준다.

먹이가 땅에 떨어지기 전에 낚아 챌 수 있다. 또한 식물들도 우리가 봄철에 관찰할 수 있는 여러 가지 방식으로 씨앗을 넓은 지역으로 퍼뜨리기 위해 공기역학을 널리 활용하고 있다 **그림 2.6.14**. 낮은 레이놀드 수 체제에서의 비행은 오늘날의 주요 항공기술의 역량 밖에 있는 일이다. 관련된 난제들을 극복한다면 다수의 새로운 마이크로 비행장치들을 만들 수 있게 될 것이다.

의료

의료 분야는 자연에 의해 크게 영감을 받았으며, 많은 기술이 자연을 모방함으로써 개발되었다. 꿀벌, 뱀, 전갈, 그리고 독을 주입하는 여타 종들은 주사기와 피하주사 바늘의 발명에 영감을 준 모델이었을 것이다. 독사나 전갈과 같은 파충류의 맹독에 대한 해독제는 독성 물질을 치료의 기초로 사용함으로써 만들어졌다. 벌꿀오소리는 위험한 독을 견뎌내고 적응하는 놀라운 능력을 지닌 생물 가운데 하나인데, 이 능력은 의학적으로 연구할 필요가 있다. 이 오소리 종은 극도로 위험한 독을 지닌 뱀을 먹었을 때 기절할지도 모르지만 독사에게 물려도 잠깐 기절했다가 곧 다시 정신을 차리고 자신을 문 뱀을 계속 먹을 정도로 그 독을 견뎌낼 수 있는 능력이 있다. 이 능력을 모방하는 것은 다양한 질병들과 혈액질환들을 치료하는 약의 제조업체를 위해 중요한 모델이다.

많은 유형의 방어기제들이 자연에서 사용되고 있다. 그 가운데 만일 모방할 수 있게 된다면 의료 분야에서 극도로 중요할 수 있는 것이 하나 있다. 바로 손상된 신체의 부분을 재생하는 능력이다. 도마뱀은 위험한 상황에서 꼬리를 미끼로 떼어준다. 그 꼬리는 비교적 빠르게 흔들리기 때문에 포식자의 주의를 끌어 도마뱀이 안전한 은신처로 도망칠 수 있는 시간을 벌어준다. 이러한 방어기제의 두 가지 측면이 중요한 모델을 제시한다.

■ **신체 부분의 재생**: 자신의 꼬리를 스스로 떼어내고 다시 자라게 하는 도

마뱀의 능력은 생존에 매우 중요한 역할을 한다. 이 능력을 모방하는 것은 오늘날의 의료기술로는 불가능한데, 이런 능력은 신체의 일부가 없는 장애인에게 커다란 혜택이 될 것이다. 신체의 일부를 재생시키려는 노력들이 현재 진행 중에 있으며, 그 일환으로 인간이 할 수 있는 재생을 유발하는 세포외 기질물질을 활용하는 방안이 연구되고 있다. 또한 줄기세포를 이용한 연구도 진행되고 있다.

■ 미끼 : 현대 군대는 적군을 속이는 군사 전술로서 미끼를 널리 이용하고 있다.

(1) 극한 상황에서 살아남기

어떤 동물들은 극한의 상황에서 살아남는 능력을 기어코 진화시켰다. 한 가지 사례로 7개월 동안 동면하며 먹이가 없는 혹한의 겨울철을 견뎌내는 곰의 능력을 꼽을 수 있다. 곰은 열량을 효과적으로 저장하면서 동면 상태를 유지한다. 하지만 이것은 고전적인 의미로 보면 동면이 아니다. 몸의 심부체온이 많이 떨어지지 않으며 신진대사 역시 더 작은 포유류에게서 관찰되는 것만큼 극단적으로 늦춰지지 않기 때문이다. 좀 더 고전적인 의미에서 동면 상태는 일부 개구리와 도롱뇽에게서 발견된다.

극한 상황에서의 생존기제를 보여주는 또 한 가지 사례는 하면夏眠이라고 알려져 있는 것이다. 하면은 극도로 덥고 건조한 시기 동안에 일어나는 또 다른 종류의 휴면이다. 사막달팽이 같은 종은 이런 방법으로 물 없이 최대 5년 동안 생존할 수 있다. 이런 생명체들은 전형적으로 촉촉한 토양으로 파고들거나 고치를 만들어 수분의 소모를 최소화하는 방법을 사용한다. 하면동물의 사례로 폐어가 있다. 폐어 가운데 가장 널리 알려진 것은 서아프리카 폐어Protopterus annectens와 콩고 폐어Protopterus dolloi이며 서식지는 일반적으로 습지나 개울이다. 날씨가 더워지고 물이 마를 때, 폐어는 부드러운 진흙 속으로 파고 들어가 관을 통해 공기가 통하는 굴 모양의 집을 짓는다. 이 굴 끝에는 넓은 방이 있으며, 굴 형태의 집 구조 덕분에 외부의 열기로부터 몸을 보호할 수 있다. 폐어는 일단 이 방안에 들어가면 두꺼운 점액을 내뿜어 몸 주변에 보호용 고치를 형성한다. 그렇게 해서 폐어는 방 속으로 여과되어 들어오는 공기를 호흡하며 필요하다면 여러 달 동안 생존할 수 있다.

또 다른 생존기제로 굶주림으로부터 보호하는 방법이 있다. 개미 가운데 짱구개미 종의 행동이 이 범주에 속한다. 짱구개미는 먹이가 풍족할 때 먹이를 모아두었다가 겨울 동안에는 저장된 먹이를 사용한다.

이러한 생존기제들에 대해서 더 많은 연구가 필요하지만 의료 분야 같은 영역에서 이로운 중요한 능력들을 개발하는 데 영감을 줄 것이다. 신체의 신진대사를 거의 0에 가깝게 하는 능력을 모방할 수 있다면 군대의 사상자나 사고 희생자들이 적절한 의료지원을 받을 때까지 생존하도록 할 수 있을 뿐만 아니라 불치병 환자들을 잠재적인 치료법이 개발될 때까지 살아 있도록 만들 수도 있을 것이다.

또한 오랜 기간 동안 신체 손상이나 건강 악화 없이 소변을 몸에 모아두는 곰의 능력을 활용하면 투석이 필요한 신장질환으로 고통 받는 사람들의 치료에 도움이 될 수 있을 것이다.

기발한 장난감

장난감은 새로운 기술을 시험해볼 수 있는 좋은 시험대이다. 장난감은 여타 산업이 충족시켜야 하는 성능과 내구성을 갖지 않아도 되기 때문이다. 장난감은 아이디어를 실제 제품으로 개발하는 데 시간이 매우 짧게 소요되고, 성공만 한다면 다른 분야에 응용할 수 있는 기술을 개발하는 데 필요한 자금을 확보할 만큼 충분한 수입을 올릴 수 있기 때문이다.

다수의 생물모방 아이디어들이 수많은 남자 아이들의 관심을 끈 변형로봇을 비롯한 장난감들에 응용되었다. 변형로봇은 형태 변경이 가능하고 다기능 로봇을 대표하는 장난감이다. 이러한 형태 변경이 가능한 장난감의 사례로 바쿠칸이 있다. 바쿠칸은 접었을 때는 대략 골프공 크기만 한 작은 공 모양이지만, 펼치면 다양한 모양이 나타난다. 공 모양의 바쿠칸은 자기 카드를 접촉하거나 단단한 물체로 치면 활성화된다. 바쿠칸의 개념과 롤리폴리라고도 알려진 공벌레 Armadillidium vulgare 가 매우 유사하다는 것을 알 수 있을 것이다. 그림 2.6.16 왼쪽 사진은 공벌레가 몸을 펼친 모습(기어가고 있음)인데, 다리를 표면에 대고 몸이 펴져 있다. 오른쪽 사진은 몸을 움츠린 모습으로 공 모양을 닮았다. 이 곤충은 건드리면 방어기제가 발동되어

그림 2.6.15

공 모양으로 닫혀 있는 형태의 바쿠칸과 자기 카드를 접촉하거나 톡 쳐서 활성화된 펼쳐진 모양의 바쿠칸. 자기 카드는 왼쪽 사진의 바쿠칸 밑에 있다.

그림 2.6.16

롤리폴리라는 별명으로도 불리는 공벌레는 두 가지 형태를 갖는 곤충이다. 왼쪽 아래는 표면에 다리를 대고 몸을 펼친 모습이고 오른쪽 위는 공처럼 몸을 둥글게 만 모습이다.

몸을 공처럼 돌돌 만다. 그리고 충분히 안전하다고 느꼈을 때 다시 몸을 펼친다.

신기하고 흥미진진한 장난감을 만드는 데 활용활 수 있는 자연의 발명품의 사례들은 많다. 하지만 가장 모방하기 어려운 것은 나비가 일생 동안 보여주는 네 가지 형태이다. 나비는 알, 애벌레, 고치, 나비의 4단계의 변화 과정을 거친다. 나비의 이러한 능력에 부합하는 인공적인 형태 변경 메커니즘을 만드는 일은 오늘날의 기술 혹은 가까운 미래의 기술로는 실행할 수 없을 것이다.

건축

자연은 다수 건축물의 건축학적 및 예술적 형태를 구성하는 데 영감을 주었다. 자연에서 영감을 받은 건축물의 사례로 호주의 시드니 오페라하우스와 싱가포르 에스플라네이드 극장을 포함해 해당 지역의 대표 건축물이 된 것들이 있다. 시드니 오페라하우스는 조개 껍데기의 모양을 본뜬 것이다. 그림 2.6.17 이 건물은 원래 덴마크의 건축가 이외른 웃손Jørn Utzon이 설계했으며 다수의 기술적 문제를 해결한 이후 1973년에 개관했다. 2002년에 문을 연 싱가포르의 에스플라네이드 극장의 디자인은 열대과일인 두리안 그림 2.6.18의 오른쪽의 모양에서 영감을 받았다. 이 건물은 두리안처럼 뾰족뾰족한 형태의 두 개의 돔으로 구성되어 있다. 그림 2.6.18 왼쪽 이런 형태 때문에 이 극장은 두리안 빌딩이라고도 불린다.

피사의 사탑은 세상에서 가장 신기한 건물 가운데 하나로 여겨진

그림 2.6.17

시드니 오페라하우스는 조개 껍데기의 모양에서 영감을 받았다.

그림 2.6.18

두리안 과일과 그것에 영감을 받아 건축된 싱가포르의 에스플라네이드 극장.

그림 2.6.19
복원 공사 이후 약 3.99도 기울어 있는 이탈리아의 피사의 탑.

다. 기울어진 채로 몇 백 년을 견뎌왔기 때문이다. _{그림 2.6.19} 1990년과 2001년 사이에 복원 공사가 시행되기 전에 피사의 사탑은 5.5도 기울어져 있었다. 지금은 3.99도 기울어져 있다. 이와 비교하여 야자수_{그림 2.6.20}와 같은 나무들은 훨씬 큰 각도로 기울어도 견뎌낼 수 있다. 이런 나무들처럼 기운 것을 흉내낼 수 있는 구조물을 어떻게 건

그림 2.6.20
야자수는 쓰러지거나 부러지지 않는 한 크게 기울어도 생존할 수 있다.

축할 수 있을지 궁금하다.

어쩌면 생물모방학의 응용은 건물과 건축을 혁명적으로 바꿔놓을지 모른다. 자연 속에서 발견되는 개념과 디자인의 모방은 단순히 건물의 외부 형태에 응용되는 것이 아니라 건물의 구조와 시스템, 냉난방, 물질과 에너지의 사용 등과 관련하여 훨씬 더 많이 응용될 수 있다.

생물모방학: 잠재적 기술혁명

수백만 년 이상의 세월에 걸친 자연의 진화 과정은 모방과 적응의 훌륭한 모델이 되는 발명들을 이끌어냈다. 이 발명들은 다수의 과학 및 공학 분야와 관련이 있으며, 나노미터만큼 작은 것에서부터 수 미터 정도로 큰 것까지 넓은 범위의 크기와 관련되어 있다. 이러한 자연의 발명들을 모방하거나 새로운 기술에 대한 영감으로 이용하는 것은 위대한 도전일 터이지만, 더 발달된 도구들이 등장하면서 자연을 모방하는 일이 더 수월해지고 있다. 많은 영역에서 자연은 우리의 기술보다 우월한 능력들을 소유하고 있다. 자연에 대해 더 많이 배울수록 우리는 자연의 발명들을 더 능숙하게 모방하여 우리가 만든 인공적인 도구에 효율적으로 적용할 수 있게 될 것이다.

우리가 일상생활에서 사용하는 도구들 가운데 자연의 발명에 기원이 있는 것들이 많다. 그리고 더 많은 자연의 발명들이 모방되어 우리 생활을 훨씬 더 향상시킬 수 있을 것이다. 국제적 테러사건이 발생하고 더욱 혁신적인 안보 및 방위 수단이 필요한 시대인 지금 다양한 생물 종들이 사용하고 있는 방법들을 더욱 연구할 필요가 있다. 단순하게 말해서 우리는 독침과 미늘 화살은 물론이고 위장, 차폐, 방탄 등 다양한 기술들을 응용했으며, 자연에는 우리가 모방할 수 있는 더 많은 아이디어들이 있을 것이다.

생물모방학을 활용할 수 있는 영역으로, 쓰나미나 지진과 같은 자연의 위험이 닥칠 것을 감지하는 동물의 능력을 모방하는 것도 있다. 어떤 종류의 물고기, 설치류, 뱀, 심지어 두꺼비조차도 다가올 지진을 감지할 수 있다는 사실은 다양한 방식으로 관찰된 바 있다. 2004년 쓰나미가 태평양 지역을 강타했을 때, 사람들은 해변에서 바닷물이 빠져나가는 것까지 보았지만, 자신들의 눈앞에서 일어나는 사건이 무엇인지 알아차리지 못했다. 하지만 많은 동물들은 높은 곳으로 달아났다는 사실이 흥미롭다.

똑같은 제품을 대량으로 생산하려는 기술자들의 노력과는 반대로, 자연은 같은 종을 여러 가지로 다르게 복제한다. 그런 차이들과 심지어 불완전성에도 불구하고 특정 종의 개체들은 매우 효과적으로 작동하며 매우 유사하게 동작한다. 그 한 가지 사례가 넓은 연령대에서 다양한 차원으로 이루어지는 사람의 신체적 기능들이다. 또한 기계적으로 제작한 완전한 대칭형의 벌집과는 대조적으로 꿀벌의 벌집 구조는 완전한 육각형 모양과 거리가 있다.

자연은 인간이 자연과 조화하며 살아가는 데 중요한 지침을 제공한다. 예를 들어 우리는 식물로부터 지구상의 이산화탄소 오염물질을 어떻게 산소를 생산하는 데 사용하는지 배울 수 있다. 이런 식으로 오염물질이 우리 생활에 중요한 자원으로 변환된다. 또한 식물은 완전히 지구 친화적인 형태로 태양에너지를 수확할 뿐만 아니라 물과 미네랄을 땅으로부터 아주 높은 곳까지 끌어올리고 균일하게 배분한다. 녹색 형태의 에너지 수확은 점점 더 개발되고 상업화되고 있으며, 많은 아이디어들이 자연을 모방하거나 자연에 의해 영감을 받는 방식으로 조정될 수 있다.

수많은 가능성을 내포하고 있는 자연을 모방하는 데는 극복해야 할 어려움도 많이 있다. (식물의 씨앗처럼) 휴면 상태에 있는 마이크론 크기의 씨앗으로부터 완전히 성장한, 자동으로 작동하는 기계로 자라나는 로봇을 만들 수 있을 정도로 발전된 수준에 도달할 때까지, 생물모방학은 발명가들에게 믿을 수 없을 만큼 유용한 영감의 원천일 것이다. 자연의 아이디어를 개발하고 구현하는 데 있어서의 성공은 과학소설과 상상력을 공학적 현실로 변형시킬 것이다.

생물학을 모방하는 데 있어서 커다란 어려움 가운데 하나는 문어와 같은 생물을 모방한 로봇을 제작하는 것이다. 이런 로봇을 만들려면 손을 자유자재로 사용하고, 지능적이고 자율적으로 작동하고, 매우 좁은 구멍을 통과할 능력을 갖추고, 주변의 색깔과 형태, 질감에 맞춰 몸을 위장하고, 다수의 촉수와 물체를 움켜잡을 수 있는 빨판이 장착되어 있고, 연막 같은 먹물을 사용하고, 맹점blind spot이 없어 선명하게 보고, 복수의 임무를 동시에 수행할 수 있는 다기능 구성요소와 여타 많은 능력들을 갖춘 로봇을 만들 수 있어야 한다.

자연의 능력들을 공학적 용어로 기록한 목록을 개발하는 일은 미래의 생물모방학자들에게 크게 도움이 될 것이다. 이 목록에는 아직 혜택을 보지 못한 다른 분야들을 풍요롭게 하기 위하여 자연의 발명들을 다른 각도에서 볼 수 있게 하기 위하여 기존의 발명품들도 포함될 것이다. 이러한 요구를 지원하기 위하여 미국의 샌디에이고 동물원이 생물모방 아이디어를 내놓은 과학자와 기술자들에게 영감을 주는 데 이용될 수 있도록 동물의 특징과 능력들을 기록하는 프로그램을 시작했다(http://www.sandiegozoo.org/conservation/biomimicry). 더 나아가 샌디에이고 동물원은 또한 그동안 기록한 정보를 생물모방학에 관련된 학술대회 등에서 발표하기 시작했다. 생물모방학의 미래는 매우 흥미진진하며, 그 잠재력은 막대하다. 다음에 우리가 자연으로부터 무엇을 배우고 자연의 어떤 능력을 모방할지 예상하기 어렵다. 수년 후에는 더 많은 도구와 능력들이 나노 수준에서부터 매크로 수준과 그 너머까지 우리 생활 곳곳에서 등장할 것으로 상상된다. 앞으로 의료, 군사, 소비재 등 다양한 분야에서 생물모방학이 도입한 혁명으로부터 상당한 혜택을 보게 될 것이다.

청색경제

_3_

군터 파울리

저술가 및 기업가로 세계 최대의 환경기업 에코버(Ecover)의 설립자이며, 로마클럽의 회원이자 제리재단의 설립자이다. 지속 가능성에 대한 연구와 민간교육, 비전을 제시하는 데 지대한 공헌을 하고 있으며, 일본 정부의 후원으로 도쿄의 유엔대학(United Nations University)에서 자연 시스템의 생산과 소비방식을 모방하는 쓰레기와 배기물의 순환생산 경제 모델을 발전시켰다. 이 모델은 현재 일본에서 다양한 분야에 적용되고 있다.

번역: 김은희
전남대학교 경영대학 교수

이화여자대학교를 졸업하고 뉴욕주립대학교 스토니브룩 기술경영 이학 석사학위를, 서울대학교에서 기술경영 공학 박사학위를 받았다. LG EDS, EDS Korea 시스템 엔지니어, 기업은행 경제연구소 연구위원, 카네기멜론 대학교 초빙연구원을 역임했으며 현재 전남대학교 경영대학 교수로 재직 중이다.

청색경제의 구축[1]

군터 파울리
번역: 김은희

자연은 우리에게 혁신, 부의 운용 그리고 새로운 일자리를 어떻게 창출하는지를 보여준다. – 군터 파울리

지속가능성을 향해 인류가 도약하기 위해서는 친환경적인 건물을 세우거나 단일 폐기물 처리를 위해 재활용하는 것 이상이 요구된다. 인류가 우리의 시스템을 생태계 시스템과 같이 설계했을 때 지속적인 발전이 가능하다. 생태계 시스템은 그들이 각각 가지고 있는 역량을 최대한 기여할 수 있는 네트워크를 만들며 명확하게 정의된 경

---

1) Building the Blue Economy by Gunter Pauli, ODEMAGAZINE, Dec. 2009, special issue.

계를 가지고 작동된다. 그리고 물리학의 법칙 속에서 에너지와 영양분을 끝없이 순환생산하면서 생태계들은 연결된다. 이러한 원리가 적용되는 곳이 사막, 고산 산악지대, 습지, 열대우림이다.

전통적인 비즈니스는 단지 고용만이 생산성을 높일 수 있다고 여긴다. 그러나 자연은 더 나은 방법을 알고 있다. 수백만 개의 일자리가 암울한 미래에 직면한 위기의 이 순간에 우리는 청색경제가 창출할 수 있는 일자리를 고려해볼 필요가 있다. 자연 시스템은 지역의 기업가 정신을 고무시키며 우리에게 지구를 위한, 공공의 삶을 위한, 그리고 보람 있는 일을 추구하고자 하는 젊은 세대를 위한 권리가 무엇인지를 보여준다.

오늘날의 비즈니스 모델은 실패했다. 성공을 위한 비즈니스 모델로 여겨졌던 인수합병, 자산활용, 영구적 채무, 복잡하고 실험적인 금융도구 등은 사실은 성공이 아니라 붕괴의 길이 되었다. 현재와 미래의 세대는 더 잘 살 수 있으리라는 희망이나 약속 없이 엄청난 채무의 위협에 시달리고 있다.

오늘날 녹색 비즈니스 모델 역시 그 비전과 목표를 달성하는 데 실패했다. 경제가 영원히 성장할 것이라고 믿었던 때조차도 탄소 배출을 줄이기 위해 기업이 더 많은 경비를 지불하고 소비자가 더 많은 지출을 할 것이라 기대할 수 없었다. 심지어 정부가 부채에 빠져들고 많은 사람들이 일자리를 구할 수 있으리라 확신할 수 없을 때, 더 많은 지출을 한다는 것이 어떻게 동기를 부여할 수 있을까? 낭만적 사고에 뿌리를 둔 이 모델은 더 깨끗한 지구와 더 깨끗

자연에서 배우는 청색기술

한 양심을 동일하게 여길 수 있을 정도로 부유한 이들만을 위해 성공할 수 있다.

유해한 프로세스를 조금 덜 유해한 프로세스로 바꾼다고 해로움이 완전히 없어지는 것은 아니다. 이는 바로 덜 유독하면서 더 오래 지속되는 배터리에 투자되는 수십억 달러를 보는 것과 같다. 그러나 유독성이 더 낮은 배터리라 할지라도 광업, 제련 및 유독성 화학물질에 의존하고 있고, 우리의 생태계를 중독시키고 장기적으로 우리의 건강을 위협하면서 매립지에 폐기처분될 것이다. 그렇다면 조금 덜 유해하게 한다는 것으로 충분한 것일까? 생명을 빼앗는 것보다 절도가 낫다고 하더라도 타인의 것을 탐하려 한 사실에는 변함이 없다. 기업들은 지속적으로 환경을 오염을 시키고 있음에도 덜 오염시키는 것에 대해 환경상을 받는다!

청색경제는 나쁜 것을 좋은 것으로 대체한다. 예를 들면 식용 재료로 생산된 방화제 및 내연제는 식량 공급을 위태롭게 하거나 우리의 가정을 유독하게 하지 않으면서 우리를 보호할 수 있다. 청색경제는 경제적으로 또는 생태계의 절약을 감당하기 위해 부 또는 자본에 의존하지 않기 때문에 녹색경제보다 앞선다. 대신에 자연의 지혜를 통해 과정들을 통합하고 과정들의 질서를 바로잡는다. 청색경제는 선진국에서도 제3세계에서도 적용되며 흐름에 따라 좋은 것을 보장하기 보다는 수익과 일자리를 창출한다.

생물모방은 자연이 알려주는 경이로움을 보여주었으나 아직 주목할 만한 효과는 없었다. 자본을 가진 부유한 국가에서의 효과는 제3세계에서보다 훨씬 적었다. 청색경제는 단순히 자연에 감탄하는 것이 아니라 자연의 시스템을 따르고 전체를 고려하기 때문에 녹색경제를 앞선다. 청색경제는 서식지와 생태계에서와 같이 불필요한 것을 기능적인 것으로 대체하고 몇몇 혁신적인 기술을 전체로 통합함으로써 지속가능한 효율성을 달성한다.

모든 사람이나 모든 국가는 지속가능성과 자원효율성을 달성하기 위해 실용적인 수단이 필요하다. 청색경제의 원리들은 이미 다양한 분야에서 채택되어왔고, 앞으로도 채택될 수 있기 때문에 성공할 것이다. 옳은 일을 하라고 사람들을 격려하거나, 에너지 효율을 점진적으로 개선하는 것은 소득창출, 비용절감, 시장성 개선 등을 통해 성취될 수는 없을 것이다. 청색경제는 경제적 가치의 창출을 통해 지속가능성을 추구하는 것이다. 비즈니스는 일자리 공급과 소득창출을 더욱 효율적으로 하기 위해 청색경제의 이러한 원리를 이용하는 한편 오염의 위험과 사회적 비용을 줄이고 있다. 젊은 기업가, 즉 젊은 마음을 가진 기업가들은 의미 있는 일, 가치 있는 제품, 사회적 자본을 제공하는 지속가능한 기업을 만들 수 있다.

청색경제는 원리의 집합을 표현한다. 핵심 원리는 영양분과 에너지를 생태계 시스템의 방식처럼 순환적으로 만드는 것이다. 폭포는 물이 떨어지는 것이다. 이것은 아무런 힘을 필요로 하지 않으면서 단지 중력의 힘으로 흐른다. 생태계 시스템은 생물계와 생물계로 영양분을 운반한다. 흡수된 미네랄은 미생물에게 공급되고, 미생물은 식물에게, 식물은 또 다른 종에게 먹이가 된다. 단계적 에너지와 영양분은 에너지와 같은 입력을 줄이거나 제거함으로써, 또한 오염으로 뿐만 아니라 자원의 비효율적 사용으로 발생된 폐기물과 이들의 처리 비용을 제거함으로써 지속가능에 이르게 한다. 하나의 프로세스에서 나온 부산물이 다른 프로세스에 입력되기 때문에 생태계에는 폐기물이 없다.

이러한 원리는 생태계가 번성하는 방식과 밀접하다. 모든 측면에서 지속가능하다. 즉 독소가 내재되어 있더라도 물리적 법칙에 따라 자연적으로 반복하는 에너지 자원과 같이 부분적으로 유용한 것을 사용하고 모든 환경과 인간의 필요에 부응한다. 그리고 효율성에서 그치는 것이 아니라 만족할 수 있는 수준으로 진화하며 에너지와 영양소를 순환생산하고 기하학적 수익을 창출할 수 있는 투자에 흐름을 창출한다. 버릴 것 없이 모든 것이 가치를 창출하고 모두가 고유의 역할을 수행하는 완전고용이 이루어지며 시스템적인 문제를 해결하기 위해 충분한 혁신을 활용하는 것이다.

이러한 원리들의 좋은 예로 누에를 들 수 있는데, 누에의 무독함, 자연생체 고분자와 이들의 생태 시스템을 보면 알 수 있다. 수천 년 전, 중국이 식량 수요 증가와 제한된 토지의 문제에 직면했을 때, 추가 경작이 가능한 농지에 대한 탐구에 착수했다. 벌레는 아니지만 누에로 알려진 야생나방의 애벌레가 미생물을 빠르게 끌어들이며 나뭇잎을 토양 박테리아와 쉽게 혼합되는 영양분으로 만드는 것을 알게 되었다. 이를 바탕으로 애벌레와 나무의 이런 자연공생을 통해 토양의 생산력이 회복되고 유지됨으로써 인구 증가에 따른 식

그림 3.1.1
누에.

량 확보를 보장할 수 있다는 이론을 세웠다.

중국 전설에 따르면, '누에의 여인'이라 불리며 실크 제조법을 개발한 중국 황후 시링치西陵의 경우, 표토를 재생시킨 실험을 통해 실크 생산이 가능하게 되었다고 한다. 이후 석유에서 만든 합성 폴리머가 재생 가능한 것(실크)을 재생 불가능한 것(석유)으로 대체했을 때, 농지는 수백만 톤의 비료를 잃게 된 것이다. 실크가 현대 시장에서 경쟁할 수 없게 된 이후 표토를 재생하는 천 년의 경험은 잊혀지게 되었다. 더욱 심각한 것은 플라스틱과 고분자가 사회의 모든 영역에서 사용되는 동안, 토지는 이제 지속적인 생산을 위해 비료가 필요하게 된 것이다. 이로 인해 화석연료에 대한 의존도가 높아지고 온실가스 배출량을 증가시키면서 비료 생산을 위한 에너지 사용을 가중시켰다.

프리츠 볼라스Fritz Vollrath 교수가 책임자로 있는 옥스포드 대학 동물학과의 실크 그룹은 생체에 거부반응을 일으키지 않는 폴리머 개발을 위해 만들어졌다. 파나마에서 작업하는 동안, 볼라스 교수는 '황금 실크 오브 위버' 거미를 발견했다. 이들은 거미줄을 만들고 재생하는 방법과 3차원 회전 기술을 연구함으로써 비행기 부품, 면도기와 같은 다양한 제품에서 사용되고 있는 티타늄을 대체할 뿐만 아니라, 손상된 연골과 뼈 조직을 재생하기 위한 신경 재생용 도관, 의료봉합 및 의료기기로 실크 튜브 및 필라멘트를 제조하는 장비와 프로세스를 생성할 수 있다. 뽕나무 잎에서 실크를 생성하는 단순함, 제어압력, 주위 온도에 따른 습기 제어 과정과 티타늄 수명 주기를 비교해본다면, 어떻게 온실가스를 감소시키는 결과와 함께 친환경적으로 나아가는지를 빠르게 이해할 수 있다.

탄소를 기반으로 하는 전기발전에 의해 생산된 이산화탄소를 격리시킨다면, 마찬가지로 부하를 줄일 수 있다. 발전소의 물을 사용하고 이산화탄소 배기와 해조류를 생산한다면, 이산화탄소를 제거하고 바이오 연료를 생산할 수 있다. 인프라의 90퍼센트가 이미 준비되어 있고 재정적으로 지원된다. 따라서 탄소문제를 해결하는 것은 소정의 추가적 투자를 요구하고, 바이오 연료로부터 새로운 수익창출은 비용을 보상하는 그 이상이다. 이것을 유전이나 심층 해양으로 이산화탄소를 펌핑하는 것과 비교해보라. 브라질에서는 이러한 접근방법으로 4가지 현금 흐름을 창출한다. 그 4가지는 탄소 배출권, 영양을 위한 스피루리나spirulina, 조류藻類에서 만들어진 연료, 화장품에 이상적이라는 조류에서 만들어진 에스테르esters이다.

이 거대한 쓰레기, 특히 농업 폐기물의 변환에서 생태계의 심오한 영감을 발견한다. 사탕수수에서 주로 만들어지는 설탕의 경우를 보면 사탕수수의 당도는 10퍼센트에서 15퍼센트로 제한된다. 따라서 생산된 설탕은 바이오매스의 10~15퍼센트에 대해서만 설명할 수 있다. 사탕수수의 당분을 짜고 남은 찌꺼기를 바가스bagasse라고 하는데, 바가스는 일반적으로 소각되어 저렴한 에너지원으로 제공된다. 자연 시스템은 에너지원으로 거의 불을 사용하지 않으나 인간은 항상 불을 사용한다. 우리에게는 더 나은 선택을 무시하는 것이 종종 최선의 방법인 것처럼 보인다. 사실 에너지를 제공하는 사탕수수의 유일한 구성요소는 리그닌이다. 나머지인 헤미셀룰로오스hemicel-lulose와 셀룰로오스cellulose는 쓸모없는 열을 내고 타기 때문에 대량의 탄소를 배출한다.

사탕수수 찌꺼기를 종이와 골판지 생산에 사용하는 것은 생태학적으로 이치에 맞다. 물론 종이 산업 관계자는 이것이 적당한 섬유질 타입이 아니라고 주장할 것이다. 현재 생산 시스템과 수십 년 동

자연에서 배우는 청색기술

안 연구개발에서 얻어진 근시안적인 사고를 감안한다면 그들이 옳다. 사탕수수 찌꺼기는 전 세계에 대량으로 심어져 있는 소나무와 유칼립투스를 기반으로 한 종이 공급 체인망에 적합하지 않다. 그러나 암산으로 몇 가지 놀라운 결과를 유추할 수 있다. 가장 빨리 자라는 소나무 종도 성목이 되려면 7년이나 걸리지만, 바가스는 그 7년 동안 100~200톤의 섬유질을 생산한다. 즉 연간 에이커당 15~30톤의 섬유질을 생산하는 셈이다. 섬유질 생산이라는 관점에서 보면 사탕수수는 온대기후로부터 유전자 변형이 된 최고의 나무들보다 효율적이다. 종이인가, 오염인가?

태양광에 대한 고려는 이미 스페인에서 부상되어 검증된 산업이다. 잠자리에서 영감을 얻은 광학원리를 적용한 태양에너지로 발전기를 돌릴 수 있다. 그 기술은 성공적으로 개발되었고 쉽게 구현되었다. 2050년까지 집중형 태양광발전의 연간 투자는 1,000억 달러를 초과할 수 있으며 200만 개의 일자리를 창출하고 21억 톤의 이산화탄소를 줄일 수 있다.

소용돌이는 중력을 사용하여 공기, 소금, 불순물을 제거할 수 있다. 와류기술은 10층 화장실 변기에서 사용하는 물을 한두 층 아래에서 다시 사용될 수 있게 함으로써 화장실에 소비되는 물을 10분의 1로 감소시킨다. 물을 정화하는 데 사용되는 유독성 화학물질 또는 바다에서 식수를 만들기 위해 필요한 에너지를 대체할 비중 구동 소용돌이 장치를 사용함으로써, 우리는 친환경적 세계로 좀 더 가까이 다가간다.

얼음을 만들 때 우리는 물과 공기를 모두 얼려야 한다. 공기는 절연체이고, 아이스 링크의 얼음을 만들고 이를 유지하는 데 필요한 에너지는 물을 포함하고 있는 공기의 양에 따라 달라진다. 세계의 많은 도시들에서 아이스 링크의 에너지 비용은 가장 많은 지출을 하는 분야 중 하나이다. 소용돌이에서 공기를 제거할 때 생기는 에너지 절감은, 연간 10만 kw/h급 전기 발전에서 나오는 온실가스를 제거하여 기후 변화에 대한 영향을 줄이는 긍정적인 역할을 한다.

카르멘자 자라밀로Carmenza Jaramillo가 콜롬비아 커피재배자협회 Colombian Coffee Growers Association와 협력을 통해 시작한 사업은 현금 작물의 폐기물이 식량 확보를 가능하게 한다는 증거를 제공하면서, 커피 농장에서 낭비된 바이오매스를 식량으로 바꿀 가능성을 보여 준다. 이 연구는 1994년에 시작되었고 홍콩중문 대학교Chinese University of Hong Kong의 슈팅 장Shuting Chang 교수의 선구자적인 업적으로 만들어졌다. 슈팅 장 교수는 떡갈나무에서 만들어지는 표고버섯만큼 많은 양의 표고버섯을 커피 폐기물에서 생성했다. 베오그라드 대학University of Belgrade의 이반카 밀렌코빅Ivanka Milenkovic은 버섯 재배에 활용된 커피 찌꺼기가 버섯 수확 후 질 좋은 동물 사료가 된다는 사실을 밝혀냄으로써 과학적 연구에 공헌했다. 버섯과 동물성 단백질 공급은 수출로 현금을 제공하는 한편 가처분소득을 증가시킨다. 이 시스템은 식량 공급에 긍정적인 영향을 주고 지역 고용을 창출한다. 결과적으로 오늘날 유통 및 포장 분야를 포함해 약 1만 명의 직, 간접적인 고용을 유발한다.

짐바브웨에서 치도 고베로Chido Govero가 이끄는 확장 프로그램은 고아들을 빈곤에서 구제한다. 세계의 모든 커피 농장에서 영양 순환생산 방식을 적용할 경우, 고용 잠재력은 5,000만 일자리를 초과한다. 이 프로그램이 차 농장과 사과 과수원으로 확장된다면, 고용 잠재력은 1억으로 배가 된다. 잠재적인 식량생산 능력은 현재의 모든 어류 양식의 전체량을 초과할 것이다.

이러한 프로젝트는 청색경제의 도래를 알리게 될 것이다. 세계 각 지역의 혁신가와 기업가는 완전히 조화롭고 재생가능한 흐름에서 물질과 에너지를 순환생산할 수 있는 자연 물리학 및 생화학을 사용하는 방법을 찾고 있다. 그들은 어디에서나 쉽게 손에 쥘 수 있는 것들을 이용하여 가치를 창출하고, 일자리를 제공하면서 부를 축적하고 있다. 청색경제 시스템에서는 현재의 비환경적인 생산과 소비 모델은 구식이 되어 사라질 것이다. 탄소 배출에 가중되는 부담, 노동과 지구의 과잉 착취의 악순환은 중단될 것이다. 그리고 사회자본이 점차적으로 증가하고 모든 기본 요구를 충족하는 데 도움이 되는 혁신을 시장에 가져오는 도덕적인 사이클이 될 것이다. 청색경제는 우리의 생활을 향상시키고, 지구를 이롭게 하며 물질과 에너지를 놀라운 방법으로 변환시킬 수 있다. 이제 지구와 고된 노동을 하고 있는 사람들에게 더 많은 것을 강요하는 것을 그만두고, 우리가 가지고 있는 것과 자연이 끊임없이 생산해내고 있는 것으로 더 많은 일을 해보자.

군터 파울리

저술가와 기업가로서 세계 최대의 환경기업 에코버
(Ecover)의 설립자이며, 로마클럽의 회원이자 제리재단의
설립자이다. 그는 지속 가능성에 대한 연구와 민간교육, 비전
을 제시하는데 지대한 공헌을 하고 있다. 일본 정부의 후원
으로 도쿄의 국제연합대학교(United Nations University)
에서 자연 시스템의 생산과 소비방식을 모방하는 쓰레기와
배기물의 순환생산 경제 모델을 발전시켰다. 이 모델은 현
재 일본에서 다양한 분야에 적용되고 있다.

번역: 최 영
중앙대학교 기계공학부 교수

서울대학교 기계설계학과를 졸업했다. KAIST에서 석사학
위를, 카네기멜런 대학교에서 CAD 전공으로 박사학위를
받고 중앙대학교 기계공학부 교수로 재직 중이다. KIST 선
임연구원, 미국 국립표준기술연구원(NIST) 객원연구원을
역임했으며, 현재 한국건설IT융합학회 이사, 한국정밀공학
회 감사, 한국CAD/CAM학회 회장을 맡고 있다.

2

무배출 − 청정생산의 궁극적 목표[1]

군터 파울리
번역: 최 영

세계가 직면한 문제들

비즈니스는 사회의 요구에 부응해야 한다. 즉 지구상의 모든 지역 고객의 선호도에 귀를 기울여야 한다. 세계가 직면하고 있는 문제들은 매우 광범위하다. 북반구에 위치한 많은 나라들은 희망을 잃고 영속적 해결책을 찾을 수 없다고 믿는 것 같다. 하지만 지속적으로 빈곤을 완화해야 할 필요성은 너무나도 명확하다. 보건 서비스의 개선, 주택 건설, 그리고 물, 연료, 음식 등이 너무나 절실하게

---

1) Zero emissions: the ultimate goal of cleaner production by Gunter Pauli, J. Cleaner Prod. Vol. 5, No. 1-2, pp. 109-113, 1997, with permission from Elsevier.

필요하다. 우리가 직면하고 있는 문제의 통계치를 다시 설명할 필요조차 없다.[2,3] 우리는 이미 문제를 알고 있고 해결책들도 파악하고 있다. 이러한 도전은 새로운 것이 아니고 이미 수십 년 전부터 존재해왔다. 지속적인 해결책을 찾는 데에는 비즈니스와 과학이 중요한 역할을 한다.

60년대와 70년대는 행복한 시대였다. 1차 녹색혁명을 통해 역사적으로 가장 최고치의 인구 증가율에 직면한 인류는 이후 극적인 식량수요 증가에 잘 대응했다. 또한 자연을 조작하는 기술 덕분에 곡물 생산량을 종류에 따라서 두 배, 세 배 혹은 열 배까지 늘리는 데 성공했다. 관개기술, 종자 선별, 농약 그리고 비료 덕분에 1헥타르당 생산량은 예측을 훨씬 뛰어넘을 수 있었다.

오늘날 우리는 유전공학과 첨단 생명공학이 토지의 생산성을 더 증가시키리라는 것을 알고 있다. 하지만 모든 전문가가 생산성이 열 배로 증가하지는 않으리라 예측하고 있다. 따라서 10억의 인구가 빈곤 상태에 처해 있는 현재 상황에서는 혁신적인 해결책이 필요하다.

이제 지구에서 더 많은 양을 생산하기를 기대하기보다는 지구에서 생산되는 양을 가지고 다른 많은 일을 해야 하는 시기가 도래했다. 탄자니아, 멕시코, 브라질, 콜롬비아, 인도네시아에서 수확되는 작물인 사이잘sisal의 예를 들어보자. 동아줄을 만드는 데 쓰이는 사이잘

---

2) Brown, L. *et al.*, *Vital Signs*. Norton Press, New York.

3) Brown, L. *et al.*, *State of the World*. Norton Press, New York.

의 섬유질은 이 식물의 전체 바이오매스의 2퍼센트에 불과하고 나머지는 폐기된다. 야자유는 야자수가 일생 동안 생산하는 바이오매스의 12퍼센트에 불과하고 나머지는 폐기된다. 열대의 경목재용 나무가 벌채될 때 수백만 헥타르의 숲이 파괴되는데, 그중 25~35퍼센트의 바이오매스만이 펄프, 판지, 종이 제작에 이용되며 나머지는 폐기된다. 맥주를 양조하기 위해 수수, 보리, 호프 등을 발효하는 과정에서도 영양분의 8퍼센트만 추출되고 나머지는 폐기된다. 맥주 1리터를 생산하기 위해서는 최소 7리터의 물이 필요하고 어떤 경우에는 최대 34리터의 물이 사용된다. 아프리카에서 가장 많이 경작되는 작물은 옥수수인데, 옥수수가 수확된 이후에 얼마나 많은 양의 바이오매스가 밭에 버려질까? 이와 같은 자원의 목록은 철광석, 구리, 금, 보크사이트 등 광물질까지 확장될 수 있는데, 이 자원들의 생산물과 폐기물의 비가 1:10을 넘지 않는다. 이는 수년에 걸쳐 진행된 원자재와 투입변수를 기반으로 한 생산성 연구의 결과이다.

기름을 더 추출하기 위해 야자수를 어떻게 기르고 어떻게 가공해야 하는지 등을 포함해서 생산성을 제고하기 위한 광범위한 연구가 이루어지고 있다. 섬유소를 더 많이 더 빠르게 생산하기 위한 삼림 관리방법과 독성을 줄이는 병충해 방제법에 대한 연구도 많이 수행되고 있다. 식물이 질병, 가뭄, 염분에 내성이 생기도록 유전적으로 조작하는 연구도 진행되고 있다. 어떻게 현재의 추출 및 생산공정을 더 청정하게 변화시킬 수 있는지에 대해서 진지하고도 중요한 토론들이 이루어지고 있을 뿐만 아니라 최선의 사례들이 서로 공유되면서 세계적으로 퍼져나가고 있다. 하지만 이러한 귀중한 노력은 바이오매스의 오직 한 부분에만 집중되고 있다. 맥주 양조장은 물 소비량을 34리터에서 7리터로 개선할 수 있을 뿐 그 이상의 결과물은 없다.

청정생산의 궁극적인 목표는 폐기물 제로ZERO waste 혹은 지구상의 바이오매스와 광물질의 완전한 사용이다. 2차 녹색혁명(1996년에 저자에 의해서 도입된 개념[4])의 성공은 바이오매스의 완전한 활용과 광석 및 광물질의 모든 성분을 재활용하는 것을 목표로 하는 과학연구프로그램에 달려 있다. 노동생산성을 향상시키기 위한 수년간의 연구 이후, 이제는 농산물, 생분해성 원자재, 광석 및 광물질의 극적인 생산성 향상에 주목해야 하는 시점이 왔다. 이는 동일한 투입량으로 식량, 연료, 비료의 생산량을 늘릴 뿐 아니라 경제학 원리 중 하나가 틀렸다는 점을 증명할 것이다. 사실상 경제학자들은 생산성이 높아지면 일자리가 감소한다는 점을 지속적으로 주장해왔다. 그 이유는 경제학자들이 보통 노동생산성에만 집중하기 때문이다. 그러나 기초 경제학이론에서 보듯이 생산에는 노동, 자본, 원자재라는 세 가지 중요한 요소가 있다.

노동, 자본, 원자재의 모든 요소에서 높은 수준의 생산성을 추구하면 산출량이 증가하면서 일자리도 창출될 수 있다! 이는 전 지구적인 경쟁에 직면하고 있으면서 동시에 사회적인 책임을 요청받는 산

---

4) Pauli, G., *Discovery and Innovation*, 1996, March, editorial.

업계와 정치인들에게 반드시 필요한 새로운 관점이다. 청정생산은 기존의 작업 및 시스템과 유사한 접근법으로부터 진화할 수 있다.

현재 진행 중인 2차 녹색혁명

탄자니아 사이잘 관리청Tanzanian Sisal Authority, TSA은 사이잘의 추가적인 활용도를 찾음으로써 무배출 방향의 연구를 진두지휘했다. TSA는 나머지 98퍼센트의 경제적 활용에 관심을 집중하지 않고는 사이잘의 청정생산을 달성할 수 없다는 점을 깨달았다. 탄자니아 과학기술부의 조정하에 수행된 TSA와 다르에스살람 대학교 교수들의 공동연구를 통해 사이잘의 줄기를 발효해 구연산과 젖산을 생산할 수 있다는 사실을 발견했다. 궁극적으로는 2퍼센트만이 아닌 사이잘의 모든 부분이 경제적으로 활용되어야 하고, 이 경우 기존의 섬유질만으로 평가되던 톤당 시장가격을 무색하게 하는 총가치를 가지는 20여 가지의 부산물을 생산할 수 있다.[5]

나미비아의 맥주 양조장들은 처음으로 추메브의 수수공장에서 나오는 고형 폐기물과 폐수를 재활용하기로 결정했다. 중국에서 수행된 예비 연구에서는 소위 폐기물이라고 부르는 재료를 모두 재활

---

5) 탄자니아 과학기술부 데이터, ZERI를 위한 예비조사에 요약되어 있음, 다르에스살람, 1995.

용하면 현재보다 네 배의 일자리를 더 창출하면서 인간이 소비할 수 있는 식량을 일곱 배 더 생산할 수 있다는 점을 보여주고 있다.[6]

곡물에서 나오는 고형 폐기물은 환금작물인 버섯을 경작하는 데 활용되며, 양계장에 높은 가격으로 팔리는 지렁이를 키우는 데도 이용할 수 있다. 폐수는 일부 고단백 미세조류微細藻類와 물고기 양식에 활용된다. 모든 폐기물은 소화조消化槽에 모아서 메탄가스를 생산하는데, 그렇지 않으면 폐기되어 공기오염의 원인이 될 것이다. 걸쭉한 찌꺼기인 슬러리slurry는 물고기와 조류藻類의 훌륭한 먹이가 되며, 수상정원의 양분이 된다. 그림 3.2.1 무배출 양조장은 15가지의 추가적인 수익모델을 창출하는데, 이 수익의 합은 맥주 양조에서 창출되는 수익에 버금간다.

청정생산은 맥주 양조의 핵심공정을 개선할 수 있다. 유엔환경계획UNEP은 세계의 주요 맥주회사와 협력하여 어떻게 공정을 개선할 수 있는지를 설명하는 흥미로운 매뉴얼을 만들었다. 하지만 청정생산이 모든 폐기 물질을 재활용하기 위한 비전을 제시하지는 않는다. 무배출은 여기에서 한 단계 더 나아가 양조 목적이 아닌 모든 산출물의 활용을 최적화하여 생산성은 물론이고 환경에 대한 책무라는 전체적인 관점에서 극적인 개선을 추구한다. 이러한 개념은 다른 지역에서도 신속히 적용되고 있는데, 탄자니아, 피지, 파나마

---

6) 중국 과학아카데미 CISNAR Centre for Integrated Studies on Natural Resources 데이터, ZERI를 위한 예비조사에 요약되어 있음, 1995.

자연에서 배우는 청색기술

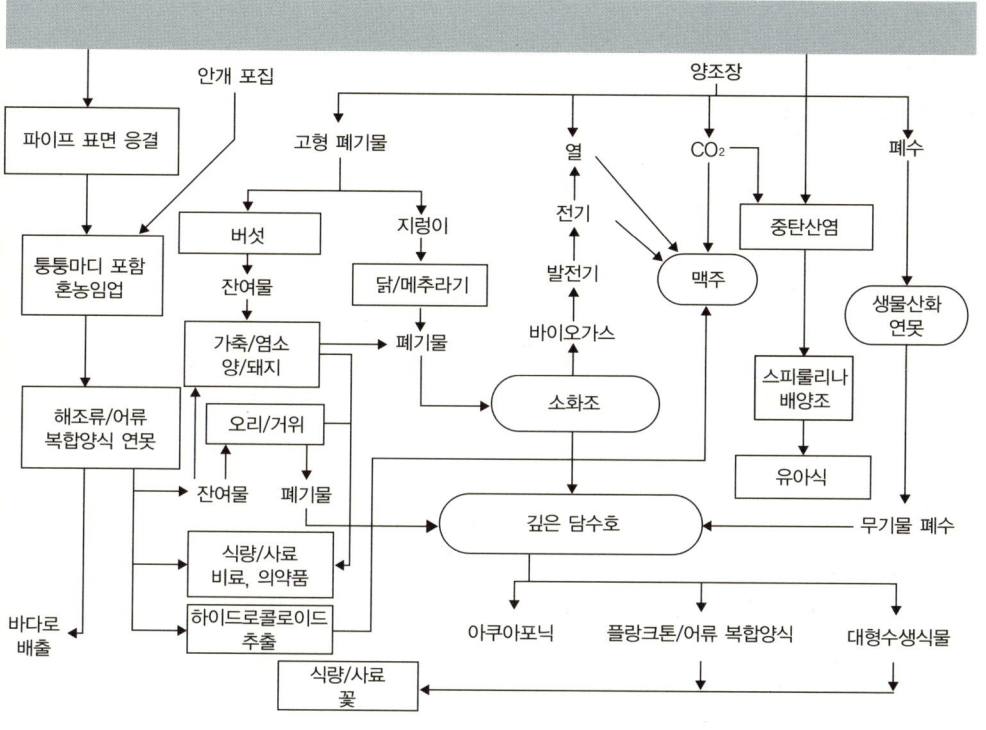

그림 3.2.1
벵겔라 한류와 추메브 수수양조장의 고형 폐기물 및 폐수 재활용.

에서 인도네시아에 이르기까지 많은 양조회사와 투자자들이 동일한 시도를 하고 있다. 이것은 단지 시작일 뿐이다.

탄광업계도 비슷한 처지에 놓여 있다. 갱도 인근에 쌓이는 분탄과 채광 폐기물은 수십 년 혹은 수 세기에 걸쳐서 인공 산으로 변한다. 최근에는 분탄을 톱밥, 점토와 섞어서 벽돌의 기본성분으로 사용하고 있다. 이 벽돌은 가마에서 두 시간 후에 자체 발화하므로 벽돌을 굽는 데 필요한 에너지가 10분의 1로 줄어든다. 한때는 자연경관을 해치던 폐기물에 불과했던 분탄과 돌이 도리어 벽돌 제작에 필요한 점토의 양을 60퍼센트나 감소시키고 경관 파괴를 막는 동시에 에너지 소모량까지 10분의 1로 줄이는 역할을 하는 것이다.

해초의 예를 살펴보자. 이 경우에는 청정생산과 무배출의 목표가 미시경제적인 맥락뿐 아니라 통상과 투자의 글로벌 프레임워크로까지 확대된다. 나미비아와 탄자니아는 모두 유럽, 미국, 일본에 건해초류를 수출한다. 북반구의 산업은 해초로부터 카라기닌car-rageenin(음식과 치약에서 겔화제로 사용되는 물질)과 한천(실험실에서 배양액으로 사용되는 물질)을 추출한다. 미국의 FMC, 일본의 미쓰비시와 같은 기업들은 바이오매스의 나머지 50~70퍼센트를 폐기한다. 이 폐기물에는 OECD 회원국에서는 거의 필요치 않은 섬유소, 단백질, 그리고 요오드가 포함되어 있다.[7]

나미비아와 탄자니아 인구의 30퍼센트 이상이 요오드 결핍과 관련된 질병으로 고통받고 있다. 갑상선종과 크레틴병이 이러한 질병에 해당하며, 정신지체 더 심각한 경우 뇌 손상까지 가져올 수도 있다. 아프리카 근해에 요오드가 많이 포함된 다양한 해초가 풍부함에도 불구하고 세계보건기구는 이러한 심신을 약화시키는 질병을

---

7) 서방에서 요오드는 핵 재앙이 발생했을 때만 대량으로 필요하다. 이때 요오드 알약을 복용하면 갑상선이 요오드로 포화상태가 되므로 핵 낙진에 포함된 독성 요오드-113이 갑상선에 흡수되지 않아 갑상선암의 발병확률을 줄인다.

막기 위해 소금과 혼합하는 용도로 요오드화칼륨 혹은 요오드산염을 공급하는 긴급원조 계획에 착수했다.

왜 그 지역에서 생산되는 카라기닌을 추출하여 반가공 상태로 수출하지 않는가? 잔여 바이오매스는 닭과 가축의 사료 첨가물로 활용하여 지역민의 요오드 공급원으로 쓸 수 있다. 이렇게 하면 운송비를 절감하여 수출품의 가치를 높이고 지역 일자리를 창출할 수 있을 뿐만 아니라 긴급지원 형태의 보조금은 생산적인 시스템으로 대체할 수 있다. 이러한 것이 글로벌 시스템을 더 효율화하는 청정생산이라 할 수 있다.

청정생산 운동은 선형공정에만 적용될 수 있는 것일까? 아니면 개발도상국에 필요한 시스템적인 사고와 실행으로 나아갈 때가 도래한 것일까? 국제연합대학교의 제리재단에서 수행된 연구결과는 가장 긴급한 문제들을 제시한다. 물론 빈곤 완화가 가장 긴급한 문제이다. 이 문제에는 물, 연료와 식량의 공급, 보건, 주택 문제의 개선이 포함된다. 하지만 모두가 사막화, 삼림 벌채, 토지 황폐화, 물 부족, 인구 폭발 문제를 인식하고 있는 이때 우리는 서둘러 개선해 나가야 할 부분에 집중할 필요가 있다.

의제의 병합

산업계는 이러한 논의와 사례에 공감을 표시하겠지만, 곧바로 경쟁전략으로 되돌아가서 환경오염에 대한 규범과 오염물질 배출기준을 준수하는 동시에 시장에서의 성공과 원가절감이라는 목표를 위해 움직일 것이다. 따라서 청정생산으로부터 무배출을 목표를 성공적으로 진전시키기 위해서는 두 개념 모두가 경쟁과 관리를 우선시하는 체제 안에서 제 역할을 찾아야 한다.

첫 번째로 고려해야 하는 사항은 마케팅이다. 80년대 후반에는 녹색마케팅이 유행했고 상당한 성공을 거두었다. 하지만 소비자들이 위장 환경주의(그린워싱)와 녹색 눈속임을 눈치채기 시작하자 기업들은 소비자들에게 자신들의 환경보호 실적을 확신시키기 위해서 뭔가가 더 필요하다는 점을 깨달았다. 관련법이 통과되기 이전에도 개선을 보여주는 환경감사 보고서를 작성하는 것은 표준 관행이 되었는데, 이는 투자자들이 증권거래소 데이터만 보고 장기투자를 결정하는 것과 매우 유사하다. 이 새로운 체제에서는 회사가 청정생산에 적극적이라는 점만 설득해서는 시장의 기대에 부합할 수 없다.

마케팅의 기본은 회사가 고객의 소리를 들어야 한다는 것이다. 구매자가 원하는 것을 생산하고 시간에 따라서 변화하는 요구사항까지 만족시켜야 한다. 청정생산으로는 충분하지 않고 배출 제로를 목표로 해야 한다. 왜 그런가? 누가 핵폐기물이나 독성 폐기물을 원하는가? 아무도 원하지 않는다. 님비NIMBY 현상에 대해서는 이미 잘 알고 있다. 따라서 만일 산업계가 마케팅의 기본원리를 적용한다면 많은 펄프 및 제지산업에서 계속되던 염소화합물의 유용성에 대한 당사자 간 과학적 논쟁은 필요가 없다. 고객이 원하지 않으면

회사는 생산하지 말아야 한다. 독일의 선두적인 잡지사가 독자들로부터 자기들이 좋아하는 주간지를 염소처리 되지 않은 종이로 읽고 싶다는 엽서를 8만 장 받았을 때 그 메시지는 분명했고 슈피겔지가 선택할 수 있는 길은 단 하나밖에 없었다. 시장이 원하는 것, 즉 '제로'로 화답하는 것이다.

우리는 이 주제를 극단으로 가져갈 수 있다. 지구상에서 가장 지적인 종種인 인류는 누구도 원하지 않는 무엇인가를 생산하는 유일한 종이다. 자연과 소위 지적 수준이 낮은 모든 종은 그 시스템 내에 많은 폐기물을 가지고 있으나 그 잔여물은 반드시 다른 종의 식량으로 사용된다. 인류는 다이옥신, 핵폐기물, 중금속, 그리고 과도한 이산화탄소를 생산하는데, 이것을 어떻게 처리해야 할지 알지 못한다.

청정생산으로부터 제로 폐기물을 향한 추진은 동일한 혹은 더 적은 투입으로 더 많이 생산하고자 하는 두 번째 산업의 기본공리에 부응한다. 이 생각이 새로운 것은 아니지만 지금까지 제조 분야에서 재료의 순환 과정에 광범위하게 적용되지는 않았다. 일반적으로 사업은 핵심 비즈니스 전략에만 집중하도록 되어 있다. 모든 사업은 회사 내부와 시장에서 관리가 가능한 하나의 주요 생산품 라인에 집중한다. 리엔지니어링이 경영자에게 핵심 비즈니스 개념을 강조하는 동안에도 실제로는 산업계 자체적으로 폐기물에 대한 지속가능한 해결책을 찾을 수 없었다. 혹시 해결책을 찾았더라도 비용이 많이 드는 해결방안일 확률이 높았다.

청정생산의 범위가 핵심 비즈니스의 내부로 제한되면 절대로 비용 효율이 높은 방식에서 무배출로 진화할 수 없다. 이를 위해서는 산업을 서로 결합할 필요가 있다. 산업을 결합하면 선형적인 청정생산 개념을 시스템적인 접근법으로 성공적으로 변환할 수 있다. 자연은 이러한 방식으로 작동한다. 나무는 자기 자신의 나뭇잎을 먹지 않는다. 그리고 나무의 잔여물을 처리하는 자[8]는 그 과정에서 가치가 높은 영양소를 흡수해간다.

시스템적인 사고가 주류를 이루고 있지는 않지만 높은 수준의 자본 생산성을 성취하기 위하여 산업의 결합을 주 비즈니스 전략으로 채택하고 있다는 점은 사실이다.[9] 사실 재고량을 극적으로 줄여서 자본 유동성을 높이고 공간을 절약하기 위한 적기 공급 생산방식 just-in-time, JIT 개념은 관련 산업을 핵심 제조공장 주위로 재배치함으로써 가능했다. 예들 들어 도요타는 600여 개의 협력업체에게 주 공장에서 주어진 반경 이내로 이주할 것을 요청했다. 그로 인해서 20년 전에는 3개월분의 재고량을 확보해야 했지만 이제는 단 30분 분량의 재고만 확보해도 괜찮게 되었다.

청정생산 체제 내에서의 산업 결합은 매우 흥미롭고 새로운 관점을 제공한다. 전통적인 공장에서 청정생산이란 폐수를 공공 하수

---

8) 자연에서는 '오염 유발자가 비용을 지불한다'는 원리가 적용되지 않고 '시스템이 모든 것을 해결한다'는 원리가 적용된다.

9) Capra, F. and Pauli, G., ed., *Steering Business toward Sustainability*. UNU Press, Tokyo, 1995, pp. 145-162.

시스템으로 배출하기 전에 화학공정을 통해 pH 수준을 중성으로 환원하는 것이다. 산업 결합의 개념이 실제로 적용된다면 예를 들어 알칼리 수水 환경에서 잘 증식하는 스피룰리나와 같은 미세조류를 배양할 수 있을 것이다. 과다한 산성비로 인해서 자연적인 알칼리 수치가 낮아지고 있으므로 특히 물을 많이 필요로 하는 낙농 및 양조 산업에서 발생하는 산업 폐수는 단백질과 배타카로틴이 풍부한 조류 생산의 원천이 될 수 있다. 이러한 조류를 충분히 공급하는 것은 도시 빈곤과 유아 영양결핍에 대처하기 위한 전략의 일부가 될 수 있다.

산업을 결합하면 폐기물을 산업 내의 문제로 생각하는 대신 또 다른 생산공정을 위한 기회로 생각할 수 있다. 이는 맥주 양조공장의 예에서 보았듯이 비즈니스의 경제학을 완전히 변화시킨다. 산업 결합이 동일한 지역 안에서 이루어진다면 운송비는 물론이고 시간도 절약할 수 있다. 이는 양측에 추가적인 재고 및 운송비용 없이 발생한 추가 생산 매출액이 재정적인 측면과 사회적인 측면에서 산업의 성과를 높인다는 것을 의미한다.

마케팅, 생산 및 경영과 관련된 의제가 이 시대의 긴급한 문제들을 다루면서도 사회 내 이해당사자들의 주된 관심사항(즉 일자리, 식량 및 물)과 잘 어우러질 수 있다는 점이 명백해지고 있다. 이제 처음으로 이러한 의제가 병합될 수 있는 가능성이 제기되고 있다. 지금까지는 이 의제들이 상호배타적인 것으로 간주되었다. 이러한 기회를 이용하여 산업이 명백한 목표를 달성하기 위해 노력을 배가하도록 동기를 부여하고 정부가 이러한 새로운 비전을 실행에 옮기려는 벤처기업들을 지원하도록 격려해야 한다. 이는 아마도 지속가능한 사회를 구현하기 위한 발전단계에서 비즈니스가 매우 중요한 역할을 할 수 있는 대단한 기회이다.

새로운 경쟁방식

산업은 과잉공급이라는 특성으로 인해 시장에서 경쟁 상태에 놓인다. 즉 고객이 선택을 한다. 이러한 환경에서 경쟁의 개념은 분명 넓게 확산되고 있다. 일본 기업들의 품질 경쟁력이 유럽과 미국의 제조업을 유린한 이래 세계의 기업들이 추구하는 분명한 목표 중 하나인 품질의 예를 들어보자. 전통적으로 제품의 종합적 품질은 제품을 구성하는 부품 품질의 합이라고 여겨졌다.[10] 하지만 경쟁이 치열하고 가격 경쟁력이 있는 제품들에 대한 선택의 폭이 넓은 상황에서 제품의 종합적 품질은 각 부품들의 품질의 곱으로 생각되고 있다. 즉 한 부품의 품질이 제로이면 그 제품의 종합적 품질은 제로이다. 이것은 수프에 빠진 머리카락 한 올과 같다. 전체 만찬이 매우 훌륭하고, 분위기도 편안하며, 와인도 특별하나 스프 속의 머리카락 한 올이 모든 것을 망쳐버린 경우에 해당된다.

---

10) Pauli, G., *Double Digit Growth*. Pauli Publishing, 1991.

청정생산 분야에서는 아직 환경의 질에 관한 쟁점이 다루어지지 않고 있다. 미국의 대형 화학 회사인 E. I. 뒤퐁드느무르앤컴퍼니[11]E. I. du Pont de Nemours and Company, Inc.의 회장인 에드가 울라드Edgar Woolard는 다음과 같이 말했다. "우리는 1993년까지 5년 동안 독성물질 배출량을 60퍼센트 줄인 것을 자랑스럽게 생각한다. 하지만 우리는 원래 배출량의 40퍼센트에 해당하는 수천 톤에 해당하는 폐기물을 아직도 배출하고 있다. 우리는 주어진 선택지가 오직 무배출 목표 밖에 없다는 점을 인식하고 있다."

청정생산과 최선의 실천만으로는 불충분하다. 한 쪽의 약점을 다른 쪽이 활용하는 경쟁의 세계에서 모든 약점을 제거하기 위해서는 비전, 리더십 및 투지가 필요하다. 모범경영이 폐기물의 무배출을 보장하지는 않는다. 예를 들어 ISO 14000 인증이 모든 독성물질이 제거되었다는 것을 의미하지는 않는다. 그리고 특정 산업계가 누구도 원하지 않는 폐기물을 계속 배출하는 한 그 산업은 자신이 시장에서 차지하고 있는 지위를 위태롭게 할 수 있는 약점을 항상 보유하고 있는 셈이 된다.

한 가지 좋은 소식은 산업계가 이전에 이미 무배출을 목표로 한 경험이 있다는 점이다. 과학자들은 무배출이 불가능하다는 것을 증

---

11) Woolard, E., speech given at the First World Congress on Zero Emissions, Tokyo, Japan, 6-7 April 1995, through live video via the Internet from Wilmington, Delaware, USA.

명하기 위해서 열역학 제2법칙을 언급하지만 경영자는 분명히 그 용어를 불편해하지 않는다. 반면에 종합적 품질관리Total Quality Management, TQM 개념은 근본적으로 무결함Zero Defect이라고 표현할 수 있다. 고객이 재구매를 위해서 항상 돌아오도록 하는 종합적 고객충성도는 무이탈無離脫, Zero Defection이라고 할 수 있다. 앞에서 설명한 JIT 원칙도 산업이 무재고無在庫를 목표로 한다는 점을 의미한다. 무배출을 위한 시도를 명확하게 표현하면 추가적인 경영 도전에 불과하다. 그리고 이는 경영진이 좋아하는 것이다.

무배출이라는 용어의 또 다른 장점은 소비자들이 '무無, Zero'라는 단어를 쉽게 이해한다는 점이다. 이 용어는 더 이상의 설명이 필요 없다. 염소표백을 전혀 하지 않는 TCF 종이의 생산자들은 '완전 무염소無鹽素, totally free of chlorine, TCF'라는 용어는 시장에서 쉽게 받아들여지는 반면 비전문가에게 생소한 ECF elementary chlorine free(염소 대신 염소화합물로 표백한 펄프)라는 용어는 추가적인 설명이 필요하다는 점을 잘 알고 있다. 로그 스케일logarithmic scale로 표현되는 '생분해biodegradation'라는 용어도 마찬가지이다. 누가 그 의미를 정확히 알겠는가? 플루토늄도 자연분해된다. 다만 5만 년이 소요될 뿐이다! 다른 한편으로 '제로 혹은 무'라는 용어는 가장 분명한 용어이다. 이 표현은 아무것도 손실되지 않고, 모든 것이 재활용되고, 오염이 발생하지 않는다는 것을 의미한다.

따라서 새로운 경쟁방식은 한 쪽의 약점이 다른 공급자에 의해서 활용되는 방식이다. 이는 품질뿐 아니라 폐기물 배출에 있어서도 모든 단점을 제거할 필요가 있다는 것을 의미한다. 산업계가 이를 전문적으로 수행하는 동안 물 공급과 식량부족과 같은 긴급한 문제도 해결할 수 있다. 따라서 이렇게 의제를 병합하는 것은 무배출 개념의 훌륭한 최종 결과라고 할 수 있다.

결론

10여 년 전에 시작된 청정생산 운동은 제조업이 자신의 이익을 위해서라도 효율을 향상시킬 필요가 있다는 점을 인식시키는 데 큰 역할을 했다. 청정생산 개념이 한 가지 산업 내에서만 추진되어 오다가 산업 결합 및 국제무역 및 투자제도를 포함하는 청정생산으로 진화함으로써 의제의 병합이 촉진되고 산업계가 지속가능한 사회 구현 측면에서 중요한 역할을 할 수 있다는 점이 증명되고 있다. 이 역할은 모든 재료의 완전한 활용에 의해 빈곤문제 해결에 공헌한다는 것을 의미한다.

바이오매스의 완전한 활용과 광물의 재활용을 목표로 하는 청정생산은 아직 주류 의제가 되지 않고 있다. 하지만 제리ZERI의 관점을 공유하는 연구개발 활동에 착수한 아프리카, 아시아 및 중남미 대륙 몇 개국의 정치, 사업, 과학계의 모범적인 지도력과 함께 국제연합대학교의 계획이 더 나은 미래에 대한 희망을 줄 수 있다는 점은 확실하다. 미래에는 희망이 있다.

송경모

(주)미라위즈 대표이사

서울대학교 경제학부를 졸업하고 동 대학원에서 경제학 박
사학위를 받았다. 한국신용정보(NICE)에서 채권 신용평가
와 기업 가치평가, SK증권과 이밸류에서 투자금융 업무를
담당했다. 한국외국어대학교 대학원 경제학과의 금융전공
과정 겸임교수를 지냈으며, 글로벌기업가정신연구(GEM)
한국 연구팀의 일원으로서 국제공동연구에 수년째 참여해
오고 있다. 현재 (주)미라위즈 대표이사, 뿌브아르경제연구
소 소장을 맡고 있다.

3

청색기술의 사업화를 위한 조건

송경모

이미 우리는 생활 속에서 수많은 청색기술의 사업화 성과들을 향유하고 있다. 하지만 우리는 그것이 자연을 모방하여 개발한 기술이라는 사실을 의식하지 못한 채 살고 있다. 비행기, 헬리콥터는 비록 불완전하기는 하지만 고전적인 자연모방기술이다. 이 발명품들이 새와 잠자리의 날개짓에서 영감을 얻어 개발된 것임은 잘 알려져 있다. 태아의 형상을 영상으로 변환시켜 보여주는 초음파진단기, 그리고 스포츠 레저 의상은 물론이고 캐주얼 정장에까지 도입된 벨크로, 그 외에 이미 대중의 삶 속에 깊이 뿌리 내린, 자연으로부터 영감을 받은 제품들이 도처에 존재한다. 지금도 실험실에서는 자연모방기술의 사업화를 위한 다양한 연구 개발이 진행되고 있다. 단순히 실험실에서 성능을 구현한 단계에 머문 것부터 시작해서 시제품 제작에 성공한 것, 그리고 상업적 용도의 시장 출시를 목전에 둔 제품까지 청색기술의 후보 제품군은 광범위한 영역에 걸쳐 있다.

자연중심 기술의 사업화

그러나 개발이 최초로 성공한 뒤 사업화의 성공으로 이어지기까지는 오랜 시간을 기다려야 한다. 지난 역사를 살펴보면 최초에 자연 모방의 아이디어가 등장한 뒤, 연구 개발을 통해 그 실현 가능성을 확인하는 데에는 그리 오랜 시간이 걸리지 않는다. 또한 아주 특수한 시장에서 소수의 사용자들만이 사용하는 데에도 그리 오랜 시간이 걸리지 않는다. 그러나 그 결과가 하나의 상품으로 세상에 충분히 보급되기까지, 즉 대중용으로 정착하기까지는 상당히 오랜 기간이 소요된다. 실험실 또는 연구실에서 성능의 구현이 성공적으로 이루어진 뒤 30년 내외의 세월이 지나야 한다. 물론 전쟁 또는 정부의 의도적인 개입 등 주위 환경에 따라 이 기간이 다소 앞당겨지는 경우도 있지만, 대중화가 충분히 이루어지기까지 거의 한 세대에 달하는 기간이 필요하다. 대표적인 자연모방기술인 벨크로, 비행기, 초음파 진단기의 세 가지 사례를 통해 이를 살펴보도록 하자.

벨크로

스위스의 엔지니어 조르주 드 메스트랄George de Mestral은 1941년 어느 날 사냥을 나갔다. 집에 돌아온 후 자기 옷과 사냥개의 털에 도꼬마리의 씨앗이 떨어지지 않고 붙어 있는 것을 보았다. 현미경으로 관찰한 결과, 갈고리 모양의 돌기가 털과 털 사이의 공간을 비집고 걸쳐 있음을 발견했다. 이내 무수히 많은 갈고리hook와 고리loop를 만들면 서로 잘 달라붙겠다는 생각이 들었다. 그는 자신의 아이디어를 가지고 섬유산업의 중심지인 프랑스의 리옹Lyon으로 가서 직조공의 도움을 받아 개발에 착수했다. 당시 막 개발된 나일론을 소재로 많은 시도를 했으나 원하는 대로 제품을 만들어내기는 어려웠다. 10년의 시행착오 끝에 제대로 된 공정을 개발하는 데 성공했다. 1951년에 스위스 특허를 출원했고 1955년에 특허가 등록되었다. 1957년까지 모국인 스위스는 물론이고 독일, 스웨덴, 영국, 이탈리아, 네덜란드, 벨기에, 캐나다 등 여러 나라에 상점을 냈다. 1958년에는 미국의 섬유산업 중심지인 뉴햄프셔 주의 맨체스터에도 지점을 냈다. 미국에서는 처음에 '지퍼가 없는 지퍼zipperless zipper'로 소개되었다.

대부분의 발명가들이 그렇듯이 메스트랄은 이 혁신적인 제품이 전 세계적으로 폭발적인 수요를 불러일으킬 것이라고 기대했다. 그러나 발명가의 기대와는 달리 대중용 의류 제품에 벨크로가 도입되기까지는 오랜 시간이 걸렸다. 사람들에게 거부감을 준 가장 큰 이유는 마치 쓰다 남은 천으로 만든 것 같은 싸구려 느낌 때문이었다.

그림 3.3.1
1960년대 단추 대신 벨크로를 부착한 피에르 가르댕의 전위적 의상 디자인.

발명가의 생각과는 달리 사람들은 이 제품이 단추나 지퍼에 비하여 그다지 실용적이지 않다고 생각했다. 박람회에도 출품하고 패션쇼에서도 선을 보였지만 1960년대 전반까지는 사람들의 호응을 얻지 못했다.

기회는 발명가의 의도와는 다르게 전혀 다른 곳에서 나타났다. 엉뚱하게도 항공우주산업에서 벨크로의 가능성을 알아보았다. 우주에서 비행사들의 동작을 좀 더 간편하게 해줄 목적으로 우주복의 일부와 우주선의 벽면과 음식 팩 등에 벨크로를 채택했다. 그러나 이후 벨크로는 실용적인 대중용 제품이 아니라 비실용적인 특수제품이라는 인상만 더욱 부각되었다. 우주비행사들이 사용하는 제품이라는 소문이 나자, 이어서 스키복 제조업체들이 사용하기 시작했다. 입고 벗기가 편한 옷이라는 소문이 나면서 잠수복에도 사용되었다. 우주복 이미지에 주목한 유명 패션 디자이너들이 1960년대 중반에 전위적前衛的인 미래형 콘셉트로 벨크로 의상을 디자인하기 시작했다. 그러나 여전히 대중적인 느낌은 없었고 '소수小數' 첨단尖端' '기괴奇怪'의 이미지로 남아 있었다.

벨크로가 세계적인 붐을 일으키게 된 계기는 아이러니컬하게도 특허의 종료 때문이었다. 1978년에 특허의 유효기간이 끝나면서 대만, 중국, 한국의 섬유업체들이 저가의 벨크로 의류를 대량생산하면서 전 세계적으로 보급되기 시작한 것이다. 물량이 쏟아져 나오면서 사람들 눈에도 이 제품은 더 이상 특수한 것처럼 보이지 않았다. 개발이 완료된 이후 무려 30년이 지난 뒤에야 대중용 제품이 된 것이다.

비행기

비행기의 아이디어는 이미 르네상스 시절 레오나르도 다 빈치가 새의 날갯짓을 모방한 스케치에서도 수차례 나타나고 있다. 짧은 거리만 날 수 있어서 상용화 가치가 거의 없었던 무동력 글라이더는 이미 19세기 중반에 영국의 조지 케일리George Caley가 개발을 완료했다. 1891년 독일의 오토 릴리엔탈Otto Lilienthal은 사람이 탄 상태에서 날 수 있는 글라이더를 개발하는 데 성공했다. 이후 글라이더에 동력을 장착하여 제대로 하늘을 날려는 시도는 새뮤얼 랭리Samuel Langley가 증기엔진을 부착하려는 시도로 이어졌으나, 증기엔진의 무게를 견디지 못하고 결국 실패로 끝났다. 이후 가벼운 가솔린 엔진의 등장에 힘입어 라이트 형제가 1903년에 고도 5미터의 높이로 비행거리 36미터의 시험 비행에 성공했다. 본격적으로 장시간 고공비행을 할 수 있는 비행기가 개발된 것은 그로부터 7년이 지난 1909년의 일이었다. 그해에 프랑스의 루이 블레리오Louis Bleriot는 최고 시속 106킬로미터의 고공비행을 할 수 있는 최초의 비행기를 개발해서 칼레에서 도버까지 영국해협을 횡단했다.

1914년 1차 세계대전의 발발은 각국의 비행기 개발 경쟁에 불을 붙였다. 이후 비행기의 성능이 획기적으로 개량되기 시작했다. 비행기는 라디오와 마찬가지로 전쟁 때문에 사업화 시기가 앞당겨진 대표적 사례이다. 1919년에는 영국군 장교 존 앨콕John Alcock과 아

그림 3.3.2
오토 릴리엔탈의 글라이더.

서 브라운Arthur Brown이 최초로 대서양 횡단 비행에 성공했다. 이
후 1920년대부터 본격적으로 미국과와 유럽에서 수십 개의 항공사
들이 생기면서 비행기의 사업화에 시동이 걸리기 시작했다. 그러나 비행
기가 지닌 최대의 특장점, 빠른 속도는 여전히 그 빛을 발휘하지 못하고
있었다. 2차 세계대전을 전후한 1937년 영국의 프랭크 휘틀Frank
Whittle이 세계 최초로 제트엔진을 발명했으나, 이후 10년간 그 역
시 1946년에 수십 명의 승객을 태울 수 있는 영국 드하빌랜드De
Havilland의 코멧Comet 1호기가 등장하기 전까지 제트엔진 비행기는

아직 걸음마 단계의 실험기 수준이었다. 1950년대가 지나서야 비행기는 비로소 대중교통 수단으로서 인정을 받게 되는 단계에 이른다. 라이트 형제의 성공 이후 약 40년 넘는 세월이 소요된 것이다.

초음파 진단기

박쥐나 돌고래가 어두운 동굴 속 또는 물속에서 초음파를 발사하고 그 반향으로 물체의 위치를 감지하는 원리에 착안하여 각종 초음파 응용기기가 개발되기 시작했다. 의료용 진단기는 물론이고 수중 탐지기, 세척기까지 그 용도는 매우 다양하다. 최초의 수중 소음 탐지 장치인 소나SoNar, Sound Naviation는 1906년에 루이스 닉슨Lewis Nixon이 최초로 개발했다. 물속의 빙산을 찾기 위한 용도였는데, 별 관심을 끌지 못하다가 1912년 타이타닉호의 침몰 이후 중요성이 크게 부각되었다. 하지만 정작 개발에 박차를 가하게 된 시기는 1914년 1차 세계대전이 발발하면서부터이다. 수중에 음파를 송신한 뒤 그 반향을 분석해서 물체의 위치와 거리를 파악하는 기술이 1918년에야 현대적 방식으로 확립되고, 이후 적의 잠수함을 탐지하는 데 주로 사용되었다.

이렇게 전쟁 용도로만 사용되던 소나를 1940년대 후반부터 인체 내부를 진단하기 위한 목적으로 이용하기 위한 실험이 이루어지기 시작했다. 최초의 초음파 진단기는 1951년 침수 탱코 초음파Immersion Tank Ultra-sound 시스템이라 불린 원시적인 기기였다. 그것은 사람이 물탱크에 들어가서 초음파 진단을 하는 엽기적인 시스템이었다. 상업적으로 수용되기는 힘들었다. 상업용 제품이 시장에 출시된 것은 그로부터 10년도 더 넘게 지난 1963년이었다. 이때부터 비로소 의료기기로서 초음파기기의 시대가 열리게 된다. 전쟁에 사용할 목적으로 초음파 반향의 원리가 개발된 지 45년 만의 일이다. 이후 프로브의 발전, 디지털 영상 처리 시스템의 등장을 포함하여 기능이 점진적으로 개선되면서 오늘날에 이르렀다.

신기술의 사업화, 때를 기다려야 한다

현대 경영학의 비조인 피터 드러커Peter Druker는 그의 저서 《혁신과 기업가정신Innovation and Entrepreneurship》(1986)에서 혁신의 한 가지 원천인 신지식new knowledge이 사업화에 성공하기 위해서는 필요한 분야의 기술과 지식이 다 갖추어질 때까지 충분히 기다려야 한다는 사실을 강조한 바 있다. 이 지적은 오직 제품의 개발에만 시야가 한정되어 있는 발명가와 연구자는 물론이고, 심지어 오랜 시장 경험을 지닌 사업가조차도 종종 망각하는 사실이기도 하다. 어떤 제품이 성공하는 것은 단지 그 제품 때문이 아니라, 제품을 수용할 수 있는 시스템 또는 구조적 여건이 동반되기 때문이다.

우리는 에디슨Thomas Edisson이 전구의 발명자라고 생각하지만 사실은 그렇지 않다. 필라멘트에 전류를 흘려주면 빛과 열이 발생하는 원리는 19세기 초부터 이미 알려져 있었지만, 고온에서도 녹지

그림 3.3.3
에디슨(왼쪽)과 드러커.

않는 필라멘트의 개발이라는 난제는 조지프 스완Joseph Swan이 탄소 필라멘트를 발명하기까지 수많은 시도와 연구결과의 축적이 있었기에 해결될 수 있었다. 같은 연구를 하고 있던 에디슨은 스완의 아이디어를 다소 개선한 것에 그치지 않고 여론 홍보를 통해 전구의 사업화를 자신이 주도하는 데 성공했다. 어떻게 보면 그는 마지막에 얄밉게(?) 벽돌을 하나 올린 것뿐이다. 게다가 그는 금융회사와 연계하여 미국 전역에 발전소를 건립하고 전구를 가정에 보급하는 데 주력했다. 말하자면 에디슨은 전구를 발명한 것이 아니라 전구 사용 시스템을 발명한 것이었다.

기술 사업화의 세계에서는 열심히 바닥을 다지고 주춧돌을 쌓으며 기둥을 박는 사람이 아니라, 마지막 벽돌을 올리는 사람이 승리를 가져간다. 사냥감에 최후의 일격을 가하려는 사냥꾼은 먹잇감이 사정권 안에 제대로 들어와 더 이상 피할 길이 없을 때까지 기다린다. 그동안 날밤을 새며 먹이를 거기까지 몰고 온 각종 미끼와 사냥개들의 수고로움은 결국 사냥꾼의 포식飽食에 봉사한 것에 불과하다.

2000년대 초반에 아직 시장이 미성숙했던 스마트폰을 개발하는 데 열성이었던 전 세계의 단말기 제조사와 통신사들은 결국 2007년에 애플 사에 잘 자란 먹잇감만 바치고 떠난 셈이 되었다. 2001년에 마이크로소프가 COMDEX에서 세계 최초의 태블릿 PC를 자랑스럽게 홍보하고, 같은 해에 LG전자가 아이패드의 원형인 웹패드(해외 출시명 디지털 아이패드Digital iPad)를 최초로 개발하고, 2006년에 아이폰의 디자인 원형을 이미 프라다폰에서 구현했다고 아무리 자부심을 느낀다 해도 소용없는 일이다. 충분한 속도와 범위의 무선통신망, 효과적인 터치스크린 기술 그리고 앱 콘텐츠 문화라는, 드러커가 말한 '필요한 분야의 지식과 기술'이 충분히 갖추어지기 전에 등장했던 모든 스마트폰과 태블릿 컴퓨터는 단지 미래의 주인을 위한 길을 예비한 것에 불과했다. 애플은 여기에 소비자의 감성에 호소하는 최후의 2퍼센트의 디자인을 추가하여 스마트폰 시장을 폭발시켰다.

이런 현상은 단순히 자연모방기술에서만 나타나는 현상이 아니다. 인위적인 설계로 탄생한 수많은 혁신 제품들도 마찬가지의 운명을 거쳐 왔음을 쉽게 확인할 수 있다.

디젤 엔진은 1893년에 처음 발명되었지만, 1910년대에 와서야 비로소 잠수함과 선박용으로만 사용되기 시작했고, 트럭을 중심으로 한 일반 육상차량과 공장 동력장치로 사용된 것은 1930년대 이후의 일이다.

현대적 의미의 태양전지는 1954년에 벨 연구소에서 최초로 개발된 이후 1958년부터 인공위성의 동력원으로 사용되기 시작했다. 1970년대에 전 세계적으로 오일 쇼크를 거치면서 대체에너지로 각광을 받았지만 석유 중심의 산업구조는 좀처럼 변하지 않았다. 유가가 다시 폭등하기 시작한 2000년대 이후, 특히 원자력 발전소 사고의 영향 등으로 태양광 발전이 각광을 받기 시작했다. 그러나 아직도 태양에너지는 경쟁재인 석유와 원자력을 대체하기에는 역부족이다. 태양광 발전 사업으로 성공했다는 기업의 이야기를 들으려면 좀 더 시간이 흘러야 할 것 같다.

터치스크린 역시 1960년대에 GM에서 이미 개발하여 채택한 바 있으나 기존의 버튼식 조작 패널에 익숙한 고객들은 거부감을 드러냈고 한동안 시장에 등장할 수 없었다. 그 뒤 터치스크린이 자동차는 물론이고 가전제품, 특히 모바일 기기에 거부감 없이 채택되기 위해서 닌텐도의 게임기가 터치스크린에 대한 대중의 심상과 접근도를 완전히 바꾸어놓을 때까지 수십 년을 기다려야 했다.

또한 타 분야 기술과 융합 여건이 충분히 갖추어지기 전까지는 자연모방기술과 인위적 기술을 막론하고 특수한 분야에서 소수의 사용자들이 채택하거나 그 성능의 완성도가 미흡한 경우가 대부분이다. 벨크로는 때마침 이루어진 나일론과 폴리에스테르의 개발이 큰 역할을 했고, 비행기는 가솔린 엔진의 등장이 없었다면 결코 완성될 수 없었다. 초음파 진단기도 디지털 영상처리 기술이 발전하지 않았다면 여전히 불편하기 그지없는 장치로 남아 있었을 것이다. 모바일 기기는 지금과 같은 무선통신 인프라의 보급이 전제되지 않았다면 한낱 호기심에 써보는 물건 정도에 불과했을 것이다.

무엇보다도 혁신기술이 반영된 제품의 보급에 가장 큰 장애요소는 기존의 경쟁재 또는 대체재의 존재이다. 아무리 신기술이 좋다고 해도 구기술을 사용하는 시스템을 폐기하는 것은 좀처럼 쉬운 일이 아니다. 수많은 사람들이 기존 시스템에 행동 양식이 맞추어져 있고 관련된 보완재와 인프라, 그리고 사회문화적 분위기가 옛날 방식에 맞게 형성되어 있기 때문이다. 특수한 용도, 특수한 계층에서는 당장 쉽게 채택될지 모른다. 어느 분야든 특수한 기능에 매료되고 대중을 의식하지 않는 선각수용자early adopters[1]들은 존재하기 마련이기 때문이다. 하지만 전환비용switching cost을 극복할 정도로 효용이 성숙되려면, 다시 말해 후기 다수 수용자Late Majority 계층

---

1) 기술채택수명주기technology adoption lifecycle 이론을 창시한 에버릿 로저스Everett Rogers 가 사용한 용어이다.

이 충분히 형성되려면, 관련 보완재들이 함께 변해야 함은 물론이고 소비자의 마음에서 거부감이 사라질 때까지 몇십 년을 기다려야만 한다.

청색기술, 지금 시작해야 20~30년 후의 세계가 바뀐다[2]

현재 개발이 진행되고 있는 자연중심 기술, 자연모방기술들 가운데 특수한 산업현장에서 응용되는 것들이 있을 수 있다. 그러나 사회 전반에 확산될 정도로 성능이 충분히 개선되고 관련 인프라가 병행 발전하는 데에는 좀 더 많은 시간이 필요하다. 에너지를 최대한 적게 소비하는 자연중심 건물은 이미 세계 도처에 실험적으로 건설된 사례가 있다. 하지만 지상의 모든 주택, 모든 건물이 이런 방식의 건축물로 대체되려면, 기존의 주택물이 철거될 때를 기다렸다가 새로 지어지는 데 걸리는 기간은 물론이거니와, 기존 방식으로 집을 짓던 건축 설계자와 건설회사 대부분이 이 사상에 동조하여 자연중심 건물을 자연스럽게 여길 정도로 인식 변화가 이루어지는 기간이 필요하다.

토머스 쿤Thomas Kuhn이 새로운 과학적 지식이 동업자들 사이에

---

2) 동 소절은 송경모(2012)의 결론 부분을 수정·보완하여 다시 소개한 것이다.

하나의 패러다임으로 정착되기까지 걸리는 기간이 약 30년이라고 한 것은 비단 지식 세계만의 문제가 아니다. 산업기술 분야에서도 동일한 현상이 발생한다. 교사는 물론이고 교과서와 관련된 법 규정도 바뀌어야 한다. 의약, 제조, 서비스, 건설 등 모든 산업 분야에서 이런 과정이 필요하다.

지금 시동을 걸면 진정한 사회 변화는 최소한 20~30여 년이 경과한 후에야 기대할 수 있다. 약 50년 전에 태양전지가 최초로 개발되고 저 하늘 밖 인공위성에서 충분히 검증된 출발점이 있었기에 지금 비로소 지상에 태양광발전소의 건립이 활발히 일어날 수 있는 것이다. 4~5년 내에 청색기술을 통해 신산업의 등장과 고용창출 효과를 성급하게 기대하기보다는 조금씩 조금씩 응용사례를 만들면서 전문 인력을 양성하고 세상에 자꾸 청색기술을 노출시키는 전략이 필요하다.

우리나라가 다음 세대의 패러다임인 청색기술의 선도국이 되려면 국가 및 민간 R&D의 초점을 지금부터 바꾸어야 한다. 청색기술은 우리나라가 과거 산업화 과정의 추격자fast-follower 모델에서 벗어나 새로운 시장을 개척하는 선도자first-mover로 도약하는 데 가장 유리한 기회가 되고 있다.

조황희

과학기술정책연구원 부원장

전남대학교 화학공업경영학과를 졸업하고, 한국과학기술원
에서 산업공학과 석사학위와 박사학위를 받았다. 교육과학
기술자문위원회 전문위원, 경기도 과학기술위원회 전문위
원, 과학기술부장관 자문관, 국무조정실 정책평가위원회
전문위원을 역임했으며, 현재 과학기술정책연구원 부원장
으로 재직 중이다.

4

일본경제와 자연중심 기술

조황희

　지구상에 존재하는 자원은 한정적이지만, 약 40억 년에 걸쳐 지구 환경의 변화에 맞추어 진화해온 생물자원이 우리에게 제공할 수 있는 잠재적 가치는 무한하다. 이처럼 생물들의 동작, 형태와 구조, 화학 프로세스, 그리고 그들이 생활하는 생태계를 통해 자연이 품고 있는 환경 친화성과 고도의 기능을 배우는 것이 바로 자연중심 기술이다. 일본에서도 천재적 발명가, 자연으로부터 에너지 효율 제고와 함께 자연 친화성을 배울 수 있는 자연중심 기술이 주목을 받고 있다. 일본은 최근 국가 발전을 위해 자연과 공생하는 사회 실현을 성장동력의 하나로 설정하고, 자연자원을 활용하는 경제를 추구하고 있다.

　지구상에는 매우 다양한 종류의 생물들이 존재하고 있으며, 실제 얼마나 많은 종류의 생물이 존재하고 있는지 알 수 없다. 이름도 부여받지 못한 많은 생물들이 무수히 존재한다. 육상 동물의 86퍼센트, 해양 동물의 91퍼센트에 해당하는 생물이 아직 종명을 부여받지 못하고 있다는 추정도 있다. 예를 들어 인간이 접근하기 어려운 6,000미터 이상의 깊은 바다 속에 사는 생물들은 아직도 미지의 존재로 남아 있다. 이는 바로 자연에는 인간이 연구할 매우 많은 재료가 존재하고 있음을 의미한다. 또한 지구상의 수많은 생물들은 생식환경에 따른 자연선택을 통해 진화를 거듭해왔기 때문에 인간보다 훨씬 적은 에너지로 활동을 하면서도 완벽한 순환체계를 유지하는 특성을 가지고 있다. 이 특성으로부터 인간은 오래 전부터 새로운 영감을 얻었다. 수백 년 전부터 토란잎을 모방하여 비를 피할 수 있는 우산이나 비옷을 발명했고 레오나르도 다빈치는 잠자리와 벌의 공중정지에서 아이디어를 얻어 헬리콥터 원형을 스케치했으며, 라이트 형제도 새의 날개로부터 힌트를 얻어 비행기를 설계했다. 낙하산은 거미, 글라이더는 사마귀에서 힌트를 얻었다. 그리고 누에가 만드는 실과 같은 인조섬유가 듀폰사에서 개발되었다.

일본에서 자연중심 기술의 연구가 시작된 것은 1990년대 초반이다. 1992년부터 2년간 열대생물의 기능을 이용하는 기술을 연구하는 과학자들의 모임이 결성되어 운영되었고, 1993년 일본 정부도 이와 관련된 연구프로젝트를 출범시켰다. 이 연구와 연계하여 생물다양성을 보전하고 이를 지속적으로 이용하기 위한 연구 협력이 태국, 인도네시아, 말레이시아와 6년 동안 추진되었다. 1996년에는

'곤충기능 이용연구' 프로젝트가 시작되어 10년간 총 20억 엔의 연구비가 투입되었다. 이를 시작으로 '자연에서 배우는 재료 프로세싱 창출'(2002), '곤충과학이 개척하는 미래형 식품보건 환경학 창출'(2004), '생물 기능의 혁신적 이용을 위한 나노기술 및 재료기술 개발'(2005~2007), '식물 기능을 활용한 고도 제조기반 기술/식물이용 고부가가치 물질 제조기반 기술개발'(2006~2010) 등의 연구가 활발하게 진행되고 있다. 뿐만 아니라 최근에는 생물학과 공학을 연계하여 '생물 다양성을 규범으로 하는 혁신적 재료 개발'(2012~2016) 프로젝트가 추진되고 있다.

이 프로젝트의 목적은 자연사학, 생물학, 농학, 재료과학, 기계공학, 환경과학 등 학제 간 협력을 통해 생물 다양성과 생물 프로세스에서 배운 재료 및 디바이스 설계와 제조를 위한 생물모방 데이터베이스를 구축하여 공학자들이 신제품 개발에 활용하도록 하는 데 있다. 자연중심 기술 데이터베이스가 구축되면, 일본은 에너지 절약형 생산공정, 재생 가능한 에너지와 에너지의 효율적 이용과 변환, 범용원소의 이용에 기여하는 새로운 재료와 시스템을 구축함으로써 새로운 성장 동력을 확보하게 될 것이다.

일본에서는 이미 생물 다양성을 경영에 활용하여 신제품 개발 아이디어를 자연으로부터 습득하고 있다. 나노기술 발전으로 이를 실현할 수 있는 조건이 갖추어지면서 생물모방이 자연중심 기술로 더욱 각광을 받고 있다. 일본에서는 생물모방을 통한 제조업의 경쟁력 강화와 지속가능한 사회 실현을 위한 에너지 절약형·환경 순응

그림 3.4.1
오리 형상을 하고 있는 신칸센 700계열.

형 제품 개발을 위해 노력하고 있고, 점차 의료 분야, 해충방재 분야로 확대하고 있다.

일본의 제조업 분야에서 활용되고 있는 생물모방의 사례들을 살펴보자.

• • •

일본 페인트마린은 빠른 속도로 헤엄을 치는 참치로부터 힌트를 얻어 바닷물의 마찰 저항을 줄이는 도료를 개발했고, 선체에 이 도료를 이용함으로써 연비를 4퍼센트 개선하는 효과를 얻었다. 이와

그림 3.4.2
물총새의 부리와 신칸센 500계열 선두 차량의 모습.

같이 항공기도 연료 효율을 증대시킬 수 있는 기체機體의 소재와 구조를 개발하면 상당한 연료절감 효과를 얻을 수 있음은 물론이고 대기 중의 환경오염을 줄일 수 있다. 1997년에 등장한 신칸센 700계열은 공기의 저항을 줄이기 위해 열차의 앞부분을 오리 얼굴 모양으로 디자인했다.

신칸센 500계열 고속열차는 주행할 때 발생하는 소음을 줄이기 위해 물총새의 부리 모양을 설계에 응용했다. 고속으로 달리는 신칸센이 터널을 주행할 때는 공기가 출구로 압축되어 커다란 충격음이 발생했다. 이 문제를 해결하기 위해 과학자들은 물총새가 길쭉한 부리를 사용하여 물의 저항 없이 물속의 물고기를 조용하게 잡아먹는 것에 착안했다. 물총새 부리의 원리를 이용하여 신칸센 선두 차량의 앞머리를 6미터에서 15미터로 늘려 물총새 부리와 같은 형상을 갖게 되었다.

또한 시속 350킬로미터의 고속으로 달리는 열차 주위에 큰 공기 소용돌이가 생겨 소음이 발생한다. 그 원인은 열차 지붕에 달린 팬터그래프였는데, 열차가 빠르게 달리면 달릴수록 소용돌이는 커지고, 이에 따라 소리도 커진다. 고속열차 주행 중의 소음을 줄이기 위해 올빼미의 독특한 바람을 가르는 날개 구조에 착안했다. 올빼미는 날개 전면부의 톱날형이 공기를 확산시켜 무소음 비행을 가능하게 하여 소리 없이 먹이에게 다가갈 수 있다. 이 구조를 이용하여 신칸센 차량이 전선과 접촉을 하는 연결부위 기둥의 표면을 톱날 모양으로 만들어 소음을 30퍼센트 정도 경감시켜 조용한 주행을 가능하게 만들었다.

• • •

미쓰비시 레이온은 나방의 눈 구조를 본떠 모스아이형 무반사필름을 개발했다. 이 필름 표면은 100나노미터 크기의 규칙적인 돌기 배열을 가지고 있다. 이 돌기구조에서는 두께 방향의 굴절율이 연속적으로 변화하기 때문에 필름에 비친 빛을 거의 반사하지 않는다. 모스아이 필름의 반사율은 0.1퍼센트 이하로 기존 반사방지필름에 비해 반사율이 20분의 1 정도밖에 되지 않는다. 이 필름은 액정 디스플레이, 유기EL·PDP의 FPD, 게임기, 휴대전화 등 모바일 기기의 화면에 부착되어 화질을 더욱 선명하게 한다. 또한 자동차 내비게이션이나 조명 인테리어 등에 사용되고 있다. 연꽃잎의 표면 과 유사한 돌기 구조를 가지고 있어 물을 튕겨내는 효과도 갖춘 이 필름은 방수성도 뛰어나 유리창 등의 건축자재로 활용할 수도 있 다. 특히, 재생의료 분야에서 이 돌기구조는 세포의 평탄한 흡착을 억제하기 때문에 생체세포를 증식시키는 기판재로도 활용이 가능 하다.

· · ·

흰개미는 목재 등을 갉아먹기 때문에 미국에서만 110억 달러에 달하는 수리 비용을 유발하고 있고, 일본에서만 방제와 구제작업에 1,000억 엔 이상이 소비되고 있다. 흰개미는 목재 속에 살고 있기 때문에 외부에서 약물을 투입하기도 곤란하고, 사회적 동물로 군집 생활을 하고 있어 한 마리라도 살아서 이동하면 피해를 확산시킨 다. 일본에는 흰개미방제사라는 자격과 함께 많은 흰개미 퇴치기업 이 존재할 정도인데, 지진이 많이 발생할 뿐만 아니라 대부분의 사 람들이 목재로 된 건물에서 생활하기 때문에 흰개미가 목재를 갉아 먹으면, 목재가 지탱하는 힘이 약해져 약한 지진에도 건물이 붕괴 될 위험이 더욱 높아진다. 따라서 흰개미로 인한 건물의 피해를 막 기 위해 평당 4,000엔 정도의 퇴치 비용을 지출하고 있다. 하지만 최근 흰개미의 생태 습성을 이용한 흰개미 퇴치법이 개발되었다.

일본 나라현의 흰개미 활동을 보면, 개미들이 여왕이 낳은 알을

입으로 물고 둥지의 특정 장소로 운반하여 모으는 습성을 관찰할 수 있다. 오카야마 대학岡山大學 마쓰우라 겐지松浦健二 교수는 이 알에 의지하여 사상균의 일종인 균핵균이 흰개미에게 옮기고 있음을 발견했다. 그는 이 균핵이 흰개미의 알 표면에 있는 알 인식 페로몬으로 흰개미를 속이고 있음을 발견했다. 이에 주목하여 마쓰우라 교수는 새로운 흰개미 방제법을 고안했고, 현재 실용화를 위한 연구가 추진 중에 있다. 이 방법은 기존의 흰개미 퇴치 기술의 개량이 아니라 흰개미의 본능을 이용한 새로운 개념의 구제기술이다. 개미 알에 살충활성 물질을 집어넣어 흰개미 집에 놓아두고 흰개미가 스스로 자신의 생활공간으로 운반하도록 하여 구제에 소요되는 노력을 대폭으로 삭감했을 뿐만 아니라, 적은 양의 약만으로 개미를 완전히 구제할 수 있어 인간의 건강과 환경을 보호할 수 있다.

· · ·

우주에서 다양한 임무를 수행하는 인공위성에 전력을 공급하는 태양전지패널과 지상과 송수신을 할 수 있는 안테나가 있다. 이 두 제품은 펼치면 길이가 수 미터에 달할 정도가 되어 로켓에 탑재가 불가능해진다. 이에 일본의 우주항공연구기구JAXA의 히구치 겐樋口健 교수와 기시모토 나오코岸本直子 초빙연구원은 곤충이 번데기에서 성충이 되어 날개가 돋아나는 우화 현상에 주목했다. 잠자리의 우화 과정을 연구한 결과, 날개에 그물 모양으로 퍼진 시맥에 몸으로부터 분비되는 액체를 주입하여 날개를 펼치고 있음이 밝혀졌다. 또한 우화의 자세 차이에 따라 날개를 펼치는 방법이 달라 중력도 이용되고 있었다. 두 연구자는 이를 이용하여 태양광발전패널에 곤충의 시맥과 같은 지지를 위해 튜브를 달았다. 동시에 중력이 작동하지 않는 우주궤도상에서 위성의 회전으로 발생한 원심력을 이용하는 방법을 고안했다. 이로써 태양전지패널을 접어서 로켓에 싣게 되었고 우주에서 이 패널을 펼쳐 전기를 발생할 수 있도록 했다. 여기에서 한번 펼친 패널을 다시 접을 수 있다면, 수납이 가능하여 재이용도 가능하게 되는데, 이를 위해 접거나 펼쳐도 구겨지지 않는 얇은 박쥐 날개에 관심이 모아지고 있다.

• • •

당뇨병 환자는 혈당치를 측정하기 위해 매일 기본적으로 네 번씩 채혈을 해야 하는데 그때마다 큰 통증을 느낀다. 채혈 과정의 통증을 줄이기 위해 의료기기 업체들이 극미세 바늘과 들어가는 깊이를 조절할 수 있는 바늘을 개발했지만, 통증을 완전히 없앨 수는 없었다. 그런데 일본 오사카에 소재한 간사이 대학關西大學의 아오야기 세이지靑柳誠司 교수 연구팀이 모기가 피부에 구멍을 뚫고 피를 흡입하는 과정을 연구하여 무통증 바늘을 개발했다. 아오야기 교수는 무통증 바늘을 개발하기 위해 일본 정부로부터 기초연구과제를 3회에 걸쳐 지원받아 시제품 개발에 성공했다. 아오야기 교수의 결과물은 향후 의료분야에서 무통증 디바이스에 응용이 될 것이다.

• • •

효고현립 대학兵庫縣立大學의 마쓰이 시지松井眞二 교수는 남미에 서식하고 있는 대형 나비인 모르포나비의 푸르게 빛나는 날개 색상을 재현하는 데 성공했다. 모르포나비가 띠는 푸른색은 색소가 아닌 날개의 규칙적인 미세 구조와 빛의 반사와 간섭으로 만들어진 색이다. 모르포나비와 같이 표면에 형성되어 있는 마이크로·나노 구조가 빛을 회절, 간섭, 산란, 굴절시키거나 공명작용으로 구조색을 만드는데, 이것이 광제어 시스템이다. 구조색을 디자인이나 장식 용도에 응용하면 물감과 같이 칠하는 색소와는 다른 선명하고 독특한 색채를 표현할 수 있다. 생물의 구조색은 종족번식을 위해 암수 간 신호처리이거나 생존을 위한 경고나 회피방법이다. 과학자들은 나비가 내는 색상의 구조 메커니즘 발견하고 굴절율이 서로 다른 폴리머를 접착시켜 나비의 굴절율에 근접하는 모르포텍스라는 섬유를 개발했다. 이 섬유는 제품용으로는 여성용 의류, 자동차 시트, 스포츠의류, 구두와 지갑, 커튼과 인테리어 자재 그리고 소재용으로는 자동차 차체의 도장, 내장부품 도장, 화장품 등에 사용이 되고 있다. 또한 필름으로는 자동차 차체의 외장, 자동차 엠블럼이나 내장재, 접합종이, 라벨, 컴퓨터의 외면 커버 등에 응용되고 있다. 이 색상은 위조가 어렵기 때문에 지폐와 같은 위조방지 분야에도 사용될 수 있다. 이 기술은 색소와 염료를 사용하지 않고 일곱 가지 색상을 구현할 수 있어 색 발현에서 커다란 혁명을 가져왔다.

• • •

곤충은 발바닥 털에 분비액을 묻혀 표면에 달라붙기 때문에 수중에서는 걷지 않는다고 생각되었다. 하지만 물질재료 연구기구인 하이브리드재료 그룹에서는 환경문제 해결을 위한 리사이클을 위해 제품의 분리 부분이 용이하게 분리되도록 하는 기술을 개발하기 위해 우수한 접착성을 갖는 곤충의 다리를 연구하면서 대기 중에 생식하는 잎벌레가 거품을 이용하여 수중을 걷고 있음을 발견했다. 곤충의 다리 연구를 통해 수중에서 접착과 분리를 반복하는 새로운 접착 메커니즘이 개발된다면 환경에 무해한 물질을 사용하지 않는 녹색 접착방법이 되며, 이 기술은 향후 수중에서 감시와 작업을 하는 로봇 등에 응용이 될 것이다.

· · ·

생물음향학은 생물의 소리, 진동정보와 교신, 지각을 물리와 공학을 통해 연구하는 영역이다. 특히 해충의 소리와 진동 정보를 활용하면, 해충의 행동인 기피, 섭취, 산란 장애를 일으켜 피해를 경감할 수 있다. 이것이 해충의 행동제어를 이용한 새로운 방제기술이다. 일본에서는 박쥐의 초음파를 이용한 초음파 펄스로 과수원 주변에 초음파벽을 만들어 밤에 과수원을 찾아와 과일액을 마시는 갈고리밤나방과 으름덩쿨큰나방의 침입을 막는 획기적인 기술을 개발했다.

· · ·

일본의 대표적인 전자기업인 샤프(주)의 기초연구 부문에서는 생물모방을 연구하고 있다. 이들의 연구를 토대로 샤프에서는 기존 제품들의 성능을 향상시키는 것은 물론이고 에너지 절감 효과까지 거두고 있다. 샤프가 생물모방을 중시하게 된 계기는 에어컨 개발을 담당한 한 연구자의 발상의 전환 때문이었다. 그는 에어컨 개발에 항공공학을 응용한 전류 제어 등을 활용하여 효율을 두 배 이상 향상시켰지만, 항공공학을 이용한 진화의 한계에 부딪혔다. 그는 자신이 익숙한 분야와 멀리 떨어져 있고 어려서부터 관심을 갖고 있던 곳에서 아이디어를 얻고자 수생생물학회를 찾았다. 학회에서 그는 돌고래가 순간적으로 시속 50킬로미터의 속도로 헤엄을 칠 수 있지만, 이 속도를 내는 데 필요한 근육의 7분의 1밖에 갖고 있지 않다는 발표에 놀라움을 금할 수 없었다. 이후 그는 전기전자 분야 전문가이지만 생물 관련 학회를 자주 참가하면서 새의 날개에 관한 흥미 있는 연구결과로 새와 곤충의 날개가 항공기의 날개보다 효율이 높다는 사실을 알게 되었다. 이것이 계기가 되어 에어컨 실외기의 송풍팬을 항공공학이 아닌 앨버트로스라는 새의 날개를 이용하여 개발했고, 항공공학을 이용한 제품보다 에너지 효율을 20퍼센트 이상 향상시켰다. 에어컨은 가정전기 소비의 약 4분의 1을 점유하기 때문에 에너지효율이 가장 중요한 핵심요소이다. 현재까지 샤프에서는 에어컨 이외에 돌고래의 고속유영 원리를 이용한 물을 절약하는 세탁기, 2,000킬로미터를 비행하는 왕나비의 효율적 비행원리를 이용한 쾌적한 선풍기, 고양이 혀의 구조를 응용한 청소기 등 총 아홉 종류의 백색가전제품을 개발했다. 샤프에는 기초연구부문에 항공공학, 선박해양공학, 생물학 등의 전공자 여덟 명이 돌고래, 잠자리, 고양이, 앨버트로스 등의 생물모방을 연구하고 있다.

• • •

오지제지王子製紙는 나방의 눈 구조를 재현하는 LED 가공기술을 개발했다. 야간 행동형 곤충인 나방은 눈의 표면에 반사방지 구조가 형성되고 있어 미약한 빛밖에 없는 어슴푸레한 환경에서도 빛을 충분히 수중에 넣을 수 있다. 이러한 기능을 태양전지나 LED에 응용하면 발전이나 발광의 효율을 높일 수 있다.

• • •

소형 풍력발전기를 제조 판매하고 있는 제파는 강을 거슬러 올라가는 잉어의 꼬리지느러미에서 힌트를 얻어 풍력발전기에 회전으로 움직이는 뒷날개를 붙여 발전량 20퍼센트 증가를 목표로 하고 있다. 캐나다 동부의 프린스에드워드 섬에서 성능시험을 하고 있다. 닛산 자동차는 서로 충돌하지 않고 헤엄치는 물고기의 무리를 관찰하여 주위와의 거리에 따라 가속하거나 방향을 바꾸거나 하는 행동 패턴을 연구하고 있다. 이를 이용하여 자동차가 서로 부딪히지 않도록 하거나 주차 차량을 부드럽게 추월하는 시스템을 개발하고 한다. 여치의 다리 밑면은 육각형의 타일 형태가 규칙적으로 배열되어 있어 안정적으로 움직일 수 있다. 도요타는 이 구조를 저마찰 재료에 활용했다. 건조한 노면에서 막 모양이 없는 실리콘은 마찰로 미끄러지지만, 여치의 발바닥 구조는 부드러운 움직임과 미끄러운 노면에서 옆으로 미끄러지는 현상을 방지하는 효과가 있음이 실험을 통해 발견되었다. 도요타는 이것을 엔진 피스톤이나 실린더 등의 접동부에 적용하려고 한다. 향후 이 저마모재 기술이 실용화되면, 연비를 더욱 향상시킬 수 있을 것이다.

• • •

지바 대학千葉大學의 오쿠무라 유奧村悠 교수와 후루타 타카유키古田貴之 교수 그리고 리딩에지디자인Leading Edge Design 사의 야마나카 슌지山中俊治 사장이 5억 5,000만 년 전의 갑각류 할루시제니아 Hallucigenia의 분산형 신경구조로부터 분산형 구동 시스템을 이용하여 옆으로의 이동주행, 그 자리에서의 회전, 턱이 있는 곳의 승강 등이 가능한 차세대 차량을 만드는 할루시제니아 프로젝트를 추진하고 있다.

• • •

약의 과다복용과 약으로 인한 다른 신체부위의 손상을 막기 위해 약을 환부로 직접 전달하기 위한 마이크로머신이 개발되고 있지만, 미세하기 때문에 점성과 표면장력을 크게 받아 구동과 추진 시스템 개발이 문제로 존재하고 있다. 이 문제 해결을 위해 식품종합연구소에서는 미세하지만 유연하게 헤엄을 치는 스피로헤타라는 선충을 연구하고 있다. 도쿄 농업대학東京農業大學의 나가시마 다카유키長島孝行 교수는 야생 누에나방이 만드는 실크에 자외선차단 기능이 있음을 발견했다. 현재 이 기능은 자외선을 차단하는 양산과 화장품에 사용되고 있다.

• • •

이외에도 일본에서는 연꽃과 같이 진창에서 성장하더라도 잎 표면이 항상 깨끗하고, 물고기들의 표면은 더러운 물질들이 흡착하지

자연에서 배우는 청색기술

못하여 항상 청결하고, 달팽이 껍질도 수막을 형성하여 더러워짐을 막고 있고, 식충식물은 표면에 미끄러운 수막을 형성하여 곤충들이 봉우리 안으로 떨어지도록 하여 먹이를 잡듯이 생물들이 청결을 유지하거나 곤충을 잡기 위해 갖고 있는 구조들이 연구의 대상이 되고 있다. 이러한 자연중심 기술을 응용한 제품개발이 기업과 대학, 정부연구기관에서 폭 넓게 이루어지고 있다.

자연중심기술을 응용하는 생물모방이 연구개발로부터 점차 산업

그림 3.4.3
할루시제니아형 차량(차륜과 8축으로 이동하는 로봇).

화로 연계됨에 따라 국제표준화가 중요해지고 있다. 독일의 독일규격협회DIN가 2011년 5월 16일 생물모방에 대한 기술위원회의 설립을 제안하여 ISO/TC266 바이오미메틱스가 같은 해 10월에 발족하여 활동을 시작했다. 독일의 재빠른 움직임에 일본도 고분자학회 내에 바이오미메틱스연구회를 설치했고, 이를 일본 ISO/TC266 바이오메틱스 심의위원회로 지정했다. 이로써 독일과 일본이 생물모방 분야에서 산업화를 선도하는 기반을 구축했다. 향후 ISO/TC266 바이오미메틱스에서는 생물모방의 정의와 기법에 대한 규격을 제정할 예정이며 환경, 건강, 안전이나 리스크 관리, 사회 수용과 같은 사회와의 상호작용에 대해 많은 논의를 진행할 예정이다.

일본 기업들은 생물 다양성을 기업 경쟁력 강화를 창출하는 성장 동력으로 만들고자 기업들이 생물 다양성을 어떻게 활용하고 있는가와 관련된 사례 분석 등을 통해 해법을 찾고자 노력하고 있다. 언론계에서는 2010년부터 생물모방을 특집으로 한 연재기사 작성과 기획방송을 통해 생물종 다양성 확보와 자연자원의 중요성을 널리 알리고 있다. 연구계에서는 생물모방 연구에서 생물규범 공학으로 전환을 시도 중에 있어 향후 생물기능에 대한 데이터베이스가 구축이 되면 이를 활용한 제품개발이 급격하게 증가하게 될 것이다. 이들 제품은 일본의 산업경쟁력 강화로 이어질 것이고, 나아가 일본 경제에 활력을 불어넣는 요소가 될 것이다.

2000년에 성장의 한계를 돌파하는 신산업혁명을 자연자본에서 찾는 자연자본경제natural capitalism가 등장했다. 미국의 샌디에이고 동물원이 2010년 발간한 보고서에서 생물모방기술을 개발하면 GDP는 매년 3,000억 달러씩 증가하고, 이산화탄소 오염 저감과 고갈되는 천연자원을 경감시켜 500억 달러의 가치를 지니며, 또한 160만 명의 고용이 창출되어 미국 경제에 커다란 활력소가 될 것으로 전망했다. 미국은 자연중심 기술을 국방 분야에 적극적으로 활용하고 있지만, 일본은 실생활에 필요한 분야에 적용하고 있어 향후 일본에서 자연중심 기술이 경제와 사회발전에 기여할 것이다.

강계두

중국 경제 전문가

고려대학교 법과대학 행정학과를 졸업하고 서울대 행정대학원에서 정책학 석사학위를, 히또츠바시대학(一橋大學)에서 경제학 석사학위를 받은 후 동국대학교에서 경제학 박사과정을 수료했다. 광주광역시 경제부시장, 연구개발특구진흥재단 이사장, 아시아 SP(사이언스 파크)회장, 조선대학교 경영대학원 겸임교수 등을 역임했다.

중국에 청색고양이 시대가 도래한다

강계두

오늘날의 중국

나는 1989년 8월 처음으로 북경을 방문했다. 공항에서 북경 시내로 버스로 이동하는 동안 가로수가 서 있는 왕복 2차 도로에는 소달구지가 한가롭게 지나가고 있어 버스가 이를 양보하느라 자주 서곤했다. 북경의 날씨는 무덥긴 했지만 하늘은 청명하고 공기는 신선한 전형적인 전원도시였다. 그로부터 사반세기가 지난 오늘날 북경의 하늘은 자주 스모그로 뒤덮여 일시적으로 가시거리가 200미터 이하로 떨어지곤 한다. 특히 2013년 1월 중국에서는 스모그가 남한 면적의 13배, 중국 전체 면적의 7분의 1에 해당하는 지역을 뒤덮었다. 중국인들은 예전의 그 여유로운 모습은 간데없고 전례 없는 대기오염으로 인해 심적 경제적 고통을 겪고 있다. 문제는 대기오염이 빠르게 국경을 넘고 서해를 건너 우리나라에까지 이동하고 있다는 점이다. 우리나라의 대기 중 미세먼지의 3분의 1은 중국산이라는 연구결과가 있다. 중국 오염의 피해는 동북아뿐 아니라 전 세계로도 확산되고 있다.

중국은 2009년에 22.5억 톤의 에너지를 소비하여 미국을 초과하여 세계 1위의 에너지 소비국이 되었으며, 이산화탄소 배출량도 세계 1위로 진입하여 세계 이산화탄소 배출량의 4분의 1을 넘고 있는데, 이는 미국의 1.5배나 되는 수준이다.

중국은 대기오염뿐 아니라 심각한 수질오염에도 시달리고 있다. 관련 매체에 따르면 중국 118개 주요도시의 지하수중 3퍼센트만 깨끗한 상태이며 97퍼센트가 오염된 상태이다. 중국의 오폐수 방출량은 5년 단위로 50퍼센트씩 늘어나는 추세인데, 그 원인은 공업용, 생활용, 농사용의 오폐수가 증가하고 있기 때문이다. 게다가 중국은 유해식품의 천국으로서 식품 안전성이 담보되지 못하여 국민들이 먹을거리에서 불안감을 느낀다. 또한 중국은 물 부족에 시달리고 있다. 월드뱅크World Bank의 보고에 따르면 중국의 1인당 연간 수자원 이용량이 세계 평균의 4분의 1에 불과하고 물 부족 국가 제 13위에 올라 있으며 약 500개의 도시 중 약 300여 개의 도시가 물 부족에 처해 있다.

이러한 중국의 각종 환경적 재앙과 공포는 근본적으로 지난 30여 년간 연평균 10퍼센트라는 초압축적인 고도성장과 지속적인 중산층 확산에 기인한다고 말할 수 있다. 그러나 이를 어느 누가 탓할 수 있겠는가. 200년 만에 그들도 다시 한 번 잘 살아보겠다는데 말이다.

청색기술과 청색경제의 개념

생물모방 기술은 21세기 초반부터 소개되고 주목을 받기 시작했으나 이를 포함하며 보다 외연이 확장되는 청색기술 또는 청색경제는 그 개념이나 용어가 국내외적으로 비교적 아직 생소한 편이다. 세계적 환경기업가인 군터 파울리가 청색경제라는 용어를, 한국의 지식융합연구소의 이인식 소장이 청색기술이라는 용어를 처음으로 사용했다. 아직은 체계적으로 확실하게 정립된 과학기술 이론은 아니지만 기후변화 대응이나 저탄소경제가 세계적 화두가 되어 있는 시점에서 경제나 기술의 기존영역을 확장하여 새로운 이론과 실용화를 시도하는 것은, 지난 수 년간 풍미하고는 있으나 결국은 친환경적이지 못하고 지속적인 발전이 가능한 새로운 경제모형의 솔루션으로서 한계를 보이고 있는 녹색기술이나 녹색경제에 대한 새로운 대안을 제시하는 것으로서 주목할 필요가 있다.

전문가 의견을 종합하면 청색기술이란 '주로 자연 생물체의 구조와 기능을 연구하여 경제적 효율성이 뛰어난 물질을 창조하려는 과학기술'이라고 정의할 수 있으며 자연을 중심에 두고 사고하고 모방하기 때문에 '자연중심 기술'이라고도 부를 수 있다. 그리고 그러한 점에서 청색경제란 청색기술을 적용하여 경제적 효율성이 뛰어난 물질을 창조하는 경제 시스템을 지칭한다고 보면 된다.

한편 이에 대한 연구도 초보적이거나 산발적인 단계이며, 미국, 독일, 영국, 일본 등 선진국에서 정부와 연구기관 그리고 기업이 지속가능한 혁신기술을 소개하고 교육하거나, 개별 기술을 중심으로 연구 개발하고 있다. 구체적인 청색기술의 사례로서 파울리는 처음에는 3,000여 가지 그리고 전문가들 검토를 거쳐 340여 가지의 청색기술을 목록화했으며, 최종적으로는 100가지의 가장 주목할 만한 혁신기술을 선택했다. 그리고 100가지의 자연중심적인 기술로 10년 동안 1억 개의 청색일자리가 생길 수 있는 사례를 제시했다. 이러한 청색기술은 기술의 성숙도와 상업화 정도에 따라 이미 성숙되어 외국에서 상용화된 기술, 상용화를 위한 테스트 베드 중인 실용화 단계의 기술, 미래 시장을 위한 태동기술로 구분되는데, 수치상 3단계가 비슷한 비중을 보이고 있다.

아울러 거시적인 담론으로 보면 청색기술은, 과거 소련이나 중국 마오쩌둥毛澤東 시대에서의 파산 경제모델이었던 적색경제Red Economy가, 주된 초점이 경제적 효율성만을 추구하게 되는 녹색경제Green Economy로 발전했고, 그 녹색경제가 다시 지속발전 가능한 자연중심적인 청색경제Blue Economy로 진화되는, 현재진행형의 새로운 혁신기술 패러다임이라고 할 수 있을 것이다.

청색기술의 특성

    지식융합연구소 이인식 소장의 저서 《자연은 위대한 스승이다》에 따르면, 청색기술은 5가지 측면에서 그 내용적인 특성을 살펴볼 수 있다. 첫째로 청색기술의 개념적 토대가 지구상의 생물체는 38억 년에 걸쳐 진화라는 자연의 연구개발 과정에서 갖가지 시행착오를 슬기롭게 극복하고 살아남은 존재라는 기본전제로부터 이루어진다. 둘째로 청색기술은 성격상 혁신을 통해 매우 경제적, 기술적인 효율성을 가지며 청색경제는 생태계의 순환생산을 통해 지속발전 가능성을 갖는다. 셋째로 청색기술은 그 범주에서 자연의 생물체로부터 영감을 통해 얻어지는 기술인 생물영감 기술과, 생물체를 모방하여 얻어지는 기술인 생물모방 기술로 구성된다. 여기서 자연이란 넓은 개념으로 생물체뿐 아니라 생태계, 자연현상까지도 포함한다.

    넷째로 청색기술은 생태학, 생명공학, 나노기술, 정보통신기술, 로봇기술. 재료기술, 기계기술, 물리, 화학. 수학, 지질학 등 모든 분야를 융합한 과학기술이다. 다섯째로 청색기술의 종류는 보는 관점에 따라 다양하게 분류할 수 있으나, 일반인이 알기 쉽고 또한 시장과의 관련성이 깊고 전략 기술적 측면에서 유용하기 때문에 신물질과 재료, 신재생에너지, 생태도시건축의 3가지로 크게 분류할 수 있다. 신물질재료는 자연에서 생명체나 생태계에 존재하는 형상, 구조, 단백질 같은 특수물질, 광특성, 물성의 특이성 등 물리적 및 화학적 성질이 섬유, 접착제, 고기능물질, 의약품 등에 활용된다.

중국에 청색고양이 시대가 도래한다

신재생에너지는 태양, 풍력, 지열 등 기존의 녹색기술과 많이 중복되는 분야이나 바이오매스나 폐기물 에너지 등 이용에 있어서 자연의 순환구조 내에서 에너지 생산이 이루어지는 기술만을 그 범위에 포함한다. 생태도시건축은 건축의 재료, 건축의 설계와 건설, 도시건설 등 여러 공학적인 분야에서 자연순환 원리로 부터 영감을 얻고 생물모방기술을 기반으로 이루어지는 혁신을 말한다.

청색기술의 십계명과 녹색기술과의 관계

미국의 생물학 저술가인 재닌 베니어스는 본인이 저술한 《생물모방》에서 성숙한 생태계에서 유기체가 갖는 특성 10가지를 나열하고 있다.

① 폐기물을 식량과 자원으로 활용한다.
② 서식지를 최대한 활용하기 위하여 생태계의 구성원은 경쟁하면서 협동한다.
③ 에너지를 효율적으로 모으고 사용한다.
④ 후손의 최대화보다는 최적화(적더라도 확실하게 생존)를 강조한다.
⑤ 생물은 물자절약으로 최소의 물질로 기능에 필요한 형태를 조용하고 정확하게 만든다.

⑥ 생물은 자신의 보금자리인 서식지를 독으로 오염시키지 않는다.

⑦ 생물은 자원을 삭감하지 않고 원금이 아니라 수확할 수 있는 이자로 먹고산다.

⑧ 생물은 대기, 토양, 물 등 지구상의 생물생활권生物生活圈과 상호교류하면서 균형을 맞추며 생존조건을 유지한다.

⑨ 생물은 다른 생물과 연결되어 있으며 그들과 상호작용하는 확실한 정보활용 방법을 발전시킨다.

⑩ 우리가 자연을 흉내내려면 우리 입맛을 현재 사는 장소에 적응시키고 가까이서 자원을 얻는다.

이러한 베니어스의 10가지 특성은 청색기술이나 청색경제의 10계명이라고도 할 수 있을 것이다

다음으로 청색기술과 녹색기술, 그리고 청색경제와 녹색경제의 관계를 살펴보면 첫째로 이인식 소장의 설명처럼 "자연을 스승으로 삼고 인류 사회의 지속가능한 발전의 해법을 모색하는 청색기술은 녹색기술의 한계를 보완"하거나 대안이 될 가능성이 커 보인다.

둘째로 양자 모두 공통적으로 경제와 환경과의 영향적인 관계를 중요하게 여기지만 녹색기술은 경제성장론자의 관점에서 환경문제만을 주로 취급하고 에너지, 식량, 실업, 빈곤 등 사회적인 문제해결에는 초점이 벗어나 있는 반면 청색기술은 환경문제뿐 아니라 사회 시스템의 변화와 개혁을 추구하며 이들 사회적인 요인을 직접

관여한다. 즉 녹색성장이라는 용어에서 알 수 있는 것처럼 녹색경제는 성장을 중요시하지만 청색경제는 사회개발, 환경보호, 경제성장을 동시에 중요시한다.

셋째로 녹색경제는 경제성장과 환경보존을 위해 기업은 많은 투자를 하고, 소비자는 더 많은 지불을 하면서도 사회적으로는 수익이 장기적으로 천천히 나타나거나 또는 다음 세대에 영원히 갚지 못할 부채로 나타난다. 특히 요즈음과 같이 세계적인 경제위기로 경제가 불황일 때에는 더 많은 투자와 비용을 필요로 하기 때문에 녹색기술이나 환경기술에 대한 투자가 실질적으로 이루어지기가 어렵다. 이에 비해 청색경제는 생태계의 재생산이나 순환생산을 모방하여 지속가능 발전을 기본적인 패러다임으로 하고 있다. 이에 따라 실제로 에너지와 양분의 끊임없는 순환생산을 통해 부가가치를 창출하고 그것을 다시 수익과 고용으로 전환한다. 다시 말하면 적은 투자와 많은 혁신을 통해 더 많은 수익과 일자리를 창출할 수 있으며 사회적 자본도 형성되고 기업가정신도 촉진할 수 있다.

넷째로 이인식 소장의 주장처럼 "녹색기술은 환경오염이 발생한 뒤의 사후처리적 대응의 측면이 강한 반면에 청색기술은 환경오염물질의 발생을 사전에 원천적으로 억제하려는 기술"이다.

중국에 청색기술이 필요한 이유

중국에서 청색기술이란 용어는 더욱 생경하다고 할 수 있고 좀 지나치게 이야기하면 현재의 중국은 기본적인 측면에서 자연중심적인 기술과 경제구조와는 거리가 먼 나라라고 할 수 있다. 그렇다면 왜 중국경제에 있어서 청색기술인가? 청색기술과 청색경제가 대기와 수질 등 환경오염, 에너지 부족, 물 부족, 먹거리 공포, 소득격차, 일자리 등 중국이 안고 있는 갖가지 고민거리에 대응하고 아울러 지구가 해결해야 할 기후변화에 대응하는 데 도움이 될 수 있는 대안이라고 생각하기 때문이다.

이러한 논의의 이론적인 배경은 개도국 특히 중국과 인도는 기존의 자본주의적인 경제모형을 본받아 고속으로 성장하고 있고 중산층의 소비가 커짐에 따라 에너지 소비와 탄소 배출을 증가시켜 세계온난화와 기후변화에 큰 요인이 되고 있다는 점이다. 이러한 관점에서 성장론자와 생존론자의 상반된 주장을 대비하여 살펴보자.

먼저 미국의 대표적인 신자유주이자인 토머스 프리드만Thomas Friedman은 미국식 과소비경제에 기인한 기후변화문제로 성장 중심의 경제가 한계에 봉착했지만, 화석연료를 대체하는 청정에너지를 개발함으로써 적극적인 성장을 계속할 수 있다는 낙관론을 펴고 있다. 이에 반해 생존론자인 하와이 대학의 미래학 교수 짐 데이터Jim Dator는 신자유주의 자본주의 체제라는 성장 일변도의 경제모형으로는 환경오염이나 석유고갈을 회피할 수 없을 뿐 아니라, 이제 청정에너지가 개발된다고 하더라도 지구적인 재앙을 모면하기에는 시기적으로 너무 늦었다고 한다. 결국 인류의 생존을 위해서는 지구의 유한한 자원을 과도하게 소비하지 말고 미래 세대를 위해 보존하자는 비관론적인 입장이다. 그러나 자연적인 인간의 욕망만을 탓할 수도 없고 또한 생태계의 지속가능성도 고려해야 하는 중립적인 입장에서는 이들 낙관론과 비관론 그리고 성장과 생존의 두 가지 입장을 모두 고려할 수 있는 대안으로서 청색기술과 청색경제를 고려해볼 수밖에 없다.

중국 청색기술의 전망

청색기술을 13억 인구의 중국경제에 성공적으로 적용하는 문제, 다시 말하면 중국의 에너지 구조상 석탄 의존도가 지금 70퍼센트로 매우 높은 수준이며 40여 년이 지난 2050년에도 의존도가 50퍼센트로 높게 유지될 전망으로 근본적 여건이 크게 바뀌지 않는 상황인데 청색기술이 얼마나 중국경제를 혁신할 수 있을 것인가 하는 질문에 대해 비관이나 의문을 가질 수 있다. 그러나 중국과 세계가 당면하고 있는 환경이나 에너지와 관련된 위기에 대응해야 하는 당위론적인 입장에서뿐 아니라, 실제적으로도 중국은 저탄소 경제성장을 위해 전체 에너지 중 신재생에너지의 비중을 2010년 3퍼센트에서 2020년까지 8퍼센트로 확대할 계획이다. 아울러 이산화탄소 배출 1위라는 오명을 씻고 미래의 먹을거리를 마련하기 위하여 중국이 제12차 5개년계획(2011~2015)을 통하여 적극 추진하고 있는 신에너지, 신소재 재료, 신자동차 그리고 환경 및 에너지 절약 프로젝트 등 7대 신성장 산업을 5년 내에 세계 제1위로 육성하여 GDP 대비 비중을 현재 4퍼센트에서 2015년까지 8퍼센트, 2020년까지 30퍼센트로 확대한다는 야심찬 계획을 세우고 있다. 이러한 7대 신성장정책의 추진에서 청색경제의 패러다임이 얼마나 적용되는지가 매우 관심거리이다. 한편 주요 온실가스 배출국인 중국은 인도와 같이 개도국으로서 감축 의무에서 제외되어 있으나 국내적으로 기후변화 대응을 위한 법제화와 탄소세 도입을 검토하고 있다. 또한 2013년부터 북경과 상해를 비롯한 7개 지역에서 배출거래제도를 시범적으로 시행하고 2015년부터 전국적으로 이를 도입할 계획이어서 중국의 청색기술 적용을 통한 청색경제로의 성장 가능성을 논의하고 예견할 가치는 충분히 있다. 더욱이 소득격차 해소, 중산층 확대, 내수 진작 등 다양한 목적으로 추진되는 도시화 정책이 청색기술이나 청색경제와 연계된다면 그 파급효과는 더욱 클 것으로 예측된다. 그래서 중국이 청색기술을 적용하여 청색경제로 전환되는 것을 기대해본다. 특히 중국은 과거에는 전통적으로 자연중심적인 기술을 보유하고 있었으니까…….

전통적인 청색기술의 사례

그러면 구체적으로 청색기술은 어떠한 것들이 있는가? 중국은 과거에 전통적으로 자연중심적인 기술을 보유해왔고 지금도 이어지고 있으므로 이들 몇 가지 사례를 살펴보면 청색기술의 원리와 특징에 대해 보다 쉽게 이해할 수 있을 것이다. 먼저 첫 번째 대표적 청색기술로서 볏짚을 이용한 버섯 재배의 순환생산 모델을 들 수 있다. 13세기 중국의 농부이며 과학자인 우산공은 최초로 버섯을 재배하기 시작했으며 이러한 전통은 지금도 세계적인 표고버섯의 수도인 광둥성 주장강 삼각주 칭위안에서 이어지고 있다. 여기에서는 바이오매스를 이용해 약 10억 달러 이상의 버섯을 재배하고 있으며 12만 명을 고용하고 있다. 재배 버섯은 자원의 순환생산과정을 통해 생산된다. 그 원리를 살펴보면 곡물의 겨, 껍질, 옥수수 속대, 짚 등 바이오매스에는 단백질이나 당질이 거의 들어있지 않지만 여기서 재배된 버섯에는 단백질과 아미노산이 풍부하게 들어 있다. 볏짚에서 재배되는 버섯(진균류왕국)은 식물쓰레기(볏짚)를 식용자실체로 만들고, 버섯을 수확한 후 남은 균사체는 동물의 먹이가 되고 동물의 배설물은 박테리아가 이를 잘 소화하여 식물과 미세조류가 자랄 수 있는 비옥한 토양을 형성한다.

자연은 동물왕국, 식물왕국, 진균류왕국, 원생생물왕국(미세조류), 원핵생물왕국(박테리아)과 같은 5대 왕국으로 이루어진다. 볏짚 버섯 재배 과정을 통해서도 5대 왕국에서 자원순환생산 과정이 이루어지고 있음을 알 수 있다. 아울러 영지, 표고, 목이, 팽이, 느타리 등 버섯도 영양분이 풍부할 뿐 아니라 약효 또한 뛰어나고, 특히 붉은 색의 영지버섯은 옛날에 황제만이 먹을 수 있는 귀한 것이었다고 한다. 재배 버섯은 엄청난 인구의 식량을 책임지고 있으며 특히 최근 중국에 구매력 있는 중산층이 폭발적으로 늘어나고 있는데, 이로 인한 약용 식용버섯의 수요를 충족시키고 있다. 또한 세계적인 수요도 충족시키고 있어 중국은 2007년 170억 달러의 버섯을 수출했는데, 이를 일자리로 환산하면 1,000만 개에 해당하는 엄청난 경제적 효과를 낳고 있다. 청색기술의 수익적인 비즈니스 모델은 대단히 파괴적이다.

두 번째로 고대 중국의 전통적인 통합적 농경기술인 뽕나무와 누에의 자연적 공생법을 들 수 있다. 이러한 기술을 통해 비옥한 토양을 생성 및 유지시키고, 누에고치를 이용한 천연 실크를 생산할 수 있다. 뽕나무는 중국의 대부분 척박한 땅에서도 잘 자란다. 누에나방의 애벌레는 뽕나무 잎을 먹고 똥을 싸는데, 이것이 박테리아와 미생물을 유인하며 순식간에 양분을 생산하여 비옥한 토양이 만들어진다. 예전의 비옥한 토지는 팽창하는 중국 인구를 먹여 살릴 정도로 식량을 확보해주었다. 한편 중국신화에 따르면 삼황三皇 이후 오제五帝 중 첫 번째 황제(헌원軒轅)의 부인 서릉씨西陵氏가 누에를 키워 비단을 만들었는데, 그 시초는 뽕나무 밑에서 차를 마시다가 우연히 누에고치가 찻잔에 떨어지게 되었는데 고치에서 부드럽고 질긴 비단실이 300미터나 풀려나오는 것을 발견하고서는 인류 문화의

중국에 청색고양이 시대가 도래한다

전설적인 가공물인 실크, 즉 천연 폴리머를 생산하게 되었다. 이러한 기술은 더욱 발전하여 최근에는 이러한 천연 폴리머를 이용하여 티타늄보다 강한 실크 면도기, 화장품, 연골 기능의 의료기기까지도 생산함으로써 경제적 수익을 올렸을 뿐만 아니라 고용도 창출해내고 친환경적인 비즈니스 모델도 형성되었다. 앞으로도 뽕나무와 누에의 자연적 공생 과정을 잘 이용한다면 비옥한 땅, 식량, 이산화탄소 배출 없는 토양 회복, 경제풍요를 동시에 달성할 수 있을 것이다.

그 밖에도 중국에서는 동물 도살장의 쓰레기 처리방식으로서 동물 쓰레기를 파리나 해충에게 먹이로 제공하는 농경방식이 있었다. 이러한 처리방식을 통해 파리 알에서 나온 구더기는 메추라기나 물고기의 사료로 활용되어 생태계의 순환생산이 이루어지고 비즈니스 모델도 형성된다.

중국경제의 과거, 현재와 미래

중국경제는 지금까지 어떤 전략으로 발전해왔고 시진핑 시대에는 어떻게 전망할 수 있는가? 1949년 현대 중국이 성립된 이후 경제 발전전략의 변천을 3단계로 간단히 구분하여 살펴보면, 제1단계인 1953년부터 1978년까지 기간 중 발전전략은 부존자원이나 생산요소의 비교우위는 무시된 채 무리한 추월 발전전략, 자력갱생 그리고 생산재 위주의 중공업 우선 개발정책에 크게 의존했고 이에 따라 대대적인 실패를 경험했다. 제2단계인 1979년부터 1992년까지 기간 중 발전전략은 개혁개방정책을 도입하고 생산요소를 고려한 비교우위 발전전략 그리고 계획과 시장이 공존하는 개발전략을 채택했다. 제3단계인 1993년부터 현재까지는 이중가격 제도인 쌍궤제 雙軌制를 폐지하는 등 시장기능을 본격적으로 도입하여 고도성장을 이루었으며 2002년 WTO에 가입하는 등 세계경제에서 두각을 나타내고 있다.

중국 경제발전단계에 있어서 1949년 중국정부의 수립 이후 제1단계의 중국경제는 모택동시대도 문화대혁명과 대약진운동을 거치면서 계획경제하에서 경제운영이 비효율적으로 이루어지는 적색경제였다고 할 수 있다. 그리고 시장과 가격기능이 본격적으로 가동하기 시작한 제3단계인 1993년부터 지금까지는 경제의 효율성이 증가하여 녹색경제의 성격이 강화되는 기간으로 분류될 수 있을 것이다. 2단계는 제1단계와 제3단계의 중간단계라고 할 수 있다. 현재 중국경제는 아직 청색경제나 청색기술과는 거리가 있다는 말이다.

지금까지의 중국경제의 위상과 운용의 공과를 보면, 1800년대에는 중국경제는 전 세계 GDP비중이 33퍼센트를 점유하는 등 중국은 1천여 년 동안 세계 경제의 1위를 차지했으나 1840년 아편전쟁을 거치며 국력이 쇠진하여 1978에는 5퍼센트까지 추락했다. 그러던 중국이 200년 만에 최근 경제규모가 150위에서 제2위로 급상승했고, 2030년에는 30퍼센트로 1위가 될 전망이다. 최근에는 1978년부터 2009년까지 지난 30년간 중국경제가 연평균 10퍼센트 성장했다. 특히 최근 11차 5개년계획(2006~2010) 기간 중에는 중산층이라고 할 수 있는 소강小康 사회(풍족한 생활)의 건설이라는 정책 목표는 매년 8퍼센트의 중국경제 성장과 2000년 대비 1인당 GDP의 2배 이상 증가로 어느 정도 달성했다고 볼 수 있다. 2012년 국민소득은 6,000달러 수준으로 추산되며 향후 7~8년 내로 소강단계小康段階인 1만 달러에 도달할 전망이다. 이에 따라 지금 중국은 과거와 현재, 미래가 공존하고 있으며 한국의 1988년과 2000년, 2012년이 공존하는 나라이다. 2010년 중국의 1인당 소득은 4,000달러로 한국의 1988년 수준이지만, 연안 대도시의 소득 수준은 한국의 2000년대 수준인 1만 달러를 넘었고, 중국의 상위 5퍼센트인 6,500만 명 부유층은 한국의 평균소득을 훨씬 넘었다.

그러나 이러한 경제성장 과정에서 많은 문제점도 발생했다. 우선 그동안의 거시경제적인 발전방식에 있어서 고저축과 고투자에도 불구하고 투자의 효율성은 매우 낮았고, 노동에 대한 저임금정책으로 소득격차와 분배문제를 야기했으며, 내수 비중이 매우 낮아 가계소비가 저조하고 수출의존도가 높은 특징과 문제점을 보였다. 다음으로 불명예스럽게도 2009년 이산화탄소 배출 제1위국이 된 것이다. 11차 5개년계획에서도 과다한 에너지 소모와 환경오염 악화를 방지하기 위해 자원사용의 효율성 20퍼센트를 개선하고 자원절약형 환경 친화적인 사회를 건설하는 것을 목표로 설정했으나 GDP당 에너지 소모량 감축 등 실적은 목표에 못 미치는 결과를 낳았다.

시진핑 시대에 추진되고 있는 12차 5개년계획(2011~2015) 기간

중 성장전략과 방식은 생산대국에서 소비대국으로, 굴뚝대국에서 녹색대국으로 변경되었고, 12차 5개년계획 중 연평균 성장률을 8퍼센트 내외로 신축적으로 설정했으며, 경제발전 방식도 수출주도형 성장모형에서 탈피하여 견고한 가계소비를 바탕으로 한 안정적인 내수주도형 성장으로 전환했으며, 저부가가치산업에서 고부가가치산업 주도형으로 전환할 것을 목표로 하고 있다. 아울러 이산화탄소 배출 감축에 있어서는 국제적인 압력에 대응하고 산업구조 고도화를 위해서도 에너지 절감과 환경오염 등과 관련하여 12차 5개년계획에서 더욱 강력한 조치를 취할 계획이다.

에너지에 대해 좀 더 자세히 살펴보면 국제에너지기구IEA의 세계 에너지소비 순위 발표에 따르면 2009년 중국은 22.5억 톤의 에너지를 소비하여 미국을 초과, 세계 1위가 되었으며, 이산화탄소 배출도 세계 1위로 등극했다. 이에 따라 중국은 저탄소 경제성장을 강조하고 있으며, 전체 에너지 중 신재생에너지의 비중을 2010년 3퍼센트에서 2020년까지 8퍼센트로 확대할 계획이다. 탈脫 화석연료를 위하여 2006년에 신재생에너지 발전 비율을 늘리는 법규를 마련했고 (미국은 2009년) 태양광, 풍력, 2차 전지 등 신재생에너지 개발에 상당한 투자를 하고 있다. 최근 태양광은 낮은 원가를 무기로 생산량 기준 28퍼센트의 점유율로 세계 1위에 올라섰고, 현재 10대 태양광 업체 중 5개가 중국업체이며, 풍력발전도 2009년 1만 메가와트로 미국보다 3천 메가와트 더 많으며, 2020년까지 고비 사막에 세계 최대 규모 풍력발전소를 건설해 10만 메가와트를 생산하는 제일의 풍력 발전국이 될 전망이다. 아울러 중국은 원자력을 신에너지의 범주에 포함시켜 향후 150기를 건설할 예정이다. 그래도 2020년에 여전히 전력 공급원은 화력, 수력, 신에너지의 순위를 유지할 전망이다.

또한 중국 정부는 12차 5개년 계획을 통해 향후 5개년간 34개 분야의 7대 신성장산업을 집중적으로 육성할 계획에 있다. 이를 자세히 살펴보면 3대 선도산업으로서 신에너지, 신소재, 신에너지 자동차를, 4대 지주支柱산업으로서 에너지절약·환경보호, 차세대 정보기술, 바이오생물, 첨단장비를 나열하고 있다. ① 신에너지는 태양, 풍력, 바이오매스, 원자력, 그리고 ② 신소재는 희토 자성 소재, 리튬 전지 소재, 환경보호 소재, 화공 신소재를, ③ 신에너지 자동차는 플러그인, 하이브리드, 순수 전기자동차를, ④ 에너지절약·환경보호는 에너지 고효율과 절약, 대기오염과 수질오염, 에너지서비스, 자원순환을, ⑤ 차세대 정보기술은 만물 인터넷, 클라우드 콤퓨팅, 3망 융합, 신형 회로, 신형 디스플레이, 고급 소프트웨어, ⑥ 바이오 생물은 바이오 약품, 예방진단 시약, 현대한약, 바이오 의약, 생물육종, 해양생물, ⑦ 첨단장비는 항공제조, 우주공학, 해양자원, 해수담수화, 철도교통, 스마트 등으로 이루어진다.

무엇보다 주목할 점은 7대 신성장 산업이 자동차, 철강, 화학, 조선 등과 같은 전통적인 굴뚝산업이 아니라 이산화탄소 배출 1위의 오명을 씻고 미래의 먹거리도 마련하는 저탄소경제형 산업이라는 점이다. 7대 신성장 산업을 5년 내에 세계 1위로 육성하여 GDP 대비 비중을 현재 4퍼센트에서 2015년까지 8퍼센트, 2020년에는 30퍼센트까지 확대할 계획이다. 이러한 7대 신성장 산업의 특징을 설명하면 ① 기후변화와 에너지자원 고갈에 대응하기 위해 반드시 채택해야 할 산업이며 ② 최첨단 산업이지만 선진국 어디도 기술적 주도권이나 우위를 가지고 있지 않으며 ③ 규모의 경제가 작용하는 분야로 초기에 대규모 투자자금이 소요되는 산업으로, 초기 단계에 정부보조금이 없으면 성장할 수 없으며 ④ 중국이 최대 수요시장인 산업이며 ⑤ 세계 누구도 아직 표준화를 달성하지 못하고 있다는 것이다.

중국경제의 청색기술 도입 가능성

향후 중국경제에 있어서 청색기술의 도입 가능성이 어느 정도인지는 매우 다양한 측면에서 가늠해볼 수 있다. 즉 기후변화 대응, 에너지·자원 고갈 등 위기해결을 위한 당위성과 불가피성, 12차 5개년계획상의 7대 신성장 산업에 대한 세부적인 추진 내용, 중국의 우수한 과학기술 전통 등 과학기술적인 잠재력, 투자와 에너지의 저효율성과 격심한 분배 격차와 같은 중국경제의 발전방식의 시정, 구매력 있는 중산층의 폭발적인 증가에 따른 문제 대응, 광대한 영토, 자연환경, 그리고 부존자원 등 자연조건, 지역별 에너지 자원의 수급 및 분포 구조의 불균형성, 청색기술에 대한 31개 지방정부의 선호도 등 다양한 요소가 산재해 있다고 볼 수 있다.

다만 확실한 것은 중국이 '블루 차이나Blue China'가 될 수 있을지의 여부는 그들이 앞으로 지을 건물에 달려 있다는 것이다. 도시와 농촌의 인구는 전체 인구 중 최근 절반씩이라고 할 수 있는데, 도시의 인구는 매년 1퍼센트씩 늘어나 2020년경에는 60퍼센트 정도가 도시에 거주할 것으로 중국 정부는 전망하고 있다. 앞으로 10~20년 내에 수백 개의 도시와 작은 마을을 건설하는데 시골에서 도시로 이주하는 3억 명이 거주할 수 있는 건물과 사무실을 건설해야 하며, 아울러 도시로 이주하지 않고 마을에 사는 2억 5천 명의 주택도 건설해야 할 것이다.

그러한 관점에서 중국의 최초의 생태도시인 하북성河北省의 완주앙万庄 시는 청색기술을 도시건축에 적용한 대표적인 사례로서 시사하는 바가 매우 크다고 할 수 있다.《자연은 위대한 스승이다》에 따르면, 영국 도시계획 전문가인 피터 헤드Peter Head는 중국의 생태도시를 설계하는 작업에 참여하면서 앞에서 서술된 재닌 베니어스의 생물모방 원리를 완주앙 시의 설계에 반영하여 생물모방도시로 건설했다. 헤드는 도시와 농촌이 유기적으로 결합된 생태도시계획을 수립함에 있어서 특히 베니어스의 유기체 십계명 중에서 '서식지를 최대한 활용하기 위하여 생태계의 구성원은 협동한다'는 두 번째의 유기체 특성을 도시계획에 반영하여 단순 기능의 도시 대신에 주민들이 손쉽게 여가를 즐길 수 있고 가까운 곳에서 일하며 살 수 있는 복합기능의 도시를 설계했다. 또한 '에너지를 효율적으로 모으고 사용한다'는 유기체의 세 번째 특징을 교통체계의 설계에 반영했다.

교통체계의 이동성을 최대화하는 대신에 접근성을 최적화하는 방향으로 접근했기 때문에 에너지 수요를 80퍼센트까지 줄일 수 있었다. 이러한 도시건축 건설에 있어서 청색기술의 적용 시범 사례는 향후 중국이 수백 개 도시를 건설함에 있어서 훌륭한 벤치마킹의 사례가 될 것이다.

중국에 청색고양이 시대가 도래한다

결론적으로 상당한 기간동안 청색기술은 녹색기술의 확장 개념으로 인식되거나 취급될 가능성이 높다. 그러나 최근 화석연료로 인한 환경오염 문제가 심각하게 받아들여지고 있고 에너지 부족에 의한 녹색성장의 한계가 점차 가시화되고 있어 대안성장과 대안경제로서 청색기술의 역할이 커지고 청색경제에 대한 인식이 높아질 것으로 전망된다.

특히 중국경제에서 청색기술 도입의 전망에는 몇 가지 근거가 있다. 먼저 앞서 논의한 대로 중국은 지금 G2 국가로서 지구 전체 인구의 5분의 1를 차지하며 세계에서 가장 많은 탄소를 배출하고 있어 실질적으로 필요하다. 두 번째로 청색경제는 혁신과 창의성을 기본으로 한다. 중국인들의 창의성은 과거 종이와 나침반 그리고 화약을 발명했을 때 만개하고 그 뒤로 피어나지 않았다. 이제 중국인은 그들의 조상이 지닌 청색기술의 전통을 살려 다시 창조적인 꽃을 피울 때이다. 세 번째로 최근 부정부패와 환경문제와 관련하여 심지어는 북한 핵실험문제까지도 일부 시민운동단체와 언론에의 공개를 허용하는 등 과거 비밀과 대외보안주의, 지나치게 엄숙한 관료주의에서 벗어나려는 새로운 중국의 모습이 조금씩 나타나고 있어 더 큰 기대를 하게 한다. 네 번째로 중국경제나 기술의 후발이익과 더불어 톱다운 방식에 의한 중국정책 결정의 효율성이다. 미국에서는 무연 휘발유 교체가 결정 이후 시행에 22년이 걸렸으나 중국에서는 2년이 소요되었고, 자동차 연비기준 개선의 경우도 미국에서는 32년이 걸렸으나 중국에서는 단 1년이 소요되었다. 청색기술도 지도층의 결심만 서면 대대적으로 시행될 수 있으리라 기대된다.

덩샤오핑이 중국경제에 대해 한 말이 있다. 검은 고양이든 흰 고양이든 중요한 것은 쥐를 잘 잡으면 된다는 것이다. 공산주의 이념이 중요한 것이 아니라 성장이 중요하다는 것이다. 그것도 옛말이다. 이제는 고양이도 녹색을 거쳐 청색으로 변해야 생존과 성장을 동시에 할 수가 있다. 중국 공산당의 정통성은 국가의 생존과 지속적인 성장에 있기 때문이다. 곧 청색고양이靑猫의 시대가 도래할 것으로 확신한다.

프롤로그

《자연은 위대한 스승이다》, 이인식, 김영사, 2012.

《따뜻한 기술》, 이인식 기획, 고즈윈, 2012.

On Growth and Form, D'Arcy Thompson, Cambridge University Press, 1961.

Biomimicry, Janine Benyus, William Morrow, 1997/《생체모방》, 최돈찬 이명희 공역, 시스테마, 2010.

The Blue Economy, Gunter Pauli, Paradigm Publication, 2010 /《블루이코노미》, 이은주 최무길 공역, 가교출판, 2010.

Biomimicry in Architecture, Michael Pawlyn, RIBA Publishing, 2011.

Biomimetics, Yoseph Bar-Cohen, CRC Press, 2011.

관련 사이트

현대경제연구원 http://usociety.co.kr, 《자연은 위대한 스승이다》(총10편)

청색기술연구회 http://blog.naver.com/shrheey

생물모방 3.8연구소 http://biomimiciry.net

재닌 베니어스 생물모방연구소 www.asknature.org

군터 파울리 제리재단 www.zeri.org

1부 청색사상

1. 자연중심 기술과 새로운 환경철학의 모색

군터 파울리, 《블루 이코노미》(이은주, 최무길 옮김), 가교출판, 2010.

돈 아이디, 《기술철학》(김성동 옮김), 철학과현실사, 1998.

로버트 앨런 외, 《바이오미메틱스》(공민희 옮김), 시그마북스, 2011.

이인식, 《자연은 위대한 스승이다》, 김영사, 2012.

이인식, "이인식의 과학은 살아 있다 ② 자연중심 기술" 〈중앙SUNDAY〉(2012년 8월 12-13일자 29면).

장 이브 고피, 《기술철학》(황수영 옮김), 한길사, 2003.

재닌 베니어스, 《생체모방》(최돈찬, 이명희 옮김), 시스테마, 2010.

한면희, 《환경윤리: 자연의 가치와 인간의 의무》, 철학과현실사, 1997.

J. Baird Callicott & Robert Frodeman(ed.), *Encyclopedia of Environmental Ethics and Philosophy*, Macmillan Reference USA, 2009.

J. R. 데자르뎅, 《환경윤리》(김영식 옮김), 자작나무, 1999.

Joseph Claude Evans, *With Respect for Nature: Living as Part of the Natural World*, State University of New York Press, 2005.

2. 경제학과 자연중심의 사상

김지원, "아담 스미스의 자연관과 뉴턴과학에 대한 이해", 한국과학사학회지, 2010, 제32권제1호, 69-91.

레스터 브라운, 《우리는 미래를 훔쳐 쓰고 있다(원저: Plan B 4.0, Earth Policy Institute, 2009)》(이종욱 옮김), 도요새, 2011.

송경모, "자연과 인간 중심의 기술이 도입되어야 할 무형의 당위성", 한국산업기술진흥원, Tech & Future, 2012 Vol. 7(통권 No. 50).

Armen Alchian, "Uncertainty, Evolution and Economic Theory", *The Journal of*

Political Economy, 58 (1950): pp. 211–221.

Jacques-Marie Aurifeille and Christophe Deissenberg ed., *Bio-mimetic Approaches in Management Science*. Kluwer Academic Publishers, 2010.

John Holland, *Adaptation in Natural and Artificial Systems: An Introductory Analysis with Applications to Biology, Control, and Artificial Intelligence*. Bradford Book, 1992.

John R. Koza, *Genetic Programming: On the Programming of Computers by Means of Natural Selection*. A Bradford Book, 1992.

Richard Nelson and Sidney G. Winter, *An Evolutionary Theory of Economic Change*. Harvard University Press, 1982.

3. 에너지 전환과 자연중심의 청색기술

이인식,《자연은 위대한 스승이다》, 김영사, 2012.

임성진, "적정기술의 지속가능성에 관한 연구: 에너지부문을 중심으로", 2013.

Altvater, Elmar. *Der Preis des Wohlstandes*. Münster: Westfälisches Dampfboot, 1992.

Benyus, Janine. *Biomimicry. Innovation inspired by Nature*. 1997. /《생체모방》(최돈찬·이명희 옮김), 시스테마, 2010.

Dürr, H.-P. Ökologische Herausforderung der Ökonomie. Eine naturwissenschaftliche Betrachtung, 1993.

Hawken, P., Lovins, A. B. and Lovins, L. H. *Natural Capitalism: Creating the Next Industrial Revolution*. Little: Brown and Company, 1999.

Jänicke, Martin. *Megatrend Umweltinnovation: Zur ökologischen Modernisierung von Wirtschaft und Staat*. 2. Aufl. Oelom: Muenchen, 2012.

Jänicke, Martin and Jacob, Klaus. A Third Industrial Revolution? Solutions to the crisis of resource-intensive growth, 2009.

Leem, Sung-Jin. *Least-Cost Planning als Lösungsansatz klimabezogener Energiepolitik.* FFU, 1997.

Lovins, Armory B. *Soft Energy Paths. Toward a Durable Peace.* New York, 1977.

Mathews, John A. *Designing Energy Industries for the Next Industrial Revolution.* Science Direct, 39(2) : 155-164, 2010.

Rifkin, Jeremy. *The Third Industrial Revolution : How Lateral Power is Transforming Energy, the Economy, and the World.* St Martins Pr., 2011. / 《3차 산업혁명》(안진환 옮김), 민음사, 2012.

2부 청색기술

1. 자연을 본뜬 물질

김완두, "모사공학", 《기계저널》(26권 4호), 대한기계학회, 2006.

김완두·임현희, "자연모사 지속가능 혁신기술", 《기계와재료》, 2012.

윤여재, "자연모사(생체모방)공학기술개발", '해외첨단기술조사사업보고서', 한국과학기술정보연구원, 2012.

이인식, 《자연은 위대한 스승이다》, 김영사, 2012.

임현의, "자연모사 기능성 표면에 대한 기술 동향", 《기계와 재료》, 12호, p. 60-71, 한국기계연구원.

B. Bhushan, Biomimetics : lessons from nature-an overview, Phil, Trans. R.SoC.A (2009), 367, 1445.

Janine Beynius, *Biomimicry : Innovation inspired by Nature.* 1997.

N.J.S Shirtcliffe, G.Mchale, The Superhydrophobicity of polymer surfaces : Recent Pevelopments, J. of polymer science part B : *Polymer physics*(2011), 49,1203.

The New Trends in Next Generation Biomimetic Materials Engineering, Biomimetics 연

구회, 씨엠씨 출판.

X.Yao, Y. SMG, Applications of Bio-Inspried Special wettable Surfaces, Adv. Mater(2011), 23, 719.

Y. Cheng, D. E Rodak, Is the lotus leaf Superhydrophobic? Appl.phys lett, 2005, 86,144101.

www.Asknature.org.

2. 생물모방 비행기술

Bret W. Tobalske, "Hovering and intermittent flight in birds", *Bioinspiration & Biomimetics*, Vol. 5, No. 4, Dec. 2010.

D. Lentink, W. B. Dickson, J. L. van Leeuwen, M. H. Dickinson, "Leading–Edge Vortices Elevate Lift of Autorotating Plant Seeds", *Science*, Vol. 324, no. 5933, pp. 1438–1440, June 2009.

Zsuzsa Ákos, Máté Nagy, Severin Leven and Tamás Vicsek, "Thermal soaring flight of birds and unmanned aerial vehicles", *Bioinspiration & Biomimetics*, Vol. 5, No. 4, Dec. 2010.

3. 자연에서 배우는 건축 설계와 건설 시공원리들

Burgert I., Eder M., Gierlinger N. and Fratzl P., 2007. Tensile and compressive stresses in tracheids are induced by swelling based on geometrical constraints of the wood cell. *Planta*, 226, pp. 981-7.

Burgert I. and Fratzl P., 2009a. Plants control the properties and actuation of their organs through the orientation of cellulose fibrils in their cell walls. Integr. *Comp. Biol.*, 49, pp. 69–79.

Burgert I. and Fratzl P., 2009b. Actuation systems in plants as prototypes for bioinspired devices. *Phil. Trans. R. Soc.*, A 367, pp 1541-57.

Dawson C., Vincent J. F. V. and Rocca A. M., 1997. How pine cones open. Nature, 390, pp. 668.

Dunlop J. W. C. and Fratzl P., 2010. Biological composites. Annu. Rev. Mater. Res., 40. pp. 1-24.

Elbaum R., Gorb S., and Fratzl P. 2008. Structures in the cell wall that enable hygroscopic movement of wheat awns. *J. Struct. Biol.*, 164. pp. 101-7.

Elbaum R., Zaltzman L., Burgert I. and Fratzl P., 2007. The role of wheat awns in the seed dispersal unit. *Science*, 316, pp. 884-6.

Fischer S. F., Thielen M., Loprang R. R., Seidel R., Fleck C., Speck T. and Bährig-Polaczek, A 2010. Pummelos as concept generators for biomimetically-inspired low weight structures with excellent damping properties. *Adv. Eng. Mater.*, 12, B658-63.

Fratzl P., 2007. Biomimetic materials research: what can we really learn from nature's structural materials? *J. R. Soc. Interface*, 4, pp. 637-42.

Fratzl P., Elbaum R. and Burgert I., 2008. Cellulose fibrils direct plant organ movements. *Faraday Discuss*, 139, pp. 275-82.

Fratzl P. and Weinkammer R., 2007. Nature's hierarchical materials. *Prog. Mater. Sci.*, 52. pp. 1263-334.

Godfaurd J, Clements-Croome D. and Jeronimidis G., 2005. Sustainable building solutions: a review of lessons from the natural world. *Build. Environ.*, 40, pp. 319-28.

Gould S. and Lewontin R., 1979. The spandrels of San Marco and the Panglossian paradigm: a critique of the adaptationist programme. *Proc. R. Soc.*, B 205, pp. 581-98.

Hays K. M. and Miller D., 2008. *Buckminster Fuller—Starting With the Universe* (New York: Whitney Museum of American Art and Yale University Press).

Jeronimidis G., 2000a. Structure-property relationships in biological materials. *Structural Biological Materials*. ed. M., Elices, (Oxford: Elsevier) pp. 3-16.

Jeronimidis G., 2000b. Design and function of structural biological materials. *Structural Biological Materials*. ed. M., Elices, (Oxford: Elsevier) pp. 19–29.

Knippers J. and Helbig T., 2007. Smooth shapes and stable grids. *IASS Symp. 2007: Int. Association for Shell and Spatial Structures: Structural Architecture—Towards the Future Looking to the Past (Venice, Italy)*, pp. 207–8.

Knippers J. and Helbig T., 2009. The Frankfurt Zeil grid shell. *IASS Symp. 2009: Evolution and Trends in Design, Analysis and Construction of Shell and Spatial Structures (Valencia, Spain)*, pp. 328–9.

Knippers J. and Schlaich J. 2000 Folding mechanism of the Kiel Hörn Footbridge *Struct. Eng. Int.*, 02/00, pp. 50–3.

Lienhard J., Poppinga S., Schleicher S., Masselter T., Speck T. and Knippers J., 2009. Abstraction of plant movements for deployable structures in architecture *Proc. 6th Plant Biomechanics Conf. (Cayenne, French Guyana)* ed., B Thibaut, pp. 389–97.

Lienhard J., Poppinga S., Schleicher S., Speck T. and Knippers J., 2010. Elastic architecture: nature inspired pliable structures. *Design and Nature V*, ed. C. A. Brebbia (Southampton: WIT Press) pp. 469–77.

Lienhard J., Schleicher S. and Knippers J., 2011a. Bending—active structures—research pavilion ICD/ITKE. *IASS: Proc. Int. Symp. of the Int. Association of Shell and Spatial Structures, Taller Longer Lighter (London, UK)*.

Lienhard J., Schleicher S., Poppinga S., Masselter T., Milwich M., Speck T. and Knippers J., 2011b. Flectofin: a nature based hinge-less flapping mechanism. *Bioinspir. Biomim.*, 6, 045001.

Martone P. T., Boller M., Burgert I., Dumais J., Edwards J., Mach K., Rowe N. P., Rueggeberg M., Seidel R. and Speck T., 2010. Mechanics without muscle: biomechanical inspiration from the plant world. *Integr. Comp. Biol.*, 50, pp. 888–907.

Masselter T., et. al. 2011. Biomimetic products. *Biomimetics: Nature-Based Innovation* ed. Y Bar-Cohen (Pasadena, CA: CRC Press/Taylor & Francis Group).

Masselter T., and Speck T., 2011. Biomimetic fiber-reinforced compound materials. *Advances in Biomimetics*, ed. A. George (Rijeka: Intech), pp. 195–210.

Melzer B., Steinbrecher T., Seidel R., Kraft O., Schwaiger R. and Speck T., 2010. The attachment strategy of English Ivy: a complex mechanism acting on several hierarchical levels. *J. R. Soc. Interface*, 7, pp. 1383–9.

Menges A., Schleicher S. and Fleischmann M., 2011. Research Pavilion ICD/ITKE, Stuttgart, 2010. *Proc. FABRRICATE Conf. 2011 (London)*.

Milwich M., Planck H., Speck T. and Speck O., 2008. The role of plant stems in providing biomimetic solutions for innovative textiles in composites. *Biologically Inspired Textiles. (Woodhead Textiles Series*, No. 77) ed. M. S. Ellison and A. G. Abbot (Cambridge: Woodhead Publishing in Textiles) pp. 168–92.

Milwich M., Speck T., Speck O., Stegmaier T. and Planck H. 2006. Biomimetics and technical textiles: solving engineering problems with the help of nature's wisdom. *Am. J. Bot.*, 93, pp. 1295–305.

Pohl G., Speck T., Speck O. and Pohl J., 2010. The role of textiles in providing bio-mimetic solutions for constructions. *Textiles, Polymers and Composites for Buildings (Woodhead Textiles Series*, No. 95) ed. G. Pohl (Cambridge: Woodhead Publishing in Textiles) pp. 310–27.

Poppinga S., Lienhard J., Masselter T., Schleicher S., Knippers J. and Speck T., 2010a. Biomimetic deployable systems in architecture. *WBC 2010: 6th World Congress of Biomechanics (Singapore) IFMBE Proc. Vol. 31*, ed. C. T. Lim and J. C. H. Goh (Berlin: Springer) pp. 40–3.

Poppinga S., Masselter T., Lienhard J., Schleicher S., Knippers J. and Speck T., 2010b. Plant movements as concept generators for deployable systems in architecture.

Design and Nature V ed. C. A. Brebbia (Southampton: WIT Press) pp. 403-10.

Rowe N. P. and Speck T., 2004. Hydraulics and mechanics of plants: novelty, innovation and evolution. *The Evolution of Plant Physiology*, ed. A. R. Hemsley and I. Poole (London: Academic) pp. 301-29.

Schleicher S., Lienhard J., Poppinga S., Masselter T., Speck T. and Knippers J., 2011. Adaptive façade shading systems inspired by natural elastic kinematics. *Conf. Papers of the Int. Adaptive Architecture Conf. (The Building Centre, London)*

Schleicher S., Lienhard J., Poppinga S., Speck T. and Knippers J., 2010. Abstraction of bio-inspired curved-line folding patterns for elastic foils and membranes in architecture. *Design and Nature V*, ed. C. A. Brebbia and A Carpi (Southampton: WIT Press) pp. 479-90.

Speck T. and Burgert I., 2011. Plant stems: functional design and mechanics. *Annu. Rev. Mater. Res.*, 41, pp. 169-93.

Speck T. and Rowe N. P., 2006. How to become a successful climber—mechanical, anatomical, ultra-structural and biochemical variations during ontogeny in plants with different climbing strategies. *Proc. 5th Int. Plant Biomechanics Conf.* vol. 1, ed. L. Salmen (Stockholm: STFI Packforsk AB) pp. 103-8.

Vincent O., Weiβkopf C., Poppinga S., Masselter T., Speck T., Joyeux M., Quilliet C. and Marmottant P., 2011. Ultra-fast underwater suction traps. *Proc. R. Soc.* B at press(doi:10.1098/rspb.2010.2292).

4. 자연중심 에너지 기술

Beciri, Damir. Biomimicry of heliotropic plants? more efficient solar panels. 2009. http://www.robaid.com/bionics/biomimicry-of-heliotropic-plants-more-efficient-solar-panels.htm

Biomimicry 3.8. Learning from Nature How to Create Flow Without Friction. 2013.

http://biomimicry.net/about/biomimicry/case-examples/energy-efficiency/

biomimicry news. (2012). A new sunflower-inspired pattern increases concentrated solar efficiency. http://www.biomimicrynews.com

biomimicry news. Hornet energy inspires solar cell Hornet electricity. 2012.

biomimicry news. Shark skin for airplanes, ships and wind energy plants. 2010.

Blue Economy. 100 Ideen. 2013. http://www.blueeconomy.de/m/articles/index/

Fermanian Business & Economic Institute. *The Global Biomimicry Efforts : An Economic Game Changer.* San Diego Zoo Global, 2010.

greenWavelength. 3M's Shark Skin Inspired Film To Help Wind Turbines. 2011. http://www.greenwavelength.com/category/inspirations/

Neo-biomimetics Forum. (Eds.) *The New Trends in Next Generation Biomimetic Materials Engineering : Learning from Biodiversity.* CMC Publishing CO., 2011.

Zähr, Matthias., Friedrich1, Dennis., Kloth, Tanja Y., Goldmann, Gerhard. and Helmut Tributsch. Bionic Photovoltaic Panels Bio-Inspired by Green Leaves. *Science Direct* (2010), 7(3): 284-293.

5. 자연에서 배우는 도시 설계

이인식, 《자연은 위대한 스승이다》, 김영사, 2012.

Alex Steffen, *Carbon Zero: Imagining Cities That Can Save the Planet.* Alex Steffen and Open Design Studio, 2012.

David Gosling & Barry Maitland, Concepts of Urban Design. St. Martin's Press, 1984.

Edmund N. Bacon, *Design of Cities.* Penguin Books, 1976.

Frank Lloyd Wright, *The Disappearing City.* New York, W. F. Payson, 1932.

Ron Herron, *Walking City.* Archigram, 1964.

Janine M.Benyus, *Biomimicry: Innovation Inspired by Nature.* William Morrow, 1997.

Nirmal Kishinani, *Greening Asia: Emerging principles for sustainable architecture.* BCI

Asia Construction Information Pte Ltd, 2012.

William McDonough, Michael Braungart, *Cradle to Cradle: Remaking the Way We Make Things*. North Point Press, 2002.

6. 생물모방학 – 현실, 도전 그리고 전망

Allison E., Z. Kiraly, G. S. Springer, and J. Van Dam, Design, Development and Testing of a Remote-controlled, Stereoscopic (three-dimensional) Imaging, Self-propelled Wireless Capsule Endoscope, *Gastrointestinal Endoscopy Journal*, doi:10.1016/j.gie.2006.03.111, Volume 63, Issue 5, (2006), P.AB104.

Ayers, J., and J. Witting, Biomimetic Approaches to the Control of Underwater Walking Machines. *Philosophical Transactions of the Royal Society*, A, Vol. 365, (2007), pp. 273–295.

Bar-Cohen, Y. (Ed.), *Biomimetics: Biologically Inspired Technologies*, CRC press, Boca Raton, Florida, (Nov. 2005), pp. 1–527.

Bar-Cohen, Y. and D. Hanson, *The Coming Robot Revolution—Expectations and Fears about Emerging Intelligent, Humanlike Machines*. Springer, New York, (2009), pp. 1–174.

Bar-Cohen, Y. and C. Breazeal (Eds.), *Biologically-Inspired Intelligent Robots*, SPIE Press, Bellingham, Washington, Vol. PM122, (May 2003), pp. 1–393.

3부 청색경제

2. 무배출

Brown, L. et al., *Vital Signs*. Norton Press, New York.

Brown, L. et al., *State of the World*. Norton Press, New York.

Pauli, G., *Discovery and Innovation*, 1996, March, editorial.

Capra, F. and Pauli, G., ed., *Steering Business toward Sustainability*, UNU Press, Tokyo, 1995, pp. 145-162.

Pauli, G., *Double Digit Growth*, Pauli Publishing, 1991.

Woolard, E., *Speech Given at the First World Congress on Zero Emissions*, Tokyo, Japan, 6-7 April 1995, through live video via the Internet from Wilmington, Delaware, USA.

3. 청색기술 사업화 성공을 위한 조건

배무호, "초음파 진단기, 비약적 발전 시대", 메디슨 계간지 《생명을 사랑하는 사람들》, 2004 겨울호.

송경모, "청색기술이 각광받고 있다", 한국산업기술진흥원, Tech & Future, Vol 05., 2012.

Jane Pavitt, *Fasion and Fear in the Cold War*, https://www.allenandunwin.com/_uploads/BookPdf/Extract/9781851775446.pdf

Peter F. Drucker, *Innovation and Entrepreneurship*, Harper Collins, Harper & Row, 1985.

4. 일본경제와 자연중심 기술

赤池 学, 自然で学ぶものづくり: 生物を観る, 知る, 創る未来に向けて, 東洋経済新聞社, 2005.

藤崎 憲治, 昆虫未来学:「4億年の知慧」に学ぶ, 新潮選書, 2010.

昆虫生命科学研究10年計画検討委員会, 昆虫生命科学研究の現状と将来の方向性について: 多様様性創出原理の分子レベルでの解明を目指して, 2007.

奥村 悠, 古田貴之, 山中俊治(2007), ハルキゲニアプロジェクトにおける制御系のデザイン, IATSS Review Vol1.32, No.1, pp.49-56.

シャープ サステナビリティ レポート, 生物模倣学を応用した技術を開発, 2012, p.33.

生物機能活用技術分野, http://www.nedo.go.jp/content/100109936.pdf

生物規範工学 19回 연재(산업기술총합연구소), http://unit.aist.go.jp/nri/nano-plan/vol3.html

生物規範工学(북해도대학), http://biomimetics.es.hokudai.ac.jp/

生物規範工学(정부): http://www.jsps.go.jp/j-grantsinaid/30_front/data/2012/h24_j12.pdf

물질재료연구기구 http://www.nims.go.jp

http://sciencewindow.jp/html/sw28/sp-006

Okumura, Y., Furuta, T., and Yamamaka, S. Hallucigenia project: Design Methods for Next-generation Robotic Vehicle, *IATSS Review*(2007), vol. 32, No. 1, pp.49-56.

5. 중국에 청색고양이 시대가 도래한다

고재모, "중국의 환경오염실태와 환경정책연구", 《한국동북아경제학회》 제19권 제2호, 2007.

군터 파울리, 《블루 이코노미》(이은주, 최무길 옮김), 가교출판, 2010.

〈기후변화 국제동향 및 국내동향〉, 아주대, 2011.

"녹생성장 vs 생존사회", 〈전자신문〉, 경제 15면, 2009. 02.

린이푸, 《중국경제 입문》(서봉교 옮김), 오래출판, 2012.

유희문, "중국신재생에너지 정책과 한중협력의 가능", 《동북아경제연구》 제21권 제3호, 한국동북아경제학회, 2009.12.

유희문, "중국의 에너지 수급정책과 한중에너지 산업협력", 《동북아경제연구》 제21권 제3호, 한국동북아경제학회, 2007.

윤인택, 〈교토의정서 이후 국제협상동향〉, 2012.

이인식, 《자연은 위대한 스승이다》, 김영사, 2012.

일본경단련, 《중국경제의 지속적 성장 가능성》, 21세기 정책연구소.

전병서, 《5년 후 중국》, 참돌출판, 2012.

청색기술연구회 내부보고서, 2012. 10.

토머스 프리드먼, 《코드그린, 뜨겁고 평평하고 붐비는 세계》, 21세기북스, 2008.

Gunter Pauli, 2009, *The Blue Economy*, A Report to the club of Rome, 2009.

자연에서 배우는 청색기술

p. 9(왼쪽), 13, 99(오른쪽) Science Photo Library

p. 61 [cc] BY-SA Heinrich Böll Stiftung

p. 67 http://www.holcimfoundation.org

p. 72 http://www.berlinconference.org

p. 81(왼쪽) [cc] BY-SA Willa

p. 85(왼쪽/오른쪽) [cc] BY-SA JJ Harrison

p. 87(오른쪽) [cc] BY-SA SecretDisc

p. 91(아래) www.asknature.org

p. 95(오른쪽) Duke University

p. 97(왼쪽) [cc] BY François MEY

p. 102(왼쪽) http://www.microscopy-uk.org.uk

p. 102(오른쪽) www.asknature.org

p. 109 [cc] BY-SA Pratikppf

p. 114 http://www.avinc.com

p. 151 http://papundits.wordpress.com/

p. 153 [cc] BY-SA MattiPaavola
http://commons.wikimedia.org/wiki/File:Insect_in_Lindos_Rhodes.JPG

p. 159 http://biomimicry.net/about/biomimicry/case-examples/energy-efficiency/

p. 163 Fermanian Business & Economic Institute 2010: 14

p. 164 www.buster.net

p. 170 http://darkroom.baltimoresun.com/wp-content/uploads/2013/04/AFP_Getty-519122716.jpg

p. 174 Concepts of Urban Design by David Gosling & Barry Maitland, (Archigram, 'Walking City", drawn by Ron Herron)

p. 176 http://museumofthecity.org/sites/default/files/imagecache/exhibit-half-size-fluid/le%20corbusier.jpg

p. 178(위) http://i.dailymail.co.uk/i/pix/2012/12/06/article-2243924-1660C2F000000 5DC-704_964x600.jpg

p. 178(아래) http://www.larousse.fr/archives/assets/img/grande-encyclopedie/full/Brasilia_001.jpg

p. 182 http://www.nationsonline.org/gallery/China/Skyline-of-Chongqing.jpg

p. 189 http://www.nature.org/idc/groups/webcontent/@web/@oregon/documents/media/prd_020103.jpg

p. 191(아래) Notre-dame du haut, Le Corbusier, http://t3.gstatic.com/images?q =tbn:ANd9GcRXylpOg-OBWNkbB0MZVP5ITp3m7yJqN9UqFSLQHiz-PS0cWx6P

p. 193(위) http://steveaustinlex.files.wordpress.com/2010/03/ecodistrict.jpg

p. 194(왼쪽) http://classconnection.s3.amazonaws.com/749/flashcards/512749/jpg/img_7303a1304716834095.jpg

p. 194(오른쪽) http://www.roofit.nl/uploads/images/background/background_5.jpg

p. 198(b) http://www.china360online.org/wp-content/uploads/2013/02/beijing-ae+map.jpg

p. 198(c) http://ncc.phinf.naver.net/ncc02/2011/10/5/9/01.jpg

p. 202, 203, 205, 207, 208, 212 행중중심복합도시건설청

p. 223 [cc] BY-SA Magnus Manske

p. 225 [cc] BY-SA Magnus Manske

p. 232 [cc] BY-SA Magnus Manske

p. 234 [cc] BY MatthiasKabel

p. 235 [cc] BY-SA Jacopo Werther

p. 237(아래) [cc] BY Magnus Manske

p. 244(위) cc-by Alvesgaspar

p. 244(아래) [cc] BY-SA Laitche

p. 245(위) [cc] BY-SA Magnus Manske

p. 245(아래) [cc] BY-SA Keven Law

p. 246 [cc] BY-SA Didier Descouens

p. 251(아래/왼쪽) [cc] BY-SA Franco Folini

p. 251(아래/오른쪽) [cc] BY-SA Benjamint444

p. 253(위) [cc] BY Steve Collis

p. 253(아래) [cc] BY Terence

p. 255 [cc] BY Serge Melki

p. 296 https://www.allenandunwin.com/_uploads/BookPdf/Extract/9781851775446.pdf Jane Pavitt, Fasion and Fear in the Cold War, p.51.

p. 299 Otto Lilienthal Museum

p. 302(오른쪽) http://www.cgu.edu/

p. 312 [cc] BY-SA Mitsuki-2368

p. 312(오른쪽) [cc] BY Machael L. Baird

p. 323 gizmowatch.com